U0211360

现代水利工程施工与管理

吴信达　韩晓华　陈　微　主编

吉林科学技术出版社

图书在版编目（CIP）数据

现代水利工程施工与管理 / 吴信达，韩晓华，陈微
主编 . -- 长春：吉林科学技术出版社，2020.12（2023.4重印）
ISBN 978-7-5578-8021-7

Ⅰ．①现… Ⅱ．①吴… ②韩… ③陈… Ⅲ．①水利工
程—工程施工②水利工程—施工管理 Ⅳ．① TV5

中国版本图书馆 CIP 数据核字（2021）第 000843 号

现代水利工程施工与管理

XIANDAI SHUILI GONGCHENG SHIGONG YU GUANLI

主　　编	吴信达　韩晓华　陈　微
出 版 人	宛　霞
责任编辑	朱　萌
封面设计	李　宝
制　　版	张　凤
幅面尺寸	185mm×260mm
开　　本	16
字　　数	220 千字
页　　数	246
印　　张	15.375
版　　次	2020 年 12 月第 1 版
印　　次	2023 年 4 月第 2 次印刷
出　　版	吉林科学技术出版社
发　　行	吉林科学技术出版社
地　　址	长春市福祉大路 5788 号
邮　　编	130118

发行部电话 / 传真　0431—81629529　　81629530　　81629531
　　　　　　　　　　　81629532　　81629533　　81629534

储运部电话　0431—86059116

编辑部电话　0431—81629518

印　　刷　北京宝莲鸿图科技有限公司

书　　号　ISBN 978-7-5578-8021-7

定　　价　65.00 元

编者及工作单位

主　编
吴信达　浙江省绍兴市上虞区水利局
韩晓华　山东黄河工程集团有限公司第一工程处
陈　微　哈尔滨市方正县双凤水库综合服务中心

副主编
陈建江　河南明珠工程管理有限公司
段振平　黄河建工集团有限公司
郭焕云　梁山龙建建设工程处
郭丽丽　济南市章丘区城乡水务局
李振苍　河南大河水利工程有限公司
林国庆　山东省调水工程运行维护中心昌邑管理站
刘　琳　德州黄河建业工程有限责任公司
刘　艳　山东菏泽黄河工程局
潘大飞　中国水利水电第十一工程局有限公司
肖斯均　江西荣淼建设工程有限公司
杨婉宁　陕西省咸阳市礼泉县水利管理站

编　委
郑　坤　山东龙信达咨询监理有限公司河南分公司

前　言

　　水是生命之源，是已被历史和科学证实的共识。追寻人类社会发展的轨迹，首先是从治水开始的。大禹和先贤们的治水，带来了华夏民族的聚合，带来了中华民族的振兴和发展。探索人类治水的历史，则是从水利工程的建设起步的。从防洪工程、灌溉工程、航运工程到供水工程，水利工程由点到面、由小到大迅速发展，哪里有人类生存，哪里就有水利工程。在辽阔的祖国大地上，既留下了像都江堰、京杭大运河这样流传千古的古代水利工程，也增添了像三峡、南水北调这样举世瞩目的现代水利工程。水利工程已经成了防洪安全的关键屏障，供水安全的主要源泉，生态安全的重要支撑。水利工程记载着人类社会发展的历史，也承载着人类社会发展的未来。

　　水利工程是人民群众劳动智慧的结晶，也是人类社会赖以生存发展的重要依托。然而，随着人类社会的迅猛发展，水利工程的过度建设，常常违背了大自然的自身规律；水资源的过度开发，常常让自然生态不堪重负；已建的水利工程疏于管理，常常难以发挥出正常的效益，不能良性循环。面对这样的残酷现实，人类在认知水利工程重要定位的前提下，也开始改变自身的治水思路。水利工程施工技术内容丰富，近几十年来我国水利工程施工技术发展迅速。受篇幅限制本书不可能面面俱到，根据实际情况，本书精选了工程中常用的施工技术，并注重对新技术的介绍。

目　录

第一章　水利工程施工概述

第一节　绪论

水利工程是为控制和调配自然界的地表水及地下水，达到兴利除害目的而修建的工程，也称为水工程。水是人类生存和发展必不可少的宝贵资源，但其自然存在的状态并不完全满足人类的需求。只有修建水利工程，才能控制水流，防止洪涝灾害，并进行水量的调节和分配，以满足人民生活和生产对水资源的需要。水利工程需要修建坝、堤、溢洪道、水闸、进水口、渠道、渡槽、筏道鱼道等不同类型的水工建筑物，以实现其目标。

水利工程施工与一般土木工程如道路、铁路、桥梁和房屋建筑等的施工有许多相同之处。例如：主要施工对象多为土方、石方、混凝土、金属结构和机电设备安装等，某些施工方法相同，某些施工机械可以通用，某些施工的组织管理工作也可互为借鉴。

一、水利工程施工的任务和特点

1. 水利工程施工的主要任务

（1）根据工程所在地区的自然条件，当地社会经济发展状况，设备、材料和人力等的供应情况以及工程特点，编制切实可行的施工组织设计。

（2）按照施工组织设计，做好施工准备，加强施工管理，有计划地组织施工，保证施工质量，合理使用建设资金，全面完成施工任务。

（3）施工过程中开展观测、试验和研究等工作，促进水利工程建设科学技术的发展。

2. 水利工程施工的特点

水利工程施工的特点，突出反映在水流控制上，具体表现在以下几点：

（1）水利工程施工常在河流上进行，受水文、气象、地形、地质等因素影响很大。

（2）河流上修建的挡水建筑物，关系着下游千百万人民的生命财产安全，因此工程施工必须保证质量。

（3）在河流上修建水利工程，常涉及许多部门的利益，这就必须全面规划、统筹兼顾，因而增加了施工的复杂性。

（4）水利工程一般位于交通不便的山区，施工准备工作量大，不仅要修建场内外交通道路和为施工服务的辅助建筑，而且要修建办公室和生活用房。因此，必须十分重视施工准备工作的组织，使之既满足施工要求，又减少工程投资。

（5）水利枢纽工程常由许多单项工程组成，布置集中、工程量大、工种多、施工强度高，加上地形方面的限制，容易发生施工干扰。因此，需要统筹规划施工现场的组织和管理，运用系统工程学的原理，选择最优的施工方案。

（6）水利工程施工过程中的爆破作业、地下作业、水上水下作业和高空作业等，常常平行交叉进行，对施工安全很不利。因此，必须十分注意安全施工，防止事故发生。

二、我国水利工程施工的成就与展望

在我国历史上，水利建设成就卓著。公元前 251 年修建的四川都江堰水利工程，依据"乘势利导，因时制宜"的原则，发挥了防洪和灌溉的巨大作用。用现代系统工程的观点来分析，该工程在结构布局、施工措施、维修管理制度等方面都是相当成功的。此外，在截流堵口工程中所使用的多种施工技术至今还为各地工程所沿用。新中国成立后，我国的水利工程事业取得了辉煌的成就：有计划、有步骤地开展了大江大河的综合治理，修建了一大批综合利用的水利枢纽工程和大型水电站，建成了一些大型灌区和机电灌区，中小型水利工程也得到了蓬勃的发展。随着水利工程事业的发展，施工机械的装备能力迅速增长，已经具有实现高强度快速施工的能力；施工技术水平不断提高，实现了长江、黄河等大江大河的截流，采用了很多新技术、新工艺；土石坝工程、混凝土坝工程和地下工程的综合机械化组织管理水平逐步提高。水利施工科学的发展，为水利工程展示出一片广阔的前景。

在取得巨大成就的同时，我国的水利工程建设也付出过沉重的代价。如由于违反基本建设程序，不遵循施工的科学规律，不按照经济规律办事，水利工程建设事业遭受了相当大的损失。我国目前，大容量、高效率、多功能的施工机械，通用化、系列化、自动化的程度还不高，利用并不充分；新技术、新工艺的研究推广和使用不够普遍；施工组织管理水平不高；各种施工规范、规章制度、定额法规等的基础工作比较薄弱。为了实现我国经济建设的战略目标，加快水利工程建设的步伐，必须认真总结过去的经验和教训，在学习和引进国外先进技术、科学管理方法的同时，发扬自力更生、艰苦创业的精神，走出一条适合我国国情的水利工程施工技术的科学发展道路。

三、水利工程施工组织与管理的基本原则

总结过去水利工程施工的经验，在施工组织与管理方面，必须遵循以下原则：

1. 全面贯彻"多快好省"的施工理念，在工程建设中应根据需要和可能，尽快完成优质、高产、低消耗的工程，任何片面强调某一个方面而忽视另一个方面的做法都是错误的，都会造成不良后果。

2. 按基本建设程序办事。

3. 按系统工程的原则合理组织工程施工。

4. 实行科学管理。

5. 一切从实际出发，遵从施工的科学规律。

6. 要做好人力、物力的综合平衡，连续、有节奏地施工。

第二节　水利工程施工技术

我国水利工程建设正处于发展的高峰期，是目前世界上水利工程施工规模最大的国家。

近几年，我国水利工程施工的新技术、新工艺、新装备取得了举世瞩目的成就。在基础工程、堤防工程、导截流工程、地下工程、爆破工程等许多领域，我国都处于领先地位。在施工关键技术上取得了新的突破，通过大容量、高效率的配套施工机械装备更新改建，我国大型水利工程的施工速度和规模有了很大提高。新型机械设备在堤坝施工中的应用，有效提高了施工效率。系统工程的应用，进一步提高了施工组织管理的水平。

一、土石方施工

土石方施工是水利工程施工的重要组成部分。我国自 20 世纪 50 年代开始逐步实施机械化施工，至 80 年代以后，土石方施工得到快速发展，在工程规模、机械化水平、施工技术等各方面取得了巨大的成就，解决了一系列复杂地质、地形条件下的施工难题，如深厚覆盖层的坝基处理、筑坝材料、坝体填筑、混凝土面板防裂、沥青混凝土防渗等施工技术问题。其中，在工程爆破技术、土石方机械化施工等方面已处于国际领先水平。

1. 工程爆破技术

炸药与起爆器材的日益更新，施工机械化水平的不断提高，为爆破技术的发展创造了重要条件。多年来，爆破施工从手风钻为主发展到潜孔钻，并由低风压向中高风压发展，为加大钻孔直径和速度创造了条件；引进的液压钻机，进一步提高了钻孔效率和精度；多臂钻机及反井钻机的采用，使地下工程的钻孔爆破进入了新阶段。近年来，引进开发混装炸药车，实现了现场连续式自动化合成炸药生产工艺和装药机械化，进一步稳定了产品质量，改善了生产条件，提高了装药水平和爆破效果。此外，深孔梯段爆破、洞室爆破开采坝体堆石料技术也日臻完善，既满足了坝料的级配要求，又加快了坝料的开挖速度。

2. 土石方明挖

凿岩机具和爆破器材的不断创新，极大地促进了梯段爆破及控制爆破技术的发展，使原有的微差爆破、预裂爆破、光面爆破等技术更趋完善；施工机具的大型化、系统化、自动化使得施工工艺、施工方法取得了重大变革。

（1）施工机械。我国土石方明挖施工机械化起步较晚，新中国成立初期兴建的一些大型水电站除黄河三门峡工程外，都经历了从半机械化逐步向机械化施工发展的过程。

直到 20 世纪 60 年代末，土石方开挖才形成低水平的机械化施工能力。主要设备有手风钻、1~3 m³ 斗容的挖掘机和 5~12 t 的自卸汽车。此阶段主要依靠进口设备，可供选择的机械类型很少，谈不上选型配套。70 年代后期，施工机械化得到迅速的发展，在 80 年代中期以后发展尤为迅速。常用的机械设备有钻孔机械、挖装机械、运输机械和辅助机械等四大类，形成配套的开挖设备。

（2）控制爆破技术。基岩保护层原为分层开挖，经多个工程试验研究和推广应用，发展到水平预裂（或光面）爆破法和孔底设柔性垫层的小梯段爆破法一次爆除，确保了开挖质量，加快了施工进度。特殊部位的控制爆破技术解决了在新浇混凝土结构、基岩灌浆区、锚喷支护区附近进行开挖爆破的难题。

（3）高陡边坡开挖。近年来开工兴建的大型水电站开挖的高陡边坡越来越多。

（4）土石方平衡。大型水利工程施工中，十分重视开挖料的利用，力求挖填平衡。开挖料用作坝（堰）体填筑料、截流用料和加工制作混凝土砂石骨料等。

（5）高边坡加固技术。水利工程高边坡常用的处理方法有抗滑结构、锚固以及减载、排水等。

3．抗滑结构

（1）抗滑桩。抗滑桩能有效而经济地治理滑坡，尤其是滑动面倾角较缓时，效果更好。

（2）沉井。沉井在滑坡工程中起抗滑桩作用的同时还具备挡土墙的作用。

（3）挡墙。混凝土挡墙能有效地从局部改变滑坡体的受力平衡，阻止滑坡体变形的延展。

（4）框架、喷护。混凝土框架对滑坡体表层坡体起保护作用并增强坡体的整体性，防止地表水渗入和坡体风化。框架护坡具有结构物轻、用料省、施工方便、适用面广、便于排水等优点，并可与其他措施结合使用。另外，耕植草本植被也是治理永久边坡的常用措施。

4．锚固技术

预应力锚索具有不破坏岩体结构、施工灵活、速度快、干扰小、受力可靠、主动承载等优点，在边坡治理中应用广泛。大吨位岩体预应力锚固吨位已提高到 6167 kN，张拉设备出力提高到 6000 kN，锚索长度达 61.6 m，可加固坝体、坝基、岩体边坡、地下洞室围岩等，达到了国际先进水平。

二、混凝土施工

1．混凝土施工技术

目前，混凝土坝采用的主要技术状况如下：

（1）混凝土骨料人工生产系统进入国际水平。采用人工骨料生产工艺流程，可以调整骨料粒径和级配。生产系统配制了先进的破碎轧制设备。

（2）为满足大坝高强度浇筑混凝土的需要，为拌和、运输和仓面作业等系统配置大容量、高效率的机械设备。使用大型塔机、缆式起重机、胎带机和塔带机，这些施工机械代表了我国混凝土运输的先进水平。

（3）大型工程混凝土温度控制，主要采用风冷骨料技术，效果好，实用性更高。

（4）减少混凝土裂缝，广泛采用补偿收缩混凝土。应用低热膨胀混凝土筑坝技术可节省投资，简化温控，缩短工期。一些高拱坝的坝体混凝土，采用外掺氧化镁进行温度变形补偿。

（5）中型工程广泛采用组合钢模板，而大型工程普遍采用大型钢模板的悬臂钢模板。模板尺寸有 2 m×3 m、3 m×2.5 m、3 m×3 m 多种规格。滑动模板在大坝溢流面、隧洞、竖井、混凝土井中应用广泛。牵引动力有的为液压千斤顶提升，有的为液压提升平台上升，有的是有轨拉模，有的已发展为无轨拉模。

2. 泵送混凝土技术

泵送混凝土是指混凝土从混凝土搅拌运输车或储料斗中卸入混凝土泵的料斗，利用泵的压力将混凝土沿管道水平或垂直输送到浇筑地点的工艺。它具有输送能力大（水平运输距离达 800 m，垂直运输距离达 300 m）、速度快、效率高、节省人力、可连续作业等特点。目前应用日趋广泛，在国外，如美国、德国、英国等都广泛采用泵送混凝土，尤其以日本最为广泛。在我国，目前的高层建筑及水利工程领域中，也较广泛地采用了此技术，并取得了较好的效果。泵送混凝土对设备、原材料、操作都有较高的要求。

（1）对设备的要求：

①混凝土泵有活塞泵、气压泵、挤压泵等几种不同的构造和输送方式，目前应用较多的是活塞泵，这是一种较先进的混凝土泵。施工时现场规划要合理布置泵车的安放位置，一般应尽量靠近浇筑地点，并满足两台泵车同时就位，以使混凝土泵连续浇筑。泵的输送能力为 80 m/h。

②输送管道一般由钢管制成，有直径 125 mm、150 mm 或 100 mm 型号，具体型号取决于粗骨料的最大粒径。管道敷设时要求路线短、弯道少、接头密。管道清洗一般选择水洗。要求水压力不能超过规定压力，而且人员应远离管道，并设置防护装置以免伤人。

（2）对原材料的要求：

要求混凝土有可泵性，即在泵压作用下，混凝土能在输送管道中连续稳定地通过而不产生离析的性能，它取决于拌和物本身的和易性。在实际应用中，和易性往往根据坍落度来判断，坍落度越小，和易性也越小。但坍落度太大又会影响混凝土的强度，因此一般认为 8~20 cm 较合适，具体值要根据泵送距离气温来决定。

①水泥。要求选择保水性好泌水性小的水泥，一般选硅酸盐水泥或普通硅酸盐水泥。但由于硅酸盐水泥水化热较大，不宜用于大体积混凝土工程，施工中一般掺入粉煤灰。掺

入粉煤灰不仅对降低大体积混凝土的水化热有利，还能改善混凝土的黏塑性和保水性，对泵送也是有利的。

②骨料。骨料的种类、形状、粒径和级配对泵送混凝土的性能有很大影响，必须严格控制。

粗骨料的最大粒径与输送管内径之比宜为 1 : 3（碎石）或 1 : 2.5（卵石）。另外，要求骨料颗粒级配尽量理想。

细骨料的细度模数为 2.3~3.2。粒径在 0.315 mm 以下的细骨料所占的比例不应小于15%，最好达到 20%。这对改善可泵性非常重要。

掺合料—粉煤灰，实践证明，掺入粉煤灰可显著提高混凝土的流动性。

（3）对操作的要求：

泵送混凝土时应注意以下规定：

①原材料与试验一致。

②材料供应要连续、稳定，以保证混凝土泵连续运作，计量自动化。

③检查输送管接头的橡皮密封圈，保证密封性良好。

④泵送前，应先用适量的与混凝土成分相同的水泥浆或水泥砂浆润滑输送管内壁。

⑤试验人员实时检测出料的坍落度，及时调整，运输时间控制在初凝（45 min）内。预计泵送间歇时间超过 45 min 或混凝土出现离析现象时，对该部分混凝土做废料处理，立即用压力水或其他方法冲洗管内残留混凝土。

⑥泵送时，泵体料斗内应经常有足够混凝土，防止吸入空气形成阻塞。

三、新技术、新材料、新工艺、新设备的使用

1. 聚脲弹性体技术

喷涂聚脲弹性体技术是国外近年来为适应环保需求而研制开发的一种新型无溶剂、无污染的绿色施工技术。它具有以下优点：

（1）无毒性，满足环保要求。

（2）力学性能好，拉伸强度最高可达 27.0 MPa，撕裂强度为 43.9~105.4 kN/m。

（3）抗冲耐磨性能强，其抗冲磨能力是 C40 混凝土的 10 倍以上。

（4）防渗性能好，在 2.0 MPa 水压作用下，24 h 不渗漏。

（5）低温柔性好，在 -30℃下对折不产生裂纹。

（6）耐腐蚀性强，在水、酸、碱、油等介质中长期浸泡，性能不降低。

（7）具有较强的附着力，与混凝土、砂浆、沥青塑料、铝及木材等都有很好的附着力。

（8）固化速度快，5s 凝胶，1 min 即可达到可步行的强度。可在任意曲面、斜面及垂直面上喷涂成型，涂层表面平整、光滑，对基材形成良好的保护和装饰作用。

（1）材料性能

喷涂聚脲弹性体施工材料选用美国进口的 A/B 双组分聚脲、中国水利水电科学研究院产 SK 手刮聚脲等。

（2）施工机具

喷涂设备采用美国卡士马（Gusmer）产主机和喷枪。这套喷涂设备施工效率高，可连续操作，喷涂 100 ㎡ 面积仅需 40 min。一次喷涂施工厚度可达 2 mm 左右，克服了以往需多层施工的弊病。

辅助设备有空气压缩机、油水分离器、高压水枪（进口）、打磨机、切割机、电锤、搅拌器、黏结强度测试仪等。

2. 大型水利施工机械

针对南水北调重点工程建设研制开发多种形式的低扬程大流量水泵、盾构机及其配套系统、大断面渠道衬砌机械、斗轮式挖掘机（用于渠道开挖）、全断面隧道岩石掘进机（TBM）。研制开发人工制砂设备、成品砂石脱水干燥设备、特大型预冷式混凝土搅拌楼、双卧轴液压驱动强制式搅拌楼、混凝土快速布料塔带机和胎带机、大骨料混凝土输送泵成套设备等。

第三节　水利工程施工组织设计

施工组织设计是水利水电工程设计文件的重要组成部分，是优化工程设计、编制工程总概算、编制投标文件、编制施工成本文件及国家控制工程投资的重要依据，是组织工程建设和优选施工队伍、进行施工管理的指导性文件。

一、按阶段编制设计文件

不同设计阶段，施工组织设计的基本内容和深度要求不同。

1. 可行性研究报告阶段

执行《水利水电工程可行性研究报告编制规程》（SL 618-2013）"施工组织设计"的有关规定，其深度应满足编制工程投资估算的要求。

2. 初步设计阶段

执行《水利水电工程初步设计报告编制规程》（SL 619-2013）"施工组织设计"的有关规定，并执行《水利水电工程施工组织设计规范》（SL 303-2004），其深度应满足编制总概算的要求。

3. 技施设计阶段

技施设计阶段主要是进行招投标阶段的施工组织设计（即施工规划、招标阶段后的施工组织设计，由施工承包单位负责完成），执行或参照执行《水利水电工程施工组织设计规范》（SL 303-2004），其深度应满足招标文件、合同价标底编制的需要。

二、施工组织设计的作用、任务和内容

1.施工组织设计的作用

施工组织设计是水利水电工程设计文件的重要组成部分，是确定枢纽布置、优化工程设计、编制工程总概算及国家控制工程投资的重要依据，是组织工程建设和施工管理的指导性文件。做好施工组织设计，对正确选定坝址、坝型、枢纽布置及对工程设计、优化，以及合理组织工程施工、保证工程质量、缩短建设工期、降低工程造价、提高工程效益等都有十分重要的作用。

2.施工组织设计的任务

施工组织设计的主要任务是根据工程地区的自然、经济和社会条件，制定合理的施工组织设计方案，包括合理的施工导流方案，合理的施工工期和进度计划，合理的施工场地组织设施与施工规模，以及合理的生产工艺与结构物形式，合理的投资计划、劳动组织和技术供应计划，为确定工程概算、工期、合理组织施工、科学管理、保证工程质量、降低工程造价、缩短建设周期，提供切实可行和可靠的依据。

3.施工组织设计的内容

（1）施工条件分析

施工条件包括工程条件、自然条件、物质资源供应条件以及社会经济条件等，具体有：工程所在地点，对外交通运输情况，枢纽建筑物及其特征；地形、地质、水文、气象条件；主要建筑材料来源和供应条件，当地水源、电源情况；施工期间通航、过木、过鱼、供水、环保等要求，国家对工期、分期投产的要求，施工用电、居民安置，以及与工程施工有关的协作条件等。

总之，施工条件分析需在简要阐明上述条件的基础上，着重分析它们对工程施工可能带来的影响和后果。

（2）施工导流设计

施工导流设计应在综合分析导流的基础上，确定导流标准，划分导流时段，明确施工分期，合理选择导流方案、导流方式和导流建筑物，进行导流建筑物的设计，计划导流建筑物的施工安排，拟定截流拦洪、排水、通航、过水、下闸封孔、供水、蓄水、发电等方案。

（3）主体工程施工

主体工程包括挡水、泄水、引水、发电、通航等主要建筑物，应根据各自的施工条件，对施工程序、施工方法、施工强度、施工布置、施工进度和施工机械等问题，进行比较和选择。必要时，对其中的关键技术问题，如特殊基础的处理、大体积混凝土温度控制、土石坝合龙、拦洪等问题，做出专门的设计和论证。

对于有机电设备和金属结构安装任务的工程项目，应对主要机电设备和金属结构，如

水轮发电机组、升压输变设备闸门、启闭设备等的加工、制作、运输、预拼装、吊装以及土建工程与安装工程的施工顺序等问题，做出相应的设计和论证。

（4）施工交通运输

施工交通运输分对外交通运输和场内交通运输。

其中，对外交通运输是在弄清现有对外水陆交通和发展规划的情况下，根据工程对外运输总量、运输强度和重大部件的运输要求，确定对外交通运输方式，选择标准线路，规划沿线重大设施和与国家干线的连接，预算相应的工程量。施工期间，若有船、木过坝问题，应做出专门的分析论证，提出解决方案。

（5）施工工厂设施和大型临建工程

施工工厂设施如混凝土骨料开采加工系统、土石料场和土石料加工系统、混凝土拌和系统和制冷系统、机械修配系统、汽车修配厂、钢筋加工厂、预制构件厂、照明系统以及风、水、电、通信等，均应根据施工的任务和要求，分别确定各自位置、规模、设备容量、生产工艺、工艺设备、平面布置、占地面积、建筑面积和土建安装工程量，并提出土建安装进度和分期投产的计划。

大型临建工程，如施工栈桥、过河桥梁、缆机平台等，要做出专门设计，确定其工程量和施工进度安排。

（6）施工总布置

施工总布置的主要任务是根据施工场区的地形地貌、交通枢纽主要建筑物的施工方案、各项临建设施的布置方案，对施工场地进行分期、分区和分标规划，确定分期、分区布置方案和各承包单位的场地范围。对土石方的开挖、堆弃和填筑进行综合平衡，提出各类房屋分区布置一览表，估算施工征地面积，提出占地计划，研究施工还地造田的可能性。

（7）施工总进度

施工总进度的安排必须符合国家对工程投产所提出的要求。为了合理安排施工进度计划，必须仔细分析工程规模、导流程序、对外交通、资源供应、临建准备等各项控制因素，拟订整个工程（包括准备工程、主体工程和结束工作在内）的施工总进度计划，确定各项目的起始日期和相互之间的衔接关系；对导流截流、拦洪度汛、封孔蓄水、供水发电等控制环节工程应达到的程度，需做出专门的论证；对土石方、混凝土等主要工程的施工强度，以及劳动力、主要建筑材料、主要机械设备的需用量，要进行综合平衡；要分析施工工期和工程费用的关系，提出合理工期的推荐意见。

（8）主要技术供应计划

根据施工总进度的安排和定额资料的分析，对主要建筑材料（如钢材、木材、水泥、粉煤灰、油料、炸药等）和主要施工机械设备，列出总需要量和分年需要量计划。

此外，在施工组织设计中，必要时还需要进行试验研究和补充勘测，为进一步深入设计和研究提供依据。

在完成上述设计内容时，还应提供以下图件：

①施工场外交通图。

②施工总布置图。

③施工转运站规划布置图。

④施工征地规划范围图。

⑤施工导流方案综合比较图。

⑥施工导流分期布置图。

⑦导流建筑物结构布置图。

⑧导流建筑物施工方法示意图。

⑨施工期通航、过木布置图。

⑩主要建筑物土石方开挖施工程序及基础处理示意图。

⑪主要建筑物混凝土施工程序、施工方法及施工布置示意图。

⑫主要建筑物土石方填筑程序、施工方法及施工布置示意图。

⑬地下工程开挖、衬砌施工程序和施工方法及施工布置示意图。

⑭机电设备、金属结构安装施工示意图。

⑮砂石料系统生产工艺布置图。

⑯混凝土拌和系统及制冷系统布置图。

⑰当地建筑材料开采、加工及运输线路布置图。

⑱施工总进度表及施工关键线路图。

三、施工组织设计的编制资料及编制原则、依据

1.编制施工组织设计所需要的主要资料

（1）可行性研究报告施工部分需收集的基本资料

可行性研究报告施工部分需收集的基本资料包括：

①可行性研究报告阶段的水工及机电设计成果。

②工程建设地点的对外交通现状及近期发展规划。

③工程建设地点及附近可能提供的施工场地情况。

④工程建设地点的水文气象资料。

⑤施工期（包括初期蓄水期）通航、过木、下游用水等要求。

⑥建筑材料的来源和供应条件调查资料。

⑦施工区水源、电源情况及供应条件。

⑧地方及各部门对工程建设期的要求及意见。

（2）初步设计阶段施工组织设计需补充收集的基本资料

初步设计阶段施工组织设计需补充收集的基本资料包括：

①可行性研究报告及可行性研究阶段收集的基本资料。

②初步设计阶段的水工及机电设计成果。

③进一步调查、落实可行性研究阶段收集的资料。

④当地可能提供修理、加工能力情况。

⑤当地承包市场情况，当地可能提供的劳动力情况。

⑥当地可能提供的生活必需品的供应情况，居民的生活习惯。

⑦工程所在河段水文资料、洪水特性、各种频率的流量及洪量、水位与流量关系、冬季冰凌情况（北方河流）、施工区各支沟各种频率洪水、泥石流，以及上下游水利工程对本工程的影响情况。

⑧工程地点的地形、地貌、水文地质条件，以及气温、水温、地温、降水、风、冻层、冰情和雾的特性资料。

（3）技施阶段施工规划需进一步收集的基本资料

技施阶段施工规划需进一步收集的基本资料包括：

①初步设计中的施工组织总设计文件及初步设计阶段收集到的基本资料。

②技施阶段的水工及机电设计资料与成果。

③进一步收集国内基础资料和市场资料，主要内容有：工程开发地区的自然条件、社会经济条件、卫生医疗条件、生活与生产供应条件、动力供应条件、通信及内外交通条件等；国内市场可能提供的物资供应条件及技术规格、技术标准；国内市场可能提供的生产、生活服务条件；劳务供应条件、劳务技术标准与供应渠道；工程开发项目所涉及的有关法律、规定；上级主管部门或业主单位对开发项目的有关指示；项目资金来源、组成及分配情况；项目贷款银行（或机构）对贷款项目的有关指导性文件；技术设计中有关地质测量、建材、水文、气象、科研、试验等资料与成果；有关设备订货资料与信息；国内承包市场有关技术、经济动态与信息。

④补充收集国外基础资料与市场信息（国际招标工程需要），主要内容有：国际承包市场同类型工程技术水平与主要承包商的基本情况；国际承包市场同类型工程的商业动态与经济动态；工程开发项目所涉及的物资、设备供货厂商的基本情况；海外运输条件与保险业务情况；工程开发项目所涉及的有关国家政策、法律、规定；由国外机构进行的有关设计、科研、试验、订货等资料与成果。

2.施工组织设计编制原则

施工组织设计编制应遵循以下原则：

（1）执行国家有关方针、政策，严格执行国家基建程序和遵守有关技术标准、规程规范，并符合国内招标、投标的规定和国际招标、投标的惯例。

（2）面向社会，深入调查，收集市场信息。根据工程特点，因地制宜地提出施工方案，并进行全面的技术经济比较。

（3）结合国情积极开发和推广新技术、新材料、新工艺和新设备。凡经实践证明技术经济效益显著的科研成果，应尽量采用，努力提高技术水平和经济效益。

（4）统筹安排，综合平衡，妥善协调各分部分项工程，均衡施工。

3.施工组织设计编制依据

施工组织设计编制依据有以下几方面：

（1）上阶段施工组织设计成果及上级单位或业主的审批意见。

（2）本阶段水工、机电等专业的设计成果，有关工艺试验或生产性试验成果及各专业对施工的要求。

（3）工程所在地区的施工条件（包括自然条件、水电供应、交通、环保、旅游、防洪、灌溉航运及规划等）和本阶段最新调查成果。

（4）目前国内外可能达到的施工水平、施工设备及材料供应情况。

（5）上级机关、国民经济各有关部门、地方政府以及业主单位对工程施工的要求、指令、协议、有关法律和规定。

第二章　施工导流与降排水

第一节　施工导流的概念

河床上修建水利水电工程时，为了使水工建筑物能在干地施工，需要用围堰围护基坑，并将河水引向预定的泄水建筑物泄向下游，这就是施工导流。

第二节　施工导流的设计与规划

施工导流的方法大体上分为两类：一类是全段围堰法导流（河床外导流），另一类是分段围堰法导流（河床内导流）。

一、全段围堰法导流

全段围堰法：导流是在河床主体工程的上下游各建一道拦河围堰，使上游来水通过预先修筑的临时或永久泄水建筑物（如明渠、隧洞等）泄向下游，主体建筑物在排干的基坑中进行施工，主体工程建成或即将建成时再封堵临时泄水道。这种方法的优点是工作面大，河床内的建筑物在一次性围堰的围护下建造，如能利用水利枢纽中的永久泄水建筑物导流，可大大节约工程投资。

全段围堰法按泄水建筑物的类型不同可分为明渠导流、隧洞导流、涵管导流等。

（一）明渠导流

上下游围堰一次拦断河床形成基坑，保护主体建筑物干地施工，天然河道水流经河岸或滩；地上开挖的导流明渠泄向下游的导流方式称为明渠导流。

1.明渠导流的适用条件

若坝址河床较窄，或河床覆盖层很深，分期导流困难，且具备下列条件之一，可考虑采用明渠导流：

（1）河床一岸有较宽的台地、垭口或古河道。

（2）导流流量大，地质条件不适于开挖导流隧洞。

（3）施工期有通航、排冰、过木要求。

（4）总工期紧，不具备挖洞经验和设备。

国内外工程实践证明，在导流方案比较过程中，若明渠导流和隧洞导流均可采用，一般倾向于明渠导流。这是因为明渠开挖可采用大型设备，加快施工进度，对主体工程提前开工有利。施工期间河道有通航、过木和排冰要求时，明渠导流明显更有利。

2. 导流明渠布置

导流明渠：分在岸坡上和在滩地上两种布置形式。

（1）导流明渠轴线的布置。导流明渠应布置在较宽台地、垭口或古河道一岸；渠身轴线要伸出上下游围堰外坡脚，水平距离要满足防冲要求，一般为 100 m；明渠进出口应与上下游水流相衔接，与河道主流的交角以小于 30° 为宜；为保证水流畅通，明渠转弯半径应大于 5 倍渠底宽；明渠轴线布置应尽可能缩短明渠长度和避免深挖方。

（2）明渠进出口位置和高程的确定。明渠进出口力求不冲、不淤和不产生回流，可通过水工模型试验调整进出口形状和位置，以实现这一目标；进口高程按截流设计选择，出口高程一般由下游消能控制；进出口高程和渠道水流流态应满足施工期通航、过木和排冰要求；在满足上述条件下，尽可能抬高进出口高程，以减小水下开挖量。

3. 导流明渠断面设计

（1）明渠断面尺寸的确定。明渠断面尺寸由设计的导流流量控制，并受地形地质和允许抗冲流速影响，应按不同的明渠断面尺寸与围堰的组合，通过综合后分析确定。

（2）明渠断面形式的选择。明渠断面一般设计成梯形，渠底为坚硬基岩时，可设计成矩形。有时为满足截流和通航的不同目的，也可设计成复式梯形断面。

（3）明渠糙率的确定。明渠糙率大小直接影响到明渠的泄水能力，而影响糙率大小的因素有衬砌材料、开挖方法、渠底平整度等，可根据具体情况查阅有关手册确定。对大型明渠工程，应通过模型试验选取糙率。

4. 明渠封堵

导流明渠结构布置应考虑后期封堵要求。当施工期有通航、过木和排冰任务，明渠较宽时，可在明渠内预设闸门墩，以利于后期封堵。施工期无通航、过木和排冰任务时，应于明渠通水前，将明渠坝段施工到适当高程，并设置导流底孔和坝面口，使二者联合泄流。

（二）隧洞导流

上下游围堰一次拦断河床形成基坑，保护主体建筑物干地施工，天然河道水流全部由导流隧洞宣泄的导流方式称为隧洞导流。

1. 隧洞导流的适用条件

导流流量小，坝址河床狭窄，两岸地形陡峻，如一岸或两岸地形地质条件良好，可考虑采用隧洞导流。

2. 导流隧洞的布置

导流隧洞的布置一般应满足以下要求：

（1）隧洞轴线沿线地质条件良好，足以保证隧洞施工和运行的安全。

（2）隧洞轴线宜按直线布置，如有转弯，转弯半径不小于 5 倍洞径（或洞宽），转角不宜大于 600，弯道首尾应设直线段，长度不应小于 3~5 倍洞径（或洞宽）；进出口引渠轴线与河流主流方向夹角宜小于 30°。

（3）隧洞间净距、隧洞与永久建筑物间距、洞脸与洞顶围岩厚度均应满足结构和应力要求。

（4）隧洞进出口位置应保证水力学条件良好，并伸出堰外坡脚一定距离，一般距离应大于 50 m，以满足围堰防冲要求。进口高程多由截流控制，出口高程由下游消能控制，洞底按需要设计成缓坡或急坡，避免设计成反坡。

二、分段围堰法导流

分段围堰法也称为分期围堰法或河床内导流，就是用围堰将建筑物分段、分期围护起来进行施工的方法。

所谓分段，就是从空间上将河床围护成若干个干地施工的基坑段进行施工。所谓分期，就是从时间上将导流过程划分成阶段。导流的分期数和围堰的分段数并不一定相同，因为在同一导流分期中，建筑物可以在一段围堰内施工，也可以同时在不同段内施工。必须指出的是，段数分得越多，围堰工程量愈大，施工也愈复杂；同样，期数分得愈多，工期有可能拖得愈长。因此，在工程实践中，二段二期导流法采用得最多（如葛洲坝工程、三门峡工程等都采用了此法）。只有在比较宽阔的通航河道上施工，不允许断航或其他特殊情况下，才采用多段多期导流法（如三峡工程施工导流就采用二段三期导流法）。

分段围堰法导流一般适用于河床宽阔、流量大、施工期较长的工程，尤其是通航河流和冰凌严重的河流上。这种导流方法的费用较低，国内外一些大中型水利水电工程采用较多。分段围堰法导流，前期由束窄的原河道导流，后期可利用事先修建好的泄水道导流。常见泄水道的类型有底孔导流、坝体缺口导流等。

第三节　施工导流挡水建筑物

围堰是导流工程中临时的挡水建筑物，用来围护施工中的基坑，保证水工建筑物能在干地施工。在导流任务结束后，如果围堰对永久建筑物的运行有妨碍或没有考虑作为永久建筑物的一部分，应予拆除。

按所使用的材料，水利水电工程中经常采用的围堰可分为土石围堰、混凝土围堰、钢板桩格形围堰和草土围堰等。

按围堰与水流方向的相对位置，可分为横向围堰和纵向围堰。按导流期间基坑淹没条件，可分为过水围堰和不过水围堰。过水围堰除需要满足一般围堰的基本要求外，还要满足围堰顶过水的特殊要求。

选择围堰形式时，必须根据当时、当地的具体条件。在满足下述基本要求的原则下，通过技术经济比较加以确定：

1. 具有足够的稳定性、防渗性、抗冲性和一定的强度。

2. 造价低，构造简单，修建、维护和拆除方便。

3. 围堰的布置应力求使水流平顺，不发生严重的水流冲刷。

4. 围堰接头和岸边连接都要安全可靠，不至因集中渗漏等破坏作用而引起围堰失事。

5. 必要时，应设置抵抗冰凌、船筏冲击和破坏的设施。

一、围堰的基本形式和构造

1. 土石围堰

土石围堰是水利水电工程中采用最为广泛的一种围堰形式。它是用当地材料填筑而成的，不仅可以就地取材和充分利用开挖弃料作围堰填料，而且构造简单，施工方便，易于拆除，工程造价低，可以在流水中、深水中、岩基或有覆盖层的河床上修建。但其工程量较大，堰身沉陷变形也较大。如柘溪水电站的土石围堰一年中累计沉陷量最大达 40.1 cm，为堰高的 1.75%（一般为 0.8%~1.5%）。

因土石围堰断面较大，一般用于横向围堰。但在宽阔河床的分期导流中，由于围堰束窄，河床增加的流速不大，也可作为纵向围堰，但需注意防冲设计，以确保围堰安全。土石围堰的设计与土石坝基本相同，但其结构形式在满足导流期正常运行的情况下应力求简单、便于施工。

2. 混凝土围堰

混凝土围堰的抗冲与抗渗能力强，挡水水头高，底宽小，易与永久混凝土建筑物相连接，必要时还可以过水，因此采用得比较广泛。在国外，采用拱形混凝土围堰的工程较多。近年来，国内贵州省的乌江渡、湖南省凤滩等水利水电工程也采用拱形混凝土围堰作为横向围堰，但多数还是以重力式围堰作纵向围堰，如三门峡、丹江口、三峡等水利工程的混凝土纵向围堰均为重力式混凝土围堰。

（1）拱形混凝土围堰

拱形混凝土围堰：拱形混凝土围堰一般适用于两岸陡峻、岩石坚固的山区河流，常采用隧洞及允许基坑淹没的导流方案。通常围堰的拱座是在枯水期的水面以上施工的。对围堰的基础处理：当河床的覆盖层较薄时，需进行水下清基；当覆盖层较厚时，则可灌注水泥浆防渗加固。堰身的混凝土浇筑则要进行水下施工，因此难度较高。在拱基两侧要回填部分砂砾料以利灌浆，形成阻水帷幕。

拱形混凝土围堰因为利用了混凝土抗压强度高的特点，与重力式相比，断面较小，可节省混凝土工程量。

（2）重力式混凝土围堰

采用分段围堰法导流时，重力式混凝土围堰往往可兼作第一期和第二期纵向围堰，两侧均能挡水，还能作为永久建筑物的一部分，如隔墙、导墙等。重力式围堰可做成普通的实心式，与非溢流重力坝类似。也可做成空心式，如三门峡工程的纵向围堰。

纵向围堰需抵御高速水流的冲刷，所以一般修建在岩基上。为保证混凝土的施工质量，一般可将围堰布置在枯水期出露的岩滩上。如果这样还不能保证干地施工，则通常需另修土石低水围堰加以围护。

重力式混凝土围堰现在有普遍采用碾压混凝土的趋势，如三峡工程三期上游横向围堰及纵向围堰均采用碾压混凝土。

3. 钢板桩格形围堰

钢板桩格形围堰是重力式挡水建筑物，由一系列彼此相接的格体构成。按照格体的平面形状，可分为圆筒形格体、扇形格体和花瓣形格体。这些形式适用于不同的挡水高度，应用较多的是圆筒形格体。它由许多钢板桩通过锁口互相连接而成为格形整体。钢板桩的锁口有握裹式、互握式和倒钩式三种。格体内填充透水性强的填料，如砂、砂卵石或石渣等。在向格体内填料时，必须保持各格体内的填料表面大致均衡上升，因为高差太大会使格体变形。

钢板桩格形围堰的优点有：坚固、抗冲、抗渗、围堰断面小，便于机械化施工；钢板桩的回收率高，可达70%以上；尤其适用于在束窄度大的河床段作为纵向围堰。但由于需要大量的钢材，且施工技术要求高，在我国目前仅应用于大型工程中。

圆筒形格体钢板桩围堰一般适用的挡水高度小于18 m，可以建在岩基上或非岩基上。圆筒形格体钢板桩围堰也可作为过水围堰。

圆筒形格体钢板桩围堰的修建由定位、打设模架、支柱、模架就位、安插钢板桩、打设钢板桩、填充料渣、取出模架及其支柱和填充料渣到设计高程等工序组成。

圆筒形格体钢板桩围堰一般需在流水中修筑，受水位变化和水面波动的影响较大，故施工难度较大。

二、围堰的平面布置

围堰的平面布置主要包括围堰内基坑范围确定和分期导流纵向围堰布置两项内容。

1. 围堰内基坑范围确定

围堰内基坑范围大小主要取决于主体工程的轮廓和相应的施工方法。当采用一次拦断法导流时，围堰基坑是由上下游围堰和河床两岸围成的。当采用分期导流时，围堰基坑由纵向围堰与上下游横向围堰组成。在上述两种情况下，上下游横向围堰的布置，均取决于主体工程的轮廓。通常基坑坡趾距离主体工程轮廓的距离不应小于 20~30 m，以便布置排水设施、交通运输道路，堆放材料和模板等。至于基坑开挖边坡的大小，则与地质条件有关。当纵向围堰不作为永久建筑物的一部分时，基坑坡趾距离主体工程轮廓的距离，一般不小于 2.0 m，以便布置排水导流系统和堆放模板。如果无此要求，只需留 0.4~0.6 m。至于基坑开挖边坡的大小，则与地质条件有关。

实际工程的基坑形状和大小往往是很不相同的。有时可以利用地形以减小围堰的高度和长度；有时为照顾个别建筑物施工的需要，将围堰轴线布置成折线形；有时为了避开岸边较大的溪沟，也采用折线布置。为了保证基坑开挖和主体建筑物的正常施工，基坑范围应当有一定富余。

2. 分期导流纵向围堰布置

在分期导流方式中，纵向围堰布置是施工中的关键问题，选择纵向围堰位置，实际上就是要确定适宜的河床束窄度。束窄度就是天然河流过水面积被围堰束窄的程度，一般可用下式表示：

$$K = \frac{A_2}{A_1} \times 100\%$$

式中

K——河床的束窄度，一般取值为 47%~68%；

A_1——原河床的过水面积，m²；

A_2——围堰和基坑所占据的过水面积，m²。

适宜的纵向围堰位置与以下主要因素有关。

（1）地形地质条件

河心洲、浅滩、小岛、基岩露头等都是可供布置纵向围堰的有利条件，这些部位便于施工，并有利于防冲保护。例如，三门峡工程曾巧妙地利用了河心的几个礁岛来布置纵、横围堰。葛洲坝工程施工初期，也曾利用江心洲作为天然的纵向围堰。三峡工程利用江心洲三斗坪作为纵向围堰的一部分。

（2）水工布置

尽可能利用厂坝、厂闸、闸坝等建筑物之间的隔水导墙作为纵向围堰的一部分。例如，葛洲坝工程就是利用厂闸导墙，三峡、三门峡、丹江口工程则利用厂坝导墙作为二期纵向围堰的一部分。

（3）河床允许束窄度

河床允许束窄度主要与河床地质条件和通航要求有关。对于非通航河道，如河床易冲刷，一般允许河床产生一定程度的形变，只要能保证河岸、围堰堰体和基础免受淘刷即可。束窄流速常可允许达到 3 m/s 左右，岩石河床允许束窄度主要视岩石的抗冲流速而定。

对于一般性河流和小型船舶,当缺乏具体研究资料时,可参考以下数据:当流速小于2.0 m/s时,机动木船可以自航;当流速小于3.0~3.5 m/s,且局部水面集中落差不大于0.5 m时,拖轮可自航;木材流放最大流速可考虑为3.5~4.0 m/s。

（4）导流过水要求

进行一期导流布置时,不但要考虑束窄河道的过水条件,而且要考虑二期截流与导流的要求。主要应考虑的问题是:一期基坑中能否布置下宣泄二期导流流量的泄水建筑物,由一期转入二期施工时的截流落差是否太大。

（5）施工布局的合理性

各期基坑中的施工强度应尽量均衡。一期工程施工强度可比二期低些,但不宜相差太悬殊。如有可能,分期、分段数应尽量少一些。导流布置应满足总工期的要求。以上五个方面,仅仅是选择纵向围堰位置时应考虑的主要问题。如果天然河槽呈对称形状,没有明显有利的地形地质条件可供利用时,可以通过经济比较方法选定纵向围堰的适宜位置,使一、二期总的导流费用最小。

分期导流时,上下游围堰一般不与河床中心线垂直,围堰的平面布置常呈梯形,既可使水流顺畅,同时也便于运输道路的布置和衔接。当采用一次拦断法导流时,上下游围堰不存在突出的绕流问题,为了减少工程量,围堰多与主河道垂直。

纵向围堰的平面布置形状对过水能力有较大影响,但是围堰的防冲安全通常比前者更重要。实践中常采用流线型和挑流式布置。

三、围堰的拆除

围堰是临时建筑物,导流任务完成后,应按要求拆除,以免影响永久建筑物的施工及运转。例如,在采用分段围堰法导流时,第一期横向围堰的拆除如果不合要求,就会增加上下游水位差,从而增加截流工作的难度,增大截流料物的质量及数量。这类教训在国内外有不少,如苏联的伏尔谢水电站截流时,上下游水位差是1.88 m,其中由于引渠和围堰没有拆除干净造成的水位差就有1.77 m。又如下游围堰拆除不干净,会抬高尾水位,影响水轮机的利用水头,如浙江省富春江水电站曾受此影响,降低了水轮机出力,造成不应有的损失。

土石围堰相对来说断面较大,拆除工作一般是在运行期限的最后一个汛期过后,随上游水位的下降,逐层拆除围堰的背水坡和水上部分。但必须保证依次拆除后所残留的断面能继续挡水和维持稳定,以免发生安全事故,使基坑过早淹没,影响施工。土石围堰的拆除一般可用挖土机开挖或爆破开挖等方法。

钢板桩格形围堰的拆除,首先用抓斗或吸石器将填料清除,然后用拔桩机起拔钢板桩。混凝土围堰的拆除,通常只能用爆破法炸除。但应注意,必须保证主体建筑物和其他设施不受爆破危害。

第四节　施工导流泄水建筑物

导流泄水建筑物是用以排放多余水量、泥沙和冰凌等的水工建筑物，具有安全排洪、放空水库的功能。对水库、江河、渠道或前池等的运行起太平门的作用，也可用于施工导流。溢洪道、溢流坝、泄水孔、泄水隧洞等是泄水建筑物的主要形式。和坝结合在一起的称为坝体泄水建筑物，设在坝身以外的常统称为岸边泄水建筑物。泄水建筑物是水利枢纽的重要组成部分，其造价常占工程总造价的很大部分。所以，合理选择泄水建筑物形式，确定其尺寸十分重要。泄水建筑物按其进口高程可布置成表孔、中孔、深孔或底孔。表孔泄流与进口淹没在水下的孔口泄流，由于泄流量分别与 3H/2 和 H/2 成正比（H 为水头），所以在同样水头时，前者具有较大的泄流能力，方便可靠，是溢洪道及溢流坝的主要形式。深孔及隧洞一般不作为重要大泄洪量水利枢纽的单一泄洪建筑物。葛洲坝水利枢纽二江泄水闸泄流能力为 84 000 m³/s，加上冲沙闸和电站，总泄洪能力达 110 000 m³/s，是目前世界上泄流能力最大的水利枢纽工程。

泄水建筑物的设计主要应确定：1. 水位和流量；2. 系统组成；3. 位置和轴线；4. 孔口形式和尺寸。总泄流量、枢纽各建筑物应承担的泄流量、形式选择及尺寸根据当地水文、地质、地形，以及枢纽布置和施工导流方案的系统分析与经济比较决定。对于多目标或高水头、窄河谷、大流量的水利枢纽，一般可选择采用表孔、中孔或深孔，坝身与坝体外泄流，坝与厂房顶泄流等联合泄水方式。我国贵州省乌江渡水电站采用隧洞、坝身泄水孔、电站、岸边滑雪式溢洪道和挑越厂房顶泄洪等组合形式，在 165 m 坝高窄河谷、岩溶和软弱地基条件下，最大泄流能力达 21 350 m³/s。通过大规模原型观测和多年运行确认该工程泄洪效果好，枢纽布置比较成功。修建泄水建筑物，关键是要解决好消能防冲和防空蚀、抗磨损。对于较轻型建筑物或结构，还应防止泄水时的振动。泄水建筑物设计和运行实践的发展与结构力学和水力学的进展密切相关。近年来，高水头窄河谷宣泄大流量、高速水流压力脉动、高含沙水流泄水、大流量施工导流、高水头闸门技术，以及抗震、减振掺气减蚀高强度耐蚀耐磨材料的开发和进展，对泄水建筑物设计、施工、运行水平的提高起了很大的推动作用。

第五节　基坑降排水

修建水利水电工程时，在围堰合龙闭气以后，就要排除基坑内的积水和渗水，以保持基坑处于基本干燥状态，以利于基坑开挖、地基处理及建筑物的正常施工。

基坑排水工作按排水时间及性质，一般可分为：

1. 基坑开挖前的初期排水，包括基坑积水、基坑积水排除过程中的围堰堰体与基础渗水、堰体及基坑覆盖层的含水率以及可能出现的降水的排除。

2. 基坑开挖及建筑物施工过程中的经常性排水，包括围堰和基坑渗水、降水以及施工弃水量的排除。如按排水方法分，有明式排水和人工降低地下水位两种。

一、明式排水

（一）排水量的确定

1. 初期排水排水量估算

初期排水：主要包括基坑积水、围堰与基坑渗水两部分。对于降雨，因为初期排水是在围堰或截流戗堤合龙闭气后立即进行的，通常是在枯水期内，而枯水期降雨很少，所以一般可不予考虑。除积水和渗水外，有时还需考虑填方和基础中的饱和水。

基坑积水体积可按基坑积水面积和积水深度计算，这是比较容易的。但是排水时间 T 的确定就比较复杂，排水时间 T 主要受基坑水位下降速度的限制，基坑水位的允许下降速度视围堰种类、地基特性和基坑内水深而定。水位下降太快，则围堰或基坑边坡中动水压力变化过大，容易引起坍坡；水位下降太慢，则影响基坑开挖时间。一般认为，土石围堰的基坑水位下降速度应限制在 0.5~0.7 m/d，木笼及板桩围堰等应小于 1.0~1.5 m/d。初期排水时间，大型基坑一般可采用 5~7 d，中型基坑一般不超过 3~5 d。

通常，当填方和覆盖层体积不太大时，在初期排水且基础覆盖层尚未开挖时，可不必计算饱和水的排除。如需计算，可按基坑内覆盖层总体积和孔隙率估算饱和水总水量。按以上方法估算初期排水流量，选择抽水设备，往往很难符合实际。在初期排水过程中，可以通过试抽法进行校核和调整，并为经常性排水计算积累一些必要资料。试抽时如果水位下降很快，显然是所选择的排水设备容量过大，此时应关闭一部分排水设备，使水位下降速度符合设计规定。试抽时若水位不变，显然是设备容量过小或有较大渗漏通道存在。此时，应增加排水设备容量或找出渗漏通道予以堵塞，然后进行抽水。还有一种情况是水位降至一定深度后就不再下降，这说明此时排水流量与渗流量相等，据此可估算出需增加的设备容量。

2. 经常性排水排水量的确定

经常性排水的排水量主要包括围堰和基坑的渗水、降雨、地基岩石冲洗及混凝土养护用废水等。设计中一般考虑两种不同的组合，从中择其大者，以选择排水设备。一种组合是渗水加降雨，另一种组合是渗水加施工废水。降雨和施工废水不必组合在一起，因为二者不会同时出现。如果全部叠加在一起，显然太保守。

（1）降雨量的确定

在基坑排水设计中，对降雨量的确定尚无统一的标准。大型工程可采用 20 年一遇 3 日降雨中最大的连续降雨量，再减去估计的径流损失值（每小时 1 mm），作为降雨强度。

也有的工程采用日最大降雨强度。基坑内的降雨量可根据上述计算降雨强度和基坑集雨面积求得。

（2）施工废水

施工废水主要考虑混凝土养护用水，其用水量估算应根据气温条件和混凝土养护的要求而定。一般初估时可按每立方米混凝土每次用水 5 L 每天养护 8 次计算。

（3）渗透流量计算

通常，基坑渗透总量包括围堰渗透量和基础渗透量两部分。关于渗透量的详细计算方法，在水力学、水文地质和水工结构等论著中均有介绍，这里仅介绍估算渗透流量常用的一些方法，以供参考。

按照基坑条件和所采用的计算方法，有以下几种计算情况：

①基坑远离河岸不必设围堰时渗入基坑的全部流量 Q 的计算。首先按基坑宽长比将基坑区分为窄长形基坑和宽阔基坑。前者按沟槽公式计算，后者则化为等效的圆井，按井的渗流公式计算。圆井还可区分为无压完全井、无压不完全井、承压完全井、承压不完全井等情况，参考有关水力学手册计算。

②筑有围堰时基坑渗透量的简化计算。与前一种情况相仿，也将基坑简化为等效圆井计算。

③考虑围堰结构特点的渗透计算。以上两种简化方法，是把宽阔基坑，甚至连同围堰在内，化为等效圆形直井计算，这显然是十分粗略的。当基坑为窄长形且需考虑围堰结构特点时，渗水量的计算可分为围堰和基础两部分，分别计算后予以叠加。按这种方法计算时，采用以下简化假定：计算围堰渗透时，假定基础是不透水的；计算基础渗透时，则认假定围堰是不透水的。有时，并不进行这种区分，而将围堰和基础一并考虑，也可选用相应的计算公式。由于围堰的种类很多，各种围堰的渗透计算公式可查阅有关水工手册和水力计算手册。

应当指出的是，应用各种公式估算渗流量的可靠性，不仅取决于公式本身的精度，而且取决于计算参数的正确选择。特别是像渗透系数这类物理常数，对计算结果的影响很大。但是，在初步估算时，往往不可能获得较详尽而可靠的渗透系数资料。此时，也可采用更简便的估算方法。

（二）基坑排水布置

基坑排水系统的布置通常应考虑两种不同情况：一种是基坑开挖过程中的排水系统布置，另一种是基坑开挖完成后修建建筑物时的排水系统布置。布置时，应尽量同时兼顾这两种情况，并且使排水系统尽可能不影响施工。

基坑开挖过程中的排水系统布置，应以不妨碍开挖和运输工作为原则。一般将排水干沟布置在基坑中部，以利两侧出土。随着基坑开挖工作的进展，逐渐加深排水干沟和支沟。通常保持干沟深度为 1~1.5 m，支沟深度为 0.3~0.5 m。集水井多布置在建筑物轮廓线外侧，井底应低于干沟沟底。但是，由于基坑坑底高程不一，有的工程就采用层层设截流沟、分级抽水的办法，即在不同高程上分别布置截水沟、集水井和水泵站，进行分级抽水。

建筑物施工时的排水系统通常都布置在基坑四周。排水沟应布置在建筑物轮廓线外侧，且距离基坑边坡坡脚不少于 0.3~0.5 m。排水沟的断面尺寸和底坡大小取决于排水量的大小。一般排水沟底宽不小于 0.3 m，沟深不大于 1.0 m，底坡不小于 2‰。密实土层中，排水沟可以不用支撑，但在松土层中，则需用木板或麻袋装石来加固。

水经排水沟流入集水井后，利用在井边设置的水泵站，将水从集水井中抽出。集水井布置在建筑物轮廓线以外较低的地方，它与建筑物外缘的距离必须大于井的深度。井的容积至少要能保证水泵停止抽水 10~15 min 后，井水不致漫溢。集水井可为长方形，边长 1.5~2.0 m，井底高程应低于排水沟底 1.0~2.0 m。在土中挖井，其底面应铺填反滤料。在密实土中，井壁用框架支撑在松软土中，利用板桩加固。如板桩接缝漏水，尚需在井壁外设置反滤层。集水井不仅可用来集聚排水沟的水量，而且应有澄清水的作用，因为水泵的使用年限与水中含沙量有关。为了保护水泵，集水井宜稍微偏大、偏深一些。

为防止降雨时地面径流进入基坑而增加抽水量，通常在基坑外缘边坡上挖截水沟，以拦截地表水。截水沟的断面及底坡应根据流量和土质而定，一般沟宽和沟深不小于 0.5 m，底坡不小于 2‰，基坑外地面排水系统最好与道路排水系统相结合，以便自流排水。为了降低排水费用，当基坑渗水水质符合饮用水或其他施工用水要求时，可将基坑排水与生活、施工供水相结合。丹江口工程的基坑排水就直接引入供水池，供水池上设有溢流闸门，多余的水则溢入江中。

二、人工降低地下水位

经常性排水过程中，为了保持基坑开挖工作始终在干地进行，常常要多次降低排水沟和集水井的高程，变换水泵站的位置，这会影响开挖工作的正常进行。此外，在开挖细砂土、砂壤土一类地基时，随着基坑底面的下降，坑底与地下水位的高差愈来愈大，在地下水渗透压力作用下，容易发生边坡脱滑、坑底隆起等事故，甚至危及邻近建筑物，给开挖工作带来不良影响。

采用人工降低地下水位，可以改变基坑内的施工条件，防止流砂现象的发生，基坑边坡可以陡些，从而可以大大减少挖方量。人工降低地下水位的基本做法是：在基坑周围钻设一些井，地下水渗入井中后，随即被抽走，使地下水位线降到开挖的基坑底面以下，一般应使地下水位降到基坑底部 0.5~1.0 m 处。

人工降低地下水位的方法按排水工作原理可分为管井法和井点法两种。管井法是单纯重力作用排水，适用于渗透系数 $K_s=10\sim250$ m/d 的土层；井点法还附有真空或电渗排水的作用，适用于 $K_s=0.1\sim50$ m/d 的土层。

第三章　水利工程地基处理

第一节　岩基处理方法

若岩基处于严重风化或破碎状态，首先考虑清除至新鲜的岩基为止。若风化层或破碎带很厚，无法清除彻底时，则考虑采用灌浆的方法加固岩层和截止渗流。对于防渗，有时从结构上进行处理，设截水墙和排水系统。

灌浆方法是钻孔灌浆（在地基上钻孔，用压力把浆液通过钻孔压入风化或破碎的岩基内部）。待浆液胶结或固结后，就能达到防渗或加固的目的。最常用的灌浆材料是水泥。当岩石裂隙多、空洞大，吸浆量大时，为了节省水泥，降低工程造价，改善浆液性能，常加砂或其他材料；当裂隙细微，水泥浆难以灌入，基础的防渗不能达到设计要求或者有大的集中渗流时，可采用化学材料灌浆的方法处理。化学灌浆是一种以高分子有机化合物为主体材料的新型灌浆方法。这种浆材呈溶液状态，能灌入 0.1 mm 以下的微细裂缝，浆液经过一定时间起化学作用，可将裂缝黏合起来或形成凝胶，起到堵水防渗以及补强的作用。除了上述灌浆材料外，还有热柏油灌浆、黏土灌浆等，但是由于本身存在一些缺陷使其应用受到一定限制。

一、基岩灌浆的分类

水工建筑物的岩基灌浆按其作用，可分为固结灌浆，帷幕灌浆和接触灌浆。灌浆技术不仅大量运用于建筑物的基岩处理，而且也是进行水工隧洞围岩固结、衬砌回填、超前支护，混凝土坝体接缝以及建（构）筑物补强、堵漏等方面的主要措施。

1. 帷幕灌浆

布置在靠近建筑物上游迎水面的基岩内，形成一道连续的平行建筑物轴线的防渗幕墙。其目的是减少基岩的渗流量，降低基岩的渗透压力，保证基础的渗透稳定。帷幕灌浆的深度主要由作用水头及地质条件等确定，较之固结灌浆要深得多，有些工程的帷幕深度超过百米。在施工中，通常采用单孔灌浆，所使用的灌浆压力比较大。帷幕灌浆一般安排在水库蓄水前完成，这样有利于保证灌浆的质量。由于帷幕灌浆的工程量较大，与坝体施工在时间安排上有矛盾，所以通常安排在坝体基础灌浆廊道内进行。这样既可实现坝体上升与基岩灌浆同步进行，也为灌浆施工提供了一定厚度的混凝土压重，有利于提高灌浆压力、保证灌浆质量。

2. 固结灌浆

其目的是提高基岩的整体性与强度，并降低基础的透水性。当基岩地质条件较好时，一般可在坝基上、下游应力较大的位置布置固结灌浆孔；在地质条件较差而坝体较高的情况下，则需要对坝基进行全面的固结灌浆，甚至在坝基以外上、下游一定范围内也要进行固结灌浆。灌浆孔的深度一般为 5~8 m，也有深达 15~40 m 的，各孔在平面上呈网格交错布置。通常采用群孔冲洗和群孔灌浆。

固结灌浆宜在一定厚度的坝体基层混凝土上进行，这样可以防止基岩表面冒浆，并采用较大的灌浆压力，提高灌浆效果，同时也兼顾坝体与基岩的接触灌浆。如果基岩比较坚硬、完整，为了加快施工速度，也可直接在基岩表面进行无混凝土压重的固结灌浆。在基层混凝土上进行钻孔灌浆，必须在相应部位混凝土的强度达到 50% 设计强度后，方可开始。或者先在岩基上钻孔，预埋灌浆管，待混凝土浇筑到一定厚度后再灌浆。同一地段的基岩灌浆必须按先固结灌浆后帷幕灌浆的顺序进行。

3. 接触灌浆

其目的是加强坝体混凝土与坝基或岸肩之间的结合能力，提高坝体的抗滑稳定性。一般是通过混凝土钻孔压浆或预先在接触面上埋设灌浆盒及相应的管道系统。也可结合固结灌浆进行。接触灌浆应在坝体混凝土达到稳定温度以后进行，以防止混凝土收缩产生拉裂。

二、灌浆的材料

岩基灌浆的浆液，一般应该满足如下要求：

1. 浆液在受灌的岩层中应具有良好的可灌性，即在一定的压力下，能灌入到裂隙、空隙或孔洞中，充填密实；

2. 浆液硬化成结石后，应具有良好的防渗性能、必要的强度和黏结力；

3. 为便于施工和增大浆液的扩散范围，浆液应具有良好的流动性；

4. 浆液应具有良好的稳定性，吸水率低。

基岩灌浆以水泥灌浆最普遍。灌入基岩的水泥浆液，由水泥与水按一定配比制成，水泥浆液呈悬浮状态。水泥灌浆具有灌浆效果可靠，灌浆设备与工艺简单，材料成本低廉等优点。

水泥浆液所采用的水泥品种，应根据灌浆目的和环境水的侵蚀作用等因素确定。一般情况下，可采用标号不低于 C45 的普通硅酸盐水泥或硅酸盐大坝水泥，如有耐酸等要求时，选用抗硫酸盐硅酸盐水泥。矿渣水泥与火山灰质硅酸盐水泥由于其吸水快、稳定性差、早期强度低等缺点，一般不宜使用。

水泥颗粒的细度对于灌浆的效果有较大影响。水泥颗粒越细，越能够灌入细微的裂隙中，水泥的水化作用也越完全。帷幕灌浆对水泥细度的要求为通过 80 cm 方孔筛的筛余量不大于 5%。灌浆用的水泥要符合质量标准，不得使用过期、结块或细度不合要求的水泥。对于岩体裂隙宽度小于 200 m 的地层，普通水泥制成的浆液一般难以灌入。为了提高水泥浆液的可灌性，自 20 世纪 80 年代以来，许多国家陆续研制出各类超细水泥，并在工程中得到广泛应用。超细水泥颗粒不仅具有良好的可灌性，同时在结石体强度、环保及价格等方面都具有很大优势，特别适合细微裂隙基岩的灌浆。

在水泥浆液中掺入一些外加剂（如速凝剂、减水剂、早强剂及稳定剂等），可以调节或改善水泥浆液的一些性能，满足工程对浆液的特定要求，提高灌浆效果。外加剂的种类及掺入量应通过试验确定。

在水泥浆液里掺入黏土、砂、粉煤灰，制成水泥黏土浆、水泥砂浆、水泥粉煤灰浆等，可用于注入量大、对结石强度要求不高的基岩灌浆。这主要是为了节省水泥、降低材料成本。砂砾石地基的灌浆主要是用此类浆液。

当遇到一些特殊的地质条件如断层、破碎带、细微裂隙等，采用普通水泥浆液难以达到工程要求时，也可采用化学灌浆，即灌注以环氧树脂、聚氨酯、甲凝等高分子材料为基材制成的浆液。其材料成本比较高，灌浆工艺比较复杂。在基岩处理中，化学灌浆仅起辅助作用，一般是先进行水泥灌浆，再在其基础上进行化学灌浆，这样既可提高灌浆质量，可又节约成本。

三、水泥灌浆的施工

在基岩处理施工前一般需进行现场灌浆试验。通过试验，可以了解基岩的可灌性、确定合理的施工程序与工艺、提供科学的灌浆参数等，为进行灌浆设计与施工准备提供主要依据。

基岩灌浆施工中的主要工序包括钻孔、钻孔（裂隙）冲洗、压水试验、灌浆、回填封孔等。

1. 钻孔

钻孔质量要求：

（1）确保孔位、孔深、孔向符合设计要求。钻孔的方向与深度是保证帷幕灌浆质量的关键。如果钻孔方向有偏斜，钻孔深度达不到要求，则通过各钻孔所灌注的浆液，不能连成一体，将形成漏水通路

（2）力求孔径上下均一、孔壁平顺。孔径均一、孔壁平顺，则灌浆栓塞能够卡紧卡牢，灌浆时不会产生绕塞返浆。

（3）钻进过程中产生的岩粉细屑较少。钻进过程中如果产生过多的岩粉细屑，容易堵塞孔壁的缝隙，影响灌浆质量，同时也影响工人的作业环境。

根据岩石的硬度完整性和可钻性的不同，分别采用硬质合金钻头、钻粒钻头和金刚钻

头。6~7 级以下的岩石多用硬质合金钻头；7 级以上用钻粒钻头；石质坚硬且较完整的用金刚石钻头。

帷幕灌浆的钻孔宜采用回转式钻机，金刚石钻头或硬质合金钻头，其钻进效率较高，不受孔深、孔向、孔径和岩石硬度的限制，还可钻取岩芯。钻孔的孔径一般在 75~91mm。固结灌浆则可采用各种合适的钻机与钻头。

孔向的控制相对较困难，特别是钻设斜孔，掌握钻孔方向更加困难。在工程实践中，按钻孔深度不同规定了钻孔偏斜的允许值。当深度大于 60 m 时，则允许的偏差不应超过钻孔的间距。钻孔结束后，应对孔深、孔斜和孔底残留物等进行检查，不符合要求的应采取补救处理措施。

钻孔顺序。为了有利于浆液的扩散和提高浆液结合的密实性，在确定钻孔顺序时应和灌浆次序密切配合。一般是当一批钻孔钻进完毕后，随即进行灌浆。钻孔次序则以逐渐加密钻孔数和缩小孔距为原则。对排孔的钻孔顺序，先下游排孔，后上游排孔，最后中间排孔。对统一排孔而言，一般 2~4 次序孔施工，逐渐加密。

2. 钻孔冲洗

钻孔后，要进行钻孔及岩石裂隙的冲洗。冲洗工作通常分为：钻孔冲洗，将残存在钻孔底和黏滞在孔壁的岩粉铁屑等冲洗出来；岩层裂隙冲洗，将岩层裂隙中的充填物冲洗出孔外，以便浆液进入到腾出的空间，使浆液结石与基岩胶结成整体。在断层、破碎带和细微裂隙等复杂地层中灌浆，冲洗的质量对灌浆效果影响极大。

一般采用灌浆泵将水压入孔内循环管路进行冲洗。将冲洗管插入孔内，用阻塞器将孔口堵紧，用压力水冲洗。也可采用压力水和压缩空气轮换冲洗或压力水和压缩空气混合冲洗的方法。

岩层裂隙冲洗方法分为单孔冲洗和群孔冲洗两种。在岩层比较完整，裂隙比较少的地方，可采用单孔冲洗。冲洗方法有高压压水冲洗、高压脉动冲洗和扬水冲洗等。

当节理裂隙比较发育且在钻孔之间互相串通的地层中，可采用群孔冲洗。将两个或两个以上的钻孔组成一个孔组，轮换地向一个孔或几个孔压进压力水或压力水混合压缩空气，从另外的孔排出污水，这样反复交替冲洗，直到各个孔出水洁净为止。

群孔冲洗时，沿孔深方向冲洗段的划分不宜过长，否则冲洗段内钻孔通过的裂隙条数增多，这样不仅会分散冲洗压力和冲洗水量，并且一旦有部分裂隙冲通以后，水量将相对集中在这几条裂隙中流动，使其他裂隙得不到有效的冲洗。

为了提高冲洗效果，有时可在冲洗液中加入适量的化学剂，如碳酸钠（Na_2CO_3），氢氧化钠（NaOH）或碳酸氢钠（$NaHCO_3$）等，以促进泥质填充物的溶解。加入化学剂的品种和掺量，宜通过试验确定。

采用高压水或高压水气冲洗时，要注意观测，防止冲洗范围内岩层的抬动和变形。

3. 压水试验

在冲洗完成并开始灌浆施工前，一般要对灌浆地层进行压水试验。压水试验的主要目的是：测定地层的渗透特性，为基岩的灌浆施工提供基本技术资料。压水试验也是检查地层灌浆实际效果的主要方法。

压水试验的原理：在一定的水头压力下，通过钻孔将水压入孔壁四周的缝隙中，根据压入的水量和压水的时间，计算出代表岩层渗透特性的技术参数。

灌浆施工时的压水试验，使用的压力通常为同段灌浆压力的80%，但一般不大于1 MPa。

4.灌浆的方法与工艺

为了确保岩基灌浆的质量，必须注意以下问题：

（1）钻孔灌浆的次序。

基岩的钻孔与灌浆应遵循分序加密的原则进行。一方面可以提高浆液结石的密实性，另一方面，通过后灌序孔透水率和单位吸浆量的分析，可推断先灌序孔的灌浆效果，同时还有利于减少相邻孔串浆现象。

（2）注浆方式。

按照灌浆时浆液灌注和流动的特点，灌浆方式有纯压式和循环式两种。对于帷幕灌浆，应优先采用循环式。

纯压式灌浆，就是一次将浆液压入钻孔，并扩散到岩层裂隙中。灌注过程中，浆液从灌浆机向钻孔流动，不再返回；这种灌注方式设备简单，操作方便，但浆液流动速度较慢，容易沉淀，造成管路与岩层缝隙的堵塞，影响浆液扩散。纯压式灌浆多用于吸浆量大，有大裂隙存在，孔深不超过12~15 m的情况。

循环式灌浆，灌浆机把浆液压入钻孔后，浆液一部分被压入岩层缝隙中，另一部分由回浆管返回拌浆筒中。这种方法一方面可使浆液保持流动状态，减少浆液沉淀；另一方面可根据进浆和回浆浆液比重的差别，来了解岩层吸收情况，并作为判定灌浆结束的一个条件。

（3）钻灌方法。

按照同一钻孔内的钻灌顺序，有全孔一次钻灌和全孔分段钻灌两种方法。全孔一次钻灌系将灌浆孔一次钻到全深，并沿全孔进行灌浆。这种方法施工简便，多用于孔深不超过6 m，地质条件良好，基岩比较完整的情况。

全孔分段钻灌又分为自上而下法、自下而上法、综合灌浆法及孔口封闭法等。

①自上而下分段钻灌法。其施工顺序是：钻一段，灌一段，待凝一定时间以后，再钻灌下一段，钻孔和灌浆交替进行，直到达到设计深度。其优点是：随着段深的增加，可以逐段增加灌浆压力，借以提高灌浆质量；由于上部岩层经过灌浆，形成结石，下部岩层灌浆时，不易产生岩层抬动和地面冒浆等现象；分段钻灌，分段进行压水试验，压水试验的成果比较准确，有利于分析灌浆效果，估算灌浆材料的需用量。但缺点是钻灌一段以后，要待凝一定时间，才能钻灌下一段，钻孔与灌浆须交替进行，设备搬移频繁，影响施工进度。

②自下而上分段钻灌法。一次将孔钻到全深，然后自下而上逐段灌浆，这种方法的优缺点与自上而下分段灌浆刚好相反。一般多用在岩层比较完整或基岩上部已有足够压重不

致引起地面抬动的情况。

③综合钻灌法。在实际工程中，通常是接近地表的岩层比较破碎，愈往下岩层愈完整。因此，在进行深孔灌浆时，可以兼取以上两种方法的优点，上部孔段采用自上而下法钻灌，下部孔段则采用自下而上法钻灌。

④孔口封闭灌浆法。其要点是：先在孔口镶铸不小于2m的孔口管，以便安设孔口封闭器；采用小孔径的钻孔，自上而下逐段钻孔与灌浆；上段灌后不必待凝，直接进行下段的钻灌，如此循环，直至终孔；可以多次重复灌浆，可以使用较高的灌浆压力。其优点是：工艺简单、成本低、效率高，灌浆效果好。其缺点是：当灌注时间较长时，容易造成灌浆管被水泥浆凝住的现象。

一般情况下，灌浆孔段的长度多控制在5~6m。如果地质条件好，岩层比较完整，段长可适当放长，但也不宜超过10m；在岩层破碎，裂隙发育的部位，段长应适当缩短，可取3~4m；而在破碎带、大裂隙等漏水严重的地段以及坝体与基岩的接触面，应单独分段进行处理。

（4）灌浆压力的控制。

在灌浆过程中，合理地控制灌浆压力和浆液稠度，是提高灌浆质量的重要保证。灌浆过程中灌浆压力的控制基本上有两种类型，即一次升压法和分级升压法。

①一次升压法。灌浆开始后，一次将压力升高到预定的压力，并在这个压力作用下，灌注由稀到浓的浆液。当每一级浓度的浆液注入量和灌注时间达到一定限度以后，就变换浆液配比，逐级加浓。随着浆液浓度的增加，裂隙将被逐渐填充，浆液注入率将逐渐减少，当达到结束标准时，即可结束灌浆。这种方法适用于透水性小，裂隙不甚发育，岩层比较坚硬完整的地方。

②分级升压法。是将整个灌浆压力分为几个阶段，逐级升压直到预定的压力。开始时，从最低一级压力起灌，当浆液注入率减少到规定的下限时，将压力升高一级，如此逐级升压，直到预定的灌浆压力。

（6）浆液稠度的控制。

灌浆过程中，必须根据灌浆压力或吸浆率的变化情况，适时调整浆液的稠度，使岩层的大小缝隙既能灌饱，又不浪费。浆液稠度的变换按先稀后浓的原则控制，这是由于稀浆的流动性较好，宽细裂隙都能进浆，使细小裂隙先灌饱，而后随着浆液稠度逐渐变浓，其他较宽的裂隙也能逐步得到良好的充填。

（7）灌浆的结束条件与封孔。

灌浆的结束条件，一般用两个指标来控制，一个是残余吸浆量，又称最终吸浆量，即灌到最后的限定吸浆量；另一个是闭浆时间，即在残余吸浆量不变的情况下保持设计规定压力的延续时间。

帷幕灌浆时，在设计规定的压力之下，灌浆孔段的浆液注入率小于0.4 L/min时，再延续灌注60 min（自上而下法）或30 min（自下而上法）；浆液注入率不大于1.0 L/min时，继续灌注 90 min 或 60 min，就可结束灌浆。

对于固结灌浆，其结束标准是浆液注入率不大于 0.4 L/min，延续时间 30 min，灌浆即可结束。

灌浆结束以后，应随即将灌浆孔清理干净。对于帷幕灌浆孔，宜采用浓浆灌浆法填实，再用水泥砂浆封孔；对于固结灌浆，孔深小于 10 m 时，可采用机械压浆法进行回填封孔，即通过深入孔底的灌浆管压入浓水泥浆或砂浆，顶出孔内积水，随浆面的上升，缓慢提升灌浆管。当孔深大于 10 m 时，其封孔与帷幕孔相同。

5. 灌浆的质量检查

基岩灌浆属于隐蔽性工程，必须加强灌浆质量的控制与检查。为此，一方面，要认真做好灌浆施工的原始记录，严格灌浆施工的工艺控制，防止违规操作；另一方面，要在一个灌浆区灌浆结束以后，进行专门的质量检查，作出科学的灌浆质量评定。基岩灌浆的质量检查结果，是整个工程验收的重要依据。

灌浆质量检查的方法很多，常用的有：在已灌地区钻设检查孔，通过压水试验和浆液注入率试验进行检查；通过检查孔，钻取岩芯进行检查，或进行钻孔照相和孔内电视，观察孔壁的灌浆质量；开挖平洞、竖井或钻设大口径钻孔，检查人员直接进去观察检查，并在其中进行抗剪强度、弹性模量等方面的试验；利用地球物理勘探技术，测定基岩的弹性模量、弹性波速等，对比这些参数在灌浆前后的变化，借以判断灌浆的质量和效果。

四、化学灌浆

化学灌浆：是在水泥灌浆基础上发展起来的新型灌浆方法。它是将有机高分子材料配制成的浆液灌入地基或建筑物的裂缝中经胶凝固后，达到防渗、堵漏、补强、加固的目的。它主要用于裂隙与空隙细小（0.1mm 以下），颗粒材料不能灌入；对基础的防渗或强度有较高要求；渗透水流速度较大，其他灌浆材料不能封堵等情况。

1. 化学灌浆的特性

化学灌浆材料有很多种类，每种材料都有其特殊的性能，按灌浆的目的可分为防渗堵漏和补强加固两大类。属于防渗堵漏的有水玻璃、丙凝类、聚氨酯类等，属于补强加固的有环氧树脂类、甲凝类等。化学浆液有以下特性：

（1）化学浆液的黏度低，有的接近于水，有的比水还小。其流动性好，可灌性高，可以灌入水泥浆液灌不进去的细微裂隙中。

（2）化学浆液的聚合时间可以比较准确地控制，从几秒到几十分钟，有利于灵活地进行施工控制。

（3）化学浆液聚合后的聚合体，渗透系数很小，一般为 10-6~10-5cm/s，防渗效果较好。

（4）有些化学浆液聚合体本身的强度及黏结强度比较高，可承受高水头。

（5）化学灌浆材料聚合体的稳定性和耐久性均较好，能抗酸、碱及微生物的侵蚀。

（6）化学灌浆材料都有一定毒性，在配制、施工过程中要十分注意防护，并切实防止对环境的污染。

2.化学灌浆的施工

由于化学材料配制的浆液为真溶液，不存在粒状灌浆材料所存在的沉淀问题，故化学灌浆都采用纯压式灌浆。

化学灌浆的钻孔和清洗工艺及技术要求，与水泥灌浆基本相同，也遵循分序加密的原则进行钻孔灌浆。

化学灌浆的方法，按浆液的混合方式区分，有单液法灌浆和双液法灌浆。一次配制成的浆液或两种浆液组分在泵送灌注前先行混合的灌浆方法称为单液法。两种浆液组分在泵送后才混合的灌浆方法称为双液法。前者施工相对简单，在工程中使用较多。为了保持连续供浆，现在多采用电动式比例泵提供压送浆液的动力。比例泵是专用的化学灌浆设备，由两个出浆量能够任意调整，可实现按设计比例压浆的活塞泵所构成。对于小型工程和个别补强加固的部位，也可采用手压泵。

第二节　防渗墙

防渗墙是一种修建在松散透水底层或土石坝中起防渗作用的地下连续墙。防渗墙技术在 20 世纪 50 年代起源于欧洲，因其结构可靠、施工简单、适应各类底层条件、防渗效果好以及造价低等优点，现在国内外得到了广泛应用。

中国防渗墙施工技术的发展始于 1958 年，此前，中国在坝基处理方面对较浅的覆盖层大多采用大开挖后再回填黏土截水墙的办法。对于较深的覆盖层，采用大开挖的办法难以进行，因而采用水平防渗的处理办法，即在上游填筑黏土铺盖，下游坝脚设反滤排水及减压设施，用延长渗径和排水减压的办法控制渗流。这种处理办法虽可以保证坝基的渗流稳定，但局限性较大。

1959 年在山东省青岛市月子口水库，利用连锁桩柱法在沙砾石地基中首次建成了桩柱式防渗墙。1959 年在密云水库防渗墙施工中又摸索出一套槽形孔防渗墙的造孔施工方法，仅用七个月就修建了一道长 784.8m、深 44m、厚 0.8m、面积达 13 万 m² 的槽孔式混凝土防渗墙。

50 多年来，中国的防渗墙施工技术不断发展，现已成为水利水电工程覆盖层及土石围堰防渗处理的首选方案。

一、防渗墙特点

1.适用范围较广：适用于多种地质条件，如沙土、沙壤土、粉土以及直径小于 10mm

的卵砾石土层，都可以做连续墙，对于岩石地层可以使用冲击钻成槽。

2. 实用性较强：广泛应用于水利水电、工业民用建筑、市政建设等各个领域。塑性混凝土防渗墙可以在江河、湖泊、水库堤坝中起到防渗加固作用；刚性混凝土连续墙可以在工业民用建筑、市政建设中起到挡土、承重作用。混凝土连续墙深度可达 100 多 m。三峡二期围堰轴线全长 1439.6m，最大高度 82.5m，最大填筑水深达 60m，最大挡水水头达 85m，防渗墙最大高度 74m。

3. 施工条件要求较宽：地下连续墙施工时噪声低、振动小，可在较复杂条件下施工，可昼夜施工，加快施工速度。

4. 安全、可靠：地下连续墙技术自诞生以来有了较大发展，在接头的连接技术上也有了很大进步，较好地完成了段与段之间的连接。作为承重和挡土墙，可以做成刚度较大的钢筋混凝土连续墙。

5. 工程造价较低：10cm 厚的混凝土防渗墙造价约为 240 元 / 平方米，40cm 厚的防渗墙造价约为 430 元 / 平方米。

二、防渗墙的分类及适用条件

按结构形式防渗墙可分为桩柱型、槽板型和板桩灌注型等。按墙体材料防渗墙可分为混凝土、黏土混凝土、钢筋混凝土、自凝灰浆、固化灰浆和少灰混凝土等。

三、防渗墙的作用与结构特点

1. 防渗墙的作用

防渗墙是一种防渗结构，但其实际的应用已远远超出了防渗的范围，可用来解决防渗、防冲、加固、承重及地下截流等工程问题。具体的运用主要有如下几个方面：

（1）控制闸、坝基础的渗流；

（2）控制土石围堰及其基础的渗流；

（3）防止泄水建筑物下游基础的冲刷；

（4）加固一些有病害的土石坝及堤防工程；

（5）作为一般水工建筑物基础的承重结构；

（6）拦截地下潜流，抬高地下水位，形成地下水库。

2. 防渗墙的构造特点

防渗墙的类型较多，但从其构造特点来说，主要是两类：槽孔（板）型防渗墙和桩柱型防渗墙。前者是中国水利水电工程中混凝土防渗墙的主要形式。防渗墙系垂直防渗措施，其立面布置有两种形式：封闭式与悬挂式。封闭式防渗墙是指墙体插入到基岩或相对不透水层一定深度，以实现全面截断渗流的目的。而悬挂式防渗墙，墙体只深入地层一定深度，仅能加长渗径，无法完全封闭渗流。对于高水头的坝体或重要的围堰，有时设置两道防渗墙，共同作用，按一定比例分担水头。这时应注意水头的合理分配，避免造成单道墙承受水头过大而破坏，这对另一道墙也是很危险的。

防渗墙的厚度主要由防渗要求、抗渗耐久性、墙体的应力与强度及施工设备等因素确定。其中，防渗墙的耐久性是指抵抗渗流侵蚀和化学溶蚀的性能，这两种破坏作用均与水力梯度有关。

不同的墙体材料具有不同的抗渗耐久性，其允许水力梯度值也就不同。如普通混凝土防渗墙的允许水力梯度值一般在80~100，而塑性混凝土因其抗化学溶蚀性能较好，可达300，水力梯度值一般在50~60。

3. 防渗性能

根据混凝土防渗墙深度、水头压力及地质条件的不同，混凝土防渗墙可以采用不同的厚度，从1.5~0.20 m不等。在长江监利县南河口大堤用过的混凝土防渗墙深度为15~20 m，墙体厚度为7.5 cm。渗透系数$K<10^{-7}$ cm/s，抗压强度大于1.0 MPa。目前，塑性混凝土防渗墙受到越来越多的重视，它是在普通混凝土中加入黏土、膨润土等掺和材料，大幅度降低水泥掺量而形成的一种新型塑性防渗墙体材料。塑性混凝土防渗墙因其弹性模量低，极限应变大，使得塑性混凝土防渗墙在荷载作用下，墙内应力和应变都很低，可提高墙体的安全性和耐久性，而且施工方便，节约水泥，降低工程成本，具有良好的变形和防渗性能。

有的工程对墙的耐久性进行了研究，粗略地计算防渗墙抗溶蚀的安全年限。根据已经建成的一些防渗墙统计，混凝土防渗墙实际承受的水力坡降可达100。如南谷洞土坝防渗墙水力坡降为91，毛家村土坝防渗墙为80~85，密云土坝防渗墙为80。对于较浅的混凝土防渗墙在承受低水头的情况下，可以使用薄墙，厚度为0.22~0.35 m。

四、防渗墙的墙体材料

防渗墙的墙体材料，按其抗压强度和弹性模量，一般分为刚性材料和柔性材料。可在工程性质与技术经济比较后，选择合适的墙体材料。

刚性材料包括普通混凝土、黏土混凝土和掺粉煤灰混凝土等，其抗压强度大于5MPa，弹性模量大于10 000MPa。柔性材料的抗压强度则小于5MPa，弹性模量小于10 000MPa，包括塑性混凝土、自凝灰浆和固化灰浆等。另外，现在有些工程开始使用强度大于25MPa的高强混凝土，以适应高坝深基础对防渗墙的技术要求。

1. 普通混凝土

是指其强度在7.5~20MPa，不加其他掺合料的高流动性混凝土。由于防渗墙的混凝土是在泥浆下浇筑，故要求混凝土能在自重下自行流动，并有抗离析与保持水分的性能。其坍落度一般为18~22cm，扩散度为34~38cm。

2. 黏土混凝土

在混凝土中掺入一定量的黏土（一般为总量的12%~20%），不仅可以节省水泥，还可以降低混凝土的弹性模量，改变其变形性能，增加其和易性，改善其易堵性。

3. 粉煤灰混凝土

在混凝土中掺加一定比例的粉煤灰，能改善混凝土的和易性，降低混凝土发热量，提高混凝土密实性和抗侵蚀性，并具有较高的后期强度。

4. 塑性混凝土

以黏土和（或）膨润土取代普通混凝土中的大部分水泥所形成的一种柔性墙体材料。塑性混凝土与黏土混凝土有本质区别，因为后者的水泥用量降低并不多，掺黏土的主要目的是改善和易性，并未过多改变弹性模量。塑性混凝土的水泥用量仅为 $80\sim100kg/m^3$，使得其强度低，特别是弹性模量值低到与周围介质（基础）相接近，这时，墙体适应变形的能力大大提高，几乎不产生拉应力，减少了墙体出现开裂现象的可能性。

5. 自凝灰浆

是在固壁浆液（以膨润土为主）中加入水泥和缓凝剂所制成的一种灰浆。凝固前作为造孔用的固壁泥浆，槽孔造成后则自行凝固成墙。

6. 固化灰浆

在槽锻造孔完成后，向固壁的泥浆中加入水泥等固化材料，沙子、粉煤灰等掺合料，水玻璃等外加剂，经机械搅拌或压缩空气搅拌后，凝固成墙体。

五、防渗墙的施工工艺

槽孔（板）型的防渗墙，是由一段段槽孔套接而成的地下墙。尽管在应用范围、构造形式和墙体材料等方面存在各种类型的防渗墙，但其施工程序与工艺是类似的，主要包括：造孔前的准备工作；泥浆固壁与造孔成槽；终孔验收与清孔换浆；槽孔浇筑；全墙质量验收等过程。

（一）造孔准备

造孔前准备工作是防渗墙施工的一个重要环节。

必须根据防渗墙的设计要求和槽孔长度的划分，做好槽孔的测量定位工作，并在此基础上设置导向槽。

导向槽的作用是：导墙是控制防渗墙各项指标的基准，导墙和防渗墙的中心线必须一致，导墙宽度一般比防渗墙的宽度多 3~5cm，它指示挖槽位置，为挖槽起导向作用；导墙竖向面的垂直度是决定防渗墙垂直度的首要条件，导墙顶部应平整，保证导向钢轨的架设和定位；导墙可防止槽壁顶部坍塌，保持泥浆压力，防止坍塌和阻止废浆脏水倒流入槽，保证地面土体稳定，在导墙之间每隔 1~3m 加设临时木支撑；导墙经常承受灌注混凝土的导管、钻机等静、动荷载，可以起到重物支承台的作用：维持稳定液面的作用，特别是地下水位很高的地段，为维持稳定液面，至少要高出地下水位 1m；导墙内的空间有时可作为稳定液的贮藏槽。

导向槽可用木料、条石、灰拌土或混凝土制成。导向槽沿防渗墙轴线设在槽孔上方，导向槽的净宽一般等于或略大于防渗墙的设计厚度，高度以1.5~2.0m为宜。为了维持槽孔的稳定，要求导向槽底部高出地下水位0.5m以上。为了防止地表积水倒流和便于自流排浆，其顶部高程应比两侧地面略高。

钢筋混凝土导墙常用现场浇筑法。其施工顺序是：平整场地、测量位置、挖槽与处理弃土、绑扎钢筋、支模板、灌注混凝土、拆模板并设横撑、回填导墙外侧空隙并碾压密实。导墙的施工接头位置，应与防渗墙的施工接头位置错开。另外还可设置插铁以保持导墙的连续性。

导向槽安设好后，在槽侧铺设造孔钻机的轨道，安装钻机，修筑运输道路，架设动力和照明路线以及供水供浆管路，做好排水排浆系统，并向槽内充灌泥浆，保持泥浆液面在槽顶以下30~50cm。做好这些准备工作以后，就可开始造孔。

（二）固壁泥浆和泥浆系统

在松散透水的地层和坝（堰）体内进行造孔成墙，如何维持槽孔孔壁的稳定是防渗墙施工的关键技术之一。工程实践表明，泥浆固壁是解决这类问题的主要方法。泥浆固壁的原理是：由于槽孔内的泥浆压力要高于地层的水压力，使泥浆渗入槽壁介质中，其中较细的颗粒进入空隙，较粗的颗粒附在孔壁上，形成泥皮。泥皮对地下水的流动形成阻力，使槽孔内的泥浆与地层被泥皮隔开。泥浆一般具有较大的密度，所产生的侧压力通过泥皮作用在孔壁上，就保证了槽壁的稳定。

泥浆除了固壁作用外，在造孔过程中，还有悬浮和携带岩屑、冷却润滑钻头的作用；成墙以后，渗入孔壁的泥浆和胶结在孔壁的泥皮，还对防渗起辅助作用。由于泥浆的特殊重要性，在防渗墙施工中，国内外工程对于泥浆的制浆土料、配比以及质量控制等方面均有严格的要求。

泥浆的制浆材料主要有膨润土、黏土、水以及改善泥浆性能的掺合料，如加重剂、增黏剂、分散剂和堵漏剂等。制浆材料通过搅拌机进行拌制，经筛网过滤后，放入专用储浆池备用。

我国根据大量的工程实践，提出制浆土料的基本要求是黏粒含量大于50%，塑性指数大于20，含砂量小于5%，氧化硅与三氧化二铝含量的比值以3~4为宜。配制而成的泥浆，其性能指标，应根据地层特性、造孔方法和泥浆用途等，通过试验选定。

（三）造孔成槽

造孔成槽工序约占防渗墙整个施工工期的一半。槽孔的精度直接影响防渗墙的质量。选择合适的造孔机具与挖槽方法对于提高施工质量、加快施工速度至关重要。混凝土防渗墙的发展和广泛应用，也是与造孔机具的发展和造孔挖槽技术的改进密切相关的。

用于防渗墙开挖槽孔的机具，主要有冲击钻机、回转钻机、钢绳抓斗及液压铣槽机等。它们的工作原理、适用的地层条件及工作效率有一定差别。对于复杂多样的地层，一般要多种机具配套使用。

进行造孔挖槽时，为了提高工效，通常要先划分槽段，然后在一个槽段内，划分主孔和副孔，采用钻劈法、钻抓法或分层钻进等方法成槽。

各种造孔挖槽的方法，都采用泥浆固壁，在泥浆液面下钻挖成槽。在造孔过程中，要严格按操作规程施工，防止掉钻、卡钻、埋钻等事故发生；必须经常注意泥浆液面的稳定，发现严重漏浆，要及时补充泥浆，采取有效的止漏措施；要定时测定泥浆的性能指标，并控制在允许范围以内；应及时排除废水、废浆、废渣，不允许在槽口两侧堆放重物，以免影响工作，甚至造成孔壁坍塌；要保持槽壁平直，保证孔位、孔斜、孔深、孔宽以及槽孔搭接厚度、嵌入基岩的深度等满足规定的要求，防止漏钻漏挖和欠钻欠挖。

（四）终孔验收和清孔换浆

验收合格方准进行清孔换浆，清孔换浆的目的是在混凝土浇筑前，对留在孔底的沉渣进行清除，换上新鲜泥浆，以保证混凝土和不透水地层连接的质量。清孔换浆应该达到的标准是：经过 1h 后，孔底淤积厚度不大于 10cm，孔内泥浆密度不大于 1.3，黏度不大于 30s，含砂量不大于 10%。一般要求清孔换浆以后 4h 内开始浇筑混凝土。如果不能按时浇筑，应采取相应措施，防止落淤，否则，在浇筑前要重新清孔换浆。

（五）墙体浇筑

防渗墙的混凝土浇筑和一般混凝土浇筑不同，是在泥浆液面下进行的。泥浆下浇筑混凝土的主要特点是：

1. 不允许泥浆与混凝土掺混形成泥浆夹层；

2. 确保混凝土与基础以及一、二期混凝土之间的结合；

3. 连续浇筑，一气呵成。

泥浆下浇筑混凝土常用直升导管法。清孔合格后，立即下设钢筋笼、预埋管、导管和观测仪器。导管由若干节管径 20~25cm 的钢管连接而成，沿槽孔轴线布置，相邻导管的间距不宜大于 3.5m，一期槽孔两端的导管距端面以 1.0~1.5m 为宜，开浇时导管口距孔底 10~25cm，把导管固定在槽孔口。当孔底高差大于 25cm 时，导管中心应布置在该导管控制范围的最低处。这样布置导管，有利于全槽混凝土面的均衡上升，有利于一、二期混凝土的结合，并可防止混凝土与泥浆掺混。槽孔浇筑应严格遵循先深后浅的顺序，即从最深的导管开始，由深到浅一个一个导管依次开浇，待全槽混凝土面浇平以后，再全槽均衡上升。

每个导管开浇时，先下入导注塞，并在导管中灌入适量的水泥砂浆，准备好足够数量的混凝土，将导注塞压到导管底部，使管内泥浆挤出管外。然后将导管稍微上提，使导注塞浮出，一举将导管底端被泻出的砂浆和混凝土埋住，保证后续浇筑的混凝土不会泥浆掺混。在浇筑过程中，应保证连续供料，一气呵成；保持导管埋入混凝土的深度不小于 1m；维持全槽混凝土面均衡上升，上升速度不应小于 2m/h，高差控制在 0.5m 范围内。

混凝土上升到距孔口 10m 左右，常因沉淀砂浆含砂量大，稠度增浓，压差减小，增加浇筑困难。这时可用空气吸泥器、砂泵等抽排浓浆，以便浇筑顺利进行。浇筑过程中应注意观测，做好混凝土面上升的记录，防止堵管、埋管、导管漏浆和泥浆掺混等事故的发生。

六、防渗墙的质量检查

对混凝土防渗墙的质量检查应按规范及设计要求进行，主要有如下几个方面：

1. 槽孔的检查，包括几何尺寸和位置、钻孔偏斜、入岩深度等；

2. 清孔检查，包括槽段接头、孔底淤积厚度、清孔质量等；

3. 混凝土质量的检查，包括原材料、新拌料的性能、硬化后的物理力学性能等；

4. 墙体的质量检测，主要通过钻孔取芯、超声波及地震透射层析成像（CT）技术等方法全面检查墙体的质量。

七、双轮铣成槽技术

（一）双轮铣成槽技术工作原理

双轮铣设备的成槽原理是通过液压系统驱动下部两个轮轴转动，水平切削、破碎地层，采用反循环出碴。双轮铣设备主要由三部分组成：起重设备、铣槽机、泥浆制备及筛分系统等。铣槽时，两个铣轮低速转动，方向相反，其铣齿将地层围岩铣削破碎，中间液压马达驱动泥浆泵，通过铣轮中间的吸砂口将钻掘出的岩渣与泥浆混合物排到地面泥浆站进行集中除砂处理，然后将净化后的泥浆返回槽段内，如此往复循环，直至终孔成槽。在地面通过传感器控制液压千斤顶系统伸出或缩回导向板、纠偏板，调整铣头的姿态，并调慢铣头下降速度，从而有效地控制了槽孔的垂直度。

（二）主要优缺点

双轮铣成槽技术具有以下优点：

1. 对地层适应性强，从软土到岩石地层均可实施切削搅拌，更换不同类型的刀具即可在淤泥、砂、砾石、卵石及中硬强度的岩石、混凝土中开挖；

2. 钻进效率高，在松散地层中钻进效率可达 20~40m³/h，双轮铣设备施工进度与传统的抓槽机和冲孔机在土层、砂层等软弱地层中为抓槽机的 2~3 倍，在微风岩层中可达到冲孔成槽效率的 20 倍以上，同时也可以在岩石中成槽；

3. 孔形规则（墙体垂直度可控制在 3% 以下）；

4. 运转灵活，操作方便；

5. 排碴同时即清孔换浆，减少了混凝土浇筑准备时间；

6. 低噪声、低振动，可以贴近建筑物施工；

7. 设备成桩深度大，远大于常规设备；

8.设备成桩尺寸、深度、注浆量、垂直度等参数控制精度高，可保证施工质量，工艺没有"冷缝"概念，可实现无缝连接，形成无缝墙体。换行但同时由于工艺和设备使得其存在一定的局限性：

（1）不适用于存在孤石、较大卵石等地层，此种地层下需和冲击钻或爆破配合使用；

（2）受设备限制连续墙槽段划分不灵活，尤其是二期槽段；

（3）设备维护复杂且费用高；

（4）设备自重较大对场地硬化条件要求较传统设备高。

（三）施工准备

1.测量放样

施工前使用 GPS 放样防渗墙轴线，然后延轴线向两侧分别引出桩点，便于机械移动施工。

2.机械设备

主要施工机械有双轮铣，水泥罐，空气压缩机，制浆设备，挖掘机等。

3.施工材料

水泥选用强度等级为 42.5 级矿渣水泥。进场水泥必须具备出厂合格证，并经现场取样送试验室复检合格，水泥罐储量要充分满足施工需要。施工供水、施工供电等。

（四）施工工艺

工艺流程包括清场备料、放样接高、安装调试、开沟铺板、移机定位、铣削掘进搅拌、浆液制备、输送、铣体混合输送、回转提升、成墙移机等。

（五）造墙方式

液压双轮铣槽机和传统深层搅拌的技术特点相结合起来，在掘进注浆、供气、铣、削和搅拌的过程中，四个铣轮相对相向旋转，铣削地层；同时通过矩形方管施加向下的推进力向下掘进切削。在此过程中，通过供气、注浆系统同时向槽内分别注入高压气体、固化剂和添加剂（一般为水泥和膨润土），直至达到设备要求的深度。此后，四个铣轮作相反方向相向旋转，通过矩形方管慢慢提起铣轮，并通过供气、注浆管路系统再向槽内分别注入气体和固化液，并与槽内的基土相混合，从而形成由基土、固化剂、水、添加剂等形成的水泥土混合物的固化体，成为等厚水泥土连续墙。幅间连接为完全铣削结合，第二幅与第一幅搭接长度为 20~30cm，接合面无冷缝。

（六）造墙

1.铣头定位：根据不同的地质情况选用适合该地层的铣头，随后将双轮铣机的铣头定位于墙体中心线和每幅标线上；

2.垂直的精度：对于矩形方管的垂直度，采用经纬仪作三支点桩架垂直度的初始零点校准，由支撑矩形方管的三支点辅机的垂直度来控制。从而有效地控制了槽形的垂直度。

其墙体垂直度可控制在 3% 以内；

3. 铣削深度：控制铣削深度为设计深度的 ±0.2m；

4. 铣削速度：开动双轮铣主机掘进搅拌，并缓慢下降铣头与基土接触，按设计要求注浆、供气。控制铣轮的旋转速度为 22~26r/min，一般铣进控速为 0.4~1.5 r/min。根据地质情况可适当调整掘进速度和转速，以避免形成真空负压，孔壁坍陷，造成墙体空隙。在实际掘进过程中，由于地层 35m 以下土质较为复杂，需要进行多次上提和下沉掘进动作，满足设计进尺及注浆要求。

5. 注浆：制浆桶制备的浆液放入到储浆桶，经送浆泵和管道送入移动车尾部的储浆桶，再由注浆泵经管路送至挖掘头。注浆量的大小由装在操作台的无级电机调速器和自动瞬时流速计及累计流量计监控；一般根据钻进尺速度与掘销量在 100~350L/min 内调整。在掘进过程中按设计要求进行一、二、三次注浆，注浆压力一般为 2.0~3.0MPa。若中途出现堵管、断浆等现象，应立即停泵，查找原因进行修理，待故障排除后再掘进搅拌。当因故停机超过半小时时，应对泵体和输浆管路妥善清洗；

6. 供气：由装在移动车尾部的空气压缩机制成的气体经管路压至钻头，其量大小由手动阀和气压表配给，全程气体不得间断，控制气体压力为 0.3~0.7MPa；

7. 成墙厚度：为保证成墙厚度，应根据铣头刀片磨损情况定期测量刀片外径，当磨损达到 1cm 时必须对刀片进行修复；

8. 墙体均匀度：为确保墙体质量，应严格控制掘进过程中的注浆均匀性以及由气体升扬置换墙体混合物的沸腾状态；

9. 墙体连接：每幅间墙体的连接是地下连续墙施工最关键的一道工序，必须保证充分搭接。液压铣削施工工艺形成矩形槽段，在施工时严格控制墙（桩）位并做出标识，确保搭接在 30cm 左右，以达到墙体整体连续作业；严格与轴线平行移动，以确保墙体平面的平整（顺）度。

10. 水泥掺入比：水泥掺入量按 20% 控制，一般为下沉空搅部分占有效墙体部位总水泥量的 70% 左右；

11. 水灰比：下沉过程水灰比一般控制在 1.4~1.5；提升过程水灰比为 1；

12. 浆液配制：浆液不能发生离析，水泥浆液严格按预定配合比制作，用比重计或其他检测手法量测控制浆液的质量。为防止浆液离析，放浆前必须搅拌 30s 再倒入存浆桶。浆液性能试验的内容为：比重、黏度、稳定性、初凝、终凝时间。凝固体的物理性能试验为：抗压、抗折强度。现场质检员对水泥浆液进行比重检验，监测浆液质量存放时间，水泥浆液随配随用，搅拌机和料斗中的水泥浆液应不断搅动。施工水泥浆液严格过滤，在灰浆搅拌机与集料斗之间设置过滤网。

13. 特殊情况处理：供浆必须连续。一旦中断，将铣削头掘进至停供点以下 0.5m（因铣削能力远大于成墙体的强度），待恢复供浆时再提升 1~2m 复搅成墙。当因故停机超过 30min，对泵体和输浆管路妥善清洗。遇地下构筑物时，采取高喷灌浆对构筑物周边及上下地层进行封闭处理；

14. 施工记录与要求：及时填写现场施工记录，每掘进 1 幅位记录一次在该时刻的浆液比重、下沉时间、供浆量、供气压力、垂直度及桩位偏差；

15. 出泥量的管理：当提升铣削刀具离基面时，将置存于储留沟中的水泥土混合物导回，以补充填墙料之不足，多余混合物待干硬后外运至指定地点堆放。

第三节　砂砾石地基处理

一、沙砾石地基灌浆

（一）沙砾石地基的可灌性

沙砾石地基的可灌性是指沙砾石地基能否接受灌浆材料灌入的一种特性。是决定灌浆效果的先决条件。其主要取决于地层的颗粒级配、灌浆材料的细度、灌浆压力和灌浆工艺等。

（二）灌浆材料

多用水泥黏土浆液。一般水泥和黏土的比例为 1：1~1：4，水和干料的比例为 1：1~1：6。

（三）钻灌方法

沙砾石地基的钻孔灌浆方法有：打管灌浆；套管灌浆；循环钻灌；预埋花管灌浆等。

1. 打管灌浆

打管灌浆就是将带有灌浆花管的厚壁无缝钢管，直接打入受灌地层中，并利用它进行灌浆。其程序是：先将钢管打入到设计深度，再用压力水将管内冲洗干净，然后用灌浆泵灌浆，或利用浆液自重进行自流灌浆。灌完一段以后，将钢管起拔一个灌浆段高度，再进行冲洗和灌浆，如此自下而上，拔一段灌一段，直到结束。

这种方法设备简单，操作方便，适用于砂砾石层较浅、结构松散、颗粒不大、容易打管和起拔的场合。用这种方法所灌成的帷幕，防渗性能较差，多用于临时性工程（如围堰）。

2. 套管灌浆

套管灌浆的施工程序是一边钻孔，一边跟着下护壁套管。或者，一边打设护壁套管，一边冲掏管内的沙砾石，直到套管下到设计深度。然后将钻孔冲洗干净，下入灌浆管，起拔套管到第一灌浆段顶部，安好止浆塞，对第一段进行灌浆。如此自下而上，逐段提升灌浆管和套管，逐段灌浆，直到结束。

采用这种方法灌浆，由于有套管护壁，不会产生第二段灌浆坍孔埋钻等事故。但是，在灌浆过程中，浆液容易沿着套管外壁向上流动，甚至产生地表冒浆。如果灌浆时间较长，则又会胶结套管，造成起拔的困难。

3. 循环钻灌

循环钻灌是一种自上而下，钻一段灌一段，钻孔与灌浆循环进行的施工方法。钻孔时用黏土浆或最稀一级水泥黏土浆固壁。钻孔长度，也就是灌浆段的长度，视孔壁稳定和砂砾石层渗漏程度而定，容易坍孔和渗漏严重的地层，分段短一些，反之则长一些，一般为1~2m。灌浆时可利用钻杆作灌浆管。

用这种方法灌浆，做好孔口封闭，是防止地面抬动和地表冒浆提高灌浆质量的有效措施。

4. 预埋花管灌浆

预埋花管灌浆的施工程序：

（1）用回转式钻机或冲击钻钻孔，跟着下护壁套管，一次直达孔的全深；

（2）钻孔结束后，立即进行清孔，清除孔壁残留的石渣；

（3）在套管内安设花管，花管的直径一般为73~108mm，沿管长每隔33~50cm钻一排3~4个射浆孔，孔径1cm，射浆孔外面用橡皮箍紧。花管底部要封闭严密牢固，安设花管要垂直对中，不能偏在套管的一侧。

（4）在花管与套管之间灌注填料，边下填料边起拔套管，连续灌注，直到全孔填满套管拔出为止。

（5）填料待凝10d左右，达到一定强度，严密牢固地将花管与孔壁之间的环形圈封闭起来。

（6）在花管中下入双栓灌浆塞，灌浆塞的出浆孔要对准花管上准备灌浆的射浆孔。然后用清水或稀浆逐渐升压，压开花管上的橡皮圈，压穿填料，形成通路，为浆液进入砂砾石层创造条件，称为开环。开环以后，继续用稀浆或清水灌注5~10min，再开始灌浆。每排射浆孔就是一个灌浆段。灌完一段，移动双栓灌浆塞，使其出浆孔对准另一排射浆孔，进行另一灌浆段的开环灌浆。由于双栓灌浆塞的构造特点，可以在任一灌浆段进行开环灌浆，必要时还可以进行复灌，比较灵活。

用预埋花管法灌浆，由于有填料阻止浆液沿孔壁和管壁上升，很少发生冒浆、串浆现象，灌浆压力可相对提高，灌浆比较机动，可以重复灌浆，对灌浆质量较有保证。国内外比较重要的沙砾石层灌浆，多采用这种方法，其缺点是花管被填料胶结以后，不能起拔，耗用管材较多。

二、水泥土搅拌桩

近几年，在处理淤泥、淤泥质土、粉土、粉质黏土等软弱地基时，经常采用深层搅拌桩进行复合地基加固处理。深层搅拌是利用水泥类浆液与原土通过叶片强制搅拌形成墙体的技术。

1. 技术特点

多头小直径深层搅拌桩机的问世，使防渗墙的施工厚度变为8~45cm，在江苏、湖北、江西、山东、福建等省广泛应用并已取得很好的社会效益。该技术使各幅钻孔搭接形成墙体，使排柱式水泥土地下墙的连续性、均匀性都有大幅度的提高。从现场检测结果看，体搭接均匀、连续整齐、美观、墙体垂直偏差小，满足搭接要求。该工法适用于黏土、粉质黏土、淤泥质土以及密实度中等以下的砂层，且施工进度和质量不受地下水位的影响。从浆液搅拌混合后形成"复合土"的物理性质分析，这种复合土属于"柔性"物质，从防渗墙的开挖过程中还可以看到，防渗墙与原地基土无明显的分界面，即"复合土"与周边土胶结良好。因而，目前防洪堤的垂直防渗处理，在墙身不大于18m的条件下优先选用深层搅拌桩水泥土防渗墙。

2. 防渗性能

防渗墙的功能是截渗或增加渗径，防止堤身和堤基的渗透破坏。影响水泥搅拌桩渗透性的因素主要有流体本身的性质、水泥搅拌土的密度、封闭气泡和孔隙的大小及分布。因此，从施工工艺上看，防渗墙的完整性和连续性是关键，当墙厚不小于20cm时，成墙28d后渗透系数 $K<10\text{-}6cm/s$，抗压强度 $R>0.5MPa$。

3. 复合地基

当水泥土搅拌桩用来加固地基，形成复合地基用以提高地基承载力时，应符合以下规定：

（1）竖向承载搅拌桩的长度应根据上部结构对承载力和变形的要求确定，并应穿透软弱土层到达承载力相对较高的土层；设置的搅拌桩同时为提高抗滑稳定性时，其桩长应超过危险滑弧2.0m以上。干法的加固深度不宜大于15m；湿法及型钢水泥土搅拌墙（桩）的加固深度应考虑机械性能的限制。单头、双头加固深度不宜大于20m，多头及型钢水泥土搅拌墙（桩）的深度不宜超过35m。

（2）竖向承载力水泥土搅拌桩复合地基的承载力特征值应通过现场单桩或多桩复合地基荷载试验确定。初步设计时也可按《建筑地基处理技术规范》（JGJ 79-2012）的相关公式进行估算。

（3）竖向承载搅拌桩复合地基中的桩长超过10m时，可采用变掺量设计。在全桩水泥总掺量不变的前提下，桩身上部1/3桩长范围内可适当增加水泥掺量及搅拌次数；桩身下部1/3桩长范围内可适当减少水泥掺量。

（4）竖向承载搅拌桩的平面布置可根据上部结构特点及对地基承载力和变形的要求，采用柱状、壁状、格栅状或块状等加固形式。搅拌桩可只在刚性基础平面范围内布置，独立基础下的桩数不宜少于3根。柔性基础应通过验算在基础内、外布桩。柱状加固可采用正方形、等边三角形等布桩形式。

三、高压喷射灌浆

高压喷射灌浆于 1968 年首创于日本，将高压水射流技术应用于软弱地层的灌浆处理，成为一种新的地基处理方法—高压喷射灌浆法。它是利用钻机造孔，然后将带有特制合金喷嘴的灌浆管下到地层预定位置，以高压把浆液或水、气高速喷射到周围地层，对地层介质产生冲切、搅拌和挤压等作用，同时被浆液置换、充填和混合，待浆液凝固后，就在地层中形成一定形状的凝结体。20 世纪 70 年代初中国铁路及冶金系统引进，水利系统于 1980 年首先将此技术用于山东省白浪河水库土石坝中。目前，已在水利系统广泛采用。该技术既可用于低水头土坝坝基防渗，也可用于松散地层的防渗堵漏、截潜流和临时性围堰等工程，还可进行混凝土防渗墙断裂以及漏洞、隐患的修补。

高压喷射灌浆是利用旋喷机具造成旋喷桩以提高地基的承载能力，也可以作联锁桩施工或定向喷射成连续墙用于防渗。可适用于砂土、黏性土、淤泥等地基的加固，对砂卵石（最大粒径小于 20cm）的防渗也有较好的效果。

通过各孔凝结体的连接，形成板式或墙式的结构，不仅可以提高基础的承载力，而且成为一种有效的防渗体。由于高压喷射灌浆具有对地层条件适用性广、浆液可控性好、施工简单等优点，近年来在国内外都得到了广泛应用。

（一）技术特点

高压喷射灌浆防渗加固技术适用于软弱土层，包括第四纪冲积层、洪积层、残积层以及人工填土等。实践证明，对砂类土、黏性土、黄土和淤泥等土层，效果较好。对粒径过大和含量过多的砾卵石以及有大量纤维质的腐殖土地层，一般应通过现场试验确定施工方法，对含有粒径 2~20cm 的砂砾石地层，在强力的升扬置换作用下，仍可实现浆液包裹作用。

高压喷射灌浆不仅在黏性土层、砂层中可用，在砂砾卵石层中也可用。经过多年的研究和工程试验证明，只要控制措施和工艺参数选择得当，在各种松散地层均可采用，以烟台市夹河地下水库工程为例，采用高喷灌浆技术的半圆相向对喷和双排摆喷菱形结构的新的施工方案，成功地在夹河卵砾石层中构筑了地下水库截渗坝工程。

该技术具有可灌性、可控性好，接头连接可靠，平面布置灵活，适应地层广，深度较大，对施工场地要求不高等特点。

（二）高压喷射灌浆作用

高压喷射灌浆的浆液以水泥浆为主，其压力一般在 10~30MPa，它对地层的作用和机理有如下几个方面：

1. 冲切掺搅作用。高压喷射流通过对原地层介质的冲击、切割和强烈扰动，使浆液扩散充填地层，并与土石颗粒掺混搅和，硬化后形成凝结体，从而改变原地层结构和组分，达到防渗加固的目的。

2. 升扬置换作用。随高压喷射流喷出的压缩空气，不仅对射流的能量有维持作用，而且造成孔内空气扬水的效果，使冲击切割下来的地层细颗粒和碎屑升扬至孔口，空余部分由浆液代替，起到了置换作用。

3. 挤压渗透作用。高压喷射流的强度随射流距离的增加而衰减，至末端虽不能冲切地层，但对地层仍能产生挤压作用；同时，喷射后的静压浆液对地层还产生渗透凝结层，有利于进一步提高抗渗性能。

4. 位移握裹作用。对于地层中的小块石，由于喷射能量大，以及升扬置换作用，浆液可填满块石四周空隙，并将其握裹；对大块石或块石集中区，如降低提升速度，提高喷射能量，可以使块石产生位移，浆液便深入到空（孔）隙中去。总之，在高压喷射、挤压、余压渗透以及浆气升串的综合作用下，产生握裹凝结作用，从而形成连续和密实的凝结体。

（三）防渗性能

在高压喷射流的作用下切割土层，被切割下来的土体与浆液搅拌混合，进而固结，形成防渗板墙。不同地层及施工方式形成的防渗体结构体的渗透系数稍有差别，一般说来其渗透系数小于 10-7cm/s。

（四）高压喷射凝结体

1. 凝结体的形式

凝结体的形式与高压喷射方式有关。常见的有三种：

（1）喷嘴喷射时，边旋转边垂直提升，简称旋喷，可形成圆柱形凝结体；

（2）喷嘴的喷射方向固定，则称定喷，可形成板状凝结体；

（3）喷嘴喷射时，边提升边摆动，简称摆喷，形成哑铃状或扇形凝结体。

为了保证高压喷射防渗板（墙）的连续性与完整性，必须使各单孔凝结体在其有效范围内相互可靠连接，这与设计的结构布置形式及孔距有很大关系。

2. 高压喷射灌浆的施工方法

目前，高压喷射灌浆的基本方法有单管法、二管法、三管法及多管法等几种，它们各有特点，应根据工程要求和地层条件选用。

（1）单管法。采用高压灌浆泵以大于 2.0MPa 的高压将浆液从喷嘴喷出，冲击、切割周围地层，并产生搅和、充填作用，硬化后形成凝结体。该方法施工简易，但有效范围小。

（2）双管法。有两个管道，分别将浆液和压缩空气直接射入地层，浆压达 45~50MPa，气压 1~1.5MPa。由于射浆具有足够的射流强度和比能，易于将地层加压密实。这种方法工效高，效果好，尤其适合处理地下水丰富、含大粒径块石及孔隙率大的地层。

（3）三管法。用水管、气管和浆管组成喷射杆，水、气的喷嘴在上，浆液的喷嘴在下。随着喷射杆的旋转和提升，先有高压水和气的射流冲击扰动地层，再以低压注入浓浆进行掺混搅拌。常用参数为：水压 38~40MPa，气压 0.6~0.8MPa，浆压 0.3~0.5MPa，如果将浆液也改为高压（浆压达 20~30MPa）喷射，浆液可对地层进行二次切割、充填，其作用范围就更大。

（4）多管法。其喷管包含输送水、气、浆管、泥浆排出管和探头导向管。采用超高压水射流（40MPa）切削地层，所形成的泥浆由管道排出，用探头测出地层中形成的空间，最后由浆液、砂浆、砾石等置换充填。多管法可在地层中形成直径较大的柱状凝结体。

（五）施工程序与工艺

高压喷射灌浆的施工程序主要有造孔、下喷射管、喷射提升（旋转或摆动）、最后成桩或墙。

1. 造孔

在软弱透水的地层进行造孔，应采用泥浆固壁或跟管（套管法）的方法确保成孔。造孔机具有回转式钻机、冲击式钻机等。目前用得较多的是立轴式液压回转钻机。为保证钻孔质量，孔位偏差应不大于 1~2cm，孔斜率小于 1%。

2. 下喷射管

用泥浆固壁的钻孔，可以将喷射管直接下入孔内，直到孔底。用跟管钻进的孔，可在拔管前向套管内注入密度大的塑性泥浆，边拔边注，并保持液面与孔口齐平，直至套管拔出，再将喷射管下到孔底。

将喷嘴对准设计的喷射方向，不偏斜，是确保喷射灌浆成墙的关键。

3. 喷射灌浆

根据设计的喷射方法与技术要求，将水、气、浆送入喷射管，喷射 1~3min，待注入的浆液冒出后，按预定的速度自上而下边喷射边转动、摆动，逐渐提升到设计高度。进行高压喷射灌浆的设备由造孔、供水、供气、供浆和喷灌等五大系统组成。

4. 施工要点

（1）管路、旋转活接头和喷嘴必须拧紧，达到安全密封；高压水泥浆液、高压水和压缩空气各管路系统均应不堵、不漏、不串。设备系统安装后，必须经过运行试验，试验压力达到工作压力的 1.5~2.0 倍。

（2）旋喷管进入预定深度后，应先进行试喷，待达到预定压力、流量后，再提升旋喷。中途发生故障，应立即停止提升和旋喷，以防止桩体中断。同时进行检查，排除故障。若发现浆液喷射不足，影响桩体质量时，应进行复喷。施工中应做好详细记录。旋喷水泥浆应严格过滤，防止水泥结块和杂物堵塞喷嘴及管路。

（3）旋喷结束后要进行压力注浆，以补填桩柱凝结收缩后产生的顶部空穴。每次施工完毕后，必须立即用清水冲洗旋喷机具和管路，检查磨损情况，如有损坏零部件应及时更换。

（六）旋喷桩的质量检查

旋喷桩的质量检查通常采取钻孔取样、贯入试验、荷载试验或开挖检查等方法。对于防渗的联锁桩、定喷桩，应进行渗透试验。

第四节　灌注桩工程

灌注桩是先用机械或人工成孔，然后再下钢筋笼后灌注混凝土形成的基桩。其主要作用是提高地基承载力、侧向支撑等。

根据其承载性状可分为摩擦型桩、端承摩擦桩、端承型桩及摩擦端承桩；根据其使用功能分为竖向抗压桩、竖向抗拔桩、水平受荷桩、复合受荷桩；根据其成孔形式主要分为冲击成孔灌注桩、冲抓成孔灌注桩、回转钻成孔灌注桩、潜水钻成孔灌注桩和人工挖扩成孔灌注桩等。

一、灌注桩的适应地层

1. 冲击成孔灌注桩：适用于黄土、黏性土或粉质黏土和人工杂填土层中应用，特别适合于有孤石的沙砾石层、漂石层、坚硬土层、岩层中使用，对流砂层亦可克服，但对淤泥及淤泥质土，则应慎重使用。

2. 冲抓成孔灌注桩：适用于一般较松软黏土、粉质黏土、沙土、沙砾层以及软质岩层应用。

3. 回转钻成孔灌注桩：适用于地下水位较高的软、硬土层，如淤泥、黏性土、沙土、软质岩层。

4. 潜水钻成孔灌注桩：适用于地下水位较高的软、硬土层，如淤泥、淤泥质土、黏土、粉质黏土、沙土、砂夹卵石及风化页岩层中使用，不得用于漂石。

5. 人工扩挖成孔灌注桩：适用于地下水位较低的软、硬土层，如淤泥、淤泥质土、黏土、粉质黏土、沙土、砂夹卵石及风化页岩层中使用。

二、桩型的选择

桩型与工艺选择应根据建筑结构类型、荷载性质、桩的使用功能、穿越土层、桩端持力层土类、地下水位、施工设备、施工环境、施工经验、制桩材料供应条件等，选择经济合理、安全适用的桩型和成桩工艺。排列基桩时，宜使桩群承载力合力点与长期荷载重心重合，并使桩基受水平力和力矩较大方向有较大的截面模量。

三、设计原则

桩基采用以概率理论为基础的极限状态设计法，以可靠指标度量桩基的可靠度，采用以分项系数表达的极限状态设计表达式进行计算。按两类极限状态进行设计，承载能力极限状态和正常使用极限状态。

1. 设计等级

根据建筑规模、功能特征、对差异变形的适应性、场地地基和建筑物体型的复杂性以及由于桩基问题可能造成建筑破坏或影响正常使用的程度，应将桩基设计分为三个设计等级。

甲级：重要的建筑；30 层以上或高度超过 100m 的高层建筑；体型复杂且层数相差超过 10 层的高低层（含纯地下室）连体建筑；20 层以上框架—核心筒结构及其他对差异沉降有特殊要求的建筑；场地和地基条件复杂的 7 层以上的一般建筑及坡地、岸边建筑；对相邻既有工程影响较大的建筑。

乙级：除甲级、丙级以外的建筑。

丙级：场地和地基条件简单、荷载分布均匀的 7 层及 7 层以下的一般建筑。

2. 桩基承载能力计算

应根据桩基的使用功能和受力特征分别进行桩基的竖向承载力计算和水平承载力计算；应对桩身和承台结构承载力进行计算；对于桩侧土不排水抗剪强度小于 10kPa，且长径比大于 50 的桩应进行桩身压屈验算；对于混凝土预制桩应按吊装、运输和锤击作用进行桩身承载力验算；对于钢管桩应进行局部压屈验算；当桩端平面以下存在软弱下卧层时，应进行软弱下卧层承载力验算；对位于坡地、岸边的桩基应进行整体稳定性验算；对于抗浮、抗拔桩，应进行基桩和群桩的抗拔承载力计算；对于抗震设防区的桩基应进行抗震承载力验算。

3. 桩基沉降计算

设计等级为甲级的非嵌岩桩和非深厚坚硬持力层的建筑桩基；设计等级为乙级的体型复杂、荷载分布显得不均匀或桩端平面以下存在软弱土层的建筑桩基；软土地基多层建筑减沉复合疏桩基础。

四、灌注桩设计

1. 桩体

（1）配筋率：当桩身直径为 300~2 000mm 时，正截面配筋率可取 0.65%~0.2%（小直径桩取高值）；对受荷载特别大的桩、抗拔桩和嵌岩端承桩应根据计算确定配筋率，并不应小于上述规定值；

（2）配筋长度：

①端承型桩和位于坡地岸边的基桩应沿桩身等截面或变截面通长配筋；

②桩径大于 600mm 的摩擦型桩配筋长度不应小于 2/3 桩长；当受水平荷载时，配筋长度不宜小于 4.0/a（a 为桩的水平变形系数）；

③对于受地震作用的基桩，桩身配筋长度应穿过可液化土层和软弱土层，进入稳定土层的深度不应小于相关规定的深度；

④受负摩阻力的桩，因先成桩后开挖基坑而随地基土回弹的桩，其配筋长度应穿过软弱土层并进入稳定土层，进入的深度不应小于 2~3 倍桩身直径；

⑤专用抗拔桩及因地震作用、冻胀或膨胀力作用而受拔力的桩，应等截面或变截面通长配筋。

（3）对于受水平荷载的桩，主筋不应小于 8φ12；对于抗压桩和抗拔桩，主筋不应少于 6φ10；纵向主筋应沿桩身周边均匀布置，其净距不应小于 60mm；

（4）箍筋应采用螺旋式，直径不应小于 6mm，间距宜为 200~300mm；受水平荷载较大桩基、承受水平地震作用的桩基以及考虑主筋作用计算桩身受压承载力时，桩顶以下 5d 范围内的箍筋应加密，间距不应大于 100mm；当桩身位于液化土层范围内时箍筋应加密；当考虑箍筋受力作用时，箍筋配置应符合现行国家标准《混凝土结构设计规范》（GB 50010-2010）的有关规定；当钢筋笼长度超过 4m 时，应每隔 2m 设一道直径不小于 12mm 的焊接加劲箍筋。

（5）桩身混凝土及混凝土保护层厚度应符合下列要求：

①桩身混凝土强度等级不得小于 C25，混凝土预制桩尖强度等级不得小于 C30；

②灌注桩主筋的混凝土保护层厚度不应小于 35mm，水下灌注桩的主筋混凝土保护层厚度不得小于 50mm。

2. 承台

（1）桩基承台的构造，应满足抗冲切、抗剪切、抗弯承载力和上部结构要求，尚应符合：独立柱下桩基承台的最小宽度不应小于 500mm；边桩中心至承台边缘的距离不应小于桩的直径或边长，且桩的外边缘至承台边缘的距离不应小于 150mm；对于墙下条形承台梁，桩的外边缘至承台梁边缘的距离不应小于 75mm；承台的最小厚度不应小于 300mm。

（2）桩与承台的连接构造应符合下列规定：

①桩嵌入承台内的长度对中等直径桩不宜小于 50mm，对大直径桩不宜小于 100mm；

②混凝土桩的桩顶纵向主筋应锚入承台内，其锚入长度不宜小于 35 倍纵向主筋直径；

③对于抗拔桩，桩顶纵向主筋的锚固长度应按现行国家标准《混凝土结构设计规范》（GB 50010-2010）确定；

④对于大直径灌注桩，当采用一柱一桩时可设置承台或将桩与柱直接连接。

（3）承台与承台之间的连接构造应符合下列规定：

①一柱一桩时，应在桩顶两个主轴方向上设置联系梁。当桩与柱的截面直径之比大于 2 时，可不设联系梁；

②两桩桩基的承台，应在其短向设置联系梁；

③有抗震设防要求的柱下桩基承台，宜沿两个主轴方向设置联系梁；

④联系梁顶面宜与承台顶面位于同一标高。联系梁宽度不宜小于 250mm，其高度可取承台中心距的 1/15~1/10，且不宜小于 400mm；

⑤联系梁配筋应按计算确定，梁上下部配筋不宜小于 2 根直径 12mm 钢筋；位于同一

轴线上的联系梁纵筋宜通长配置。

（4）柱与承台的连接构造应符合下列规定：

①对于一柱一桩基础，柱与桩直接连接时，柱纵向主筋锚入桩身内长度不应小于 35 倍纵向主筋直径；

②对于多桩承台，柱纵向主筋应锚入承台不应小于 35 倍纵向主筋直径；当承台高度不满足锚固要求时，竖向锚固长度不应小于 20 倍纵向主筋直径，并向柱轴线方向呈 90°弯折；

③当有抗震设防要求时，对于一、二级抗震等级的柱，纵向主筋锚固长度应乘以 1.15 的系数；对于三级抗震等级的柱，纵向主筋锚固长度应乘以 1.05 的系数。

五、施工前的准备工作

1. 施工现场

施工前应根据施工地点的水文、工程地质条件及机具、设备、动力、材料、运输等情况，布置施工现场。

（1）场地为旱地时，应平整场地、清除杂物、换除软土、夯打密实。钻机底座应布置在坚实的填土上。

（2）场地为陡坡时，可用木排架或枕木搭设工作平台。平台应牢固可靠，保证施工顺利进行。

（3）场地为浅水时，可采用筑岛法，岛顶平面应高出水面 1~2m。

（4）场地为深水时，根据水深、流速、水位涨落、水底地层等情况，采用固定式平台或浮动式钻探船。

2. 灌注桩的试验（试桩）

灌注桩正式施工前，应先打试桩。试验内容包括：荷载试验和工艺试验。

（1）试验目的。选择合理的施工方法、施工工艺和机具设备；验证桩的设计参数，如桩径和桩长等；鉴定或确定桩的承载能力和成桩质量能否满足设计要求。

（2）试桩施工方法。试桩所用的设备与方法，应与实际成孔成桩所用者相同；一般可用基桩做试验或选择有代表性的地层或预计钻进困难的地层进行成孔、成桩等工序的试验，着重查明地质情况，判定成孔、成桩工艺方法是否适宜；试桩的材料与截面、长度必须与设计相同。

（3）试桩数目。工艺性试桩的数目根据施工具体情况决定；力学性试桩的数目，一般不少于实际基桩总数的 3%，且不少于 2 根。

（4）荷载试验。灌注桩的荷载试验，一般应作垂直静载试验和水平静载试验。垂直静载试验的目的是测定桩的垂直极限承载力，测定各土层的桩侧极摩擦阻力和桩底反力，并查明桩的沉降情况；试验加载装置，一般采用油压千斤顶，千斤顶的加载反力装置可根据现场实际条件而定，一般均采用锚桩横梁反力装置。加载与沉降的测量与试验资料整理，可参照有关规定。

水平静载试验的目的是确定桩的允许水平荷载作用下的桩头变位（水平位移和转角），一般只有在设计要求时才进行。加载方式、方法、设备、试验资料的观测、记录整理等，参照有关规定。

3. 编制施工流程图

为确保钻孔灌注桩施工质量，使施工按规定程序有序地进行作业，应编制钻孔灌注桩施工流程图。

4. 测量放样

根据建设单位提供的测量基线和水准点，由专业测量人员制作施工平面控制网。采用极坐标法对每根桩孔进行放样。为保证放样准确无误，对每根桩必须进行三次定位，即第一次定位挖、埋设护筒；第二次校正护筒；第三次在护筒上用十字交叉法定出桩位。

5. 埋设护筒

埋设护筒应准确稳定。护筒内径一般应比钻头直径稍大；用冲击或冲抓方法时，大约20cm，用回转法者，大约10cm。护筒一般有木质、钢质与钢筋混凝土三种材质。护筒周围用黏土回填并夯实。当地基回填土松散、孔口易坍塌时，应扩大护筒坑的挖埋直径或在护筒周围填砂浆混凝土。护筒埋设深度一般为1~1.5m；对于坍塌较深的桩孔，应增加护筒埋设深度。

6. 制备泥浆

制浆用黏土的质量要求、泥浆搅拌和泥浆性能指标等，均应符合有关规定。泥浆主要性能指标：比重1.1~1.15，黏度10~25s，含砂率小于6%，胶体率大于95%，失水量小于30mL/min，pH值7~9。

泥浆的循环系统主要包括：制浆池、泥浆池、沉淀池和循环槽等。开动钻机较多时，一般采用集中制浆与供浆。用抽浆泵通过主浆管和软管向各孔桩供浆。

泥浆的排浆系统由主排浆沟、支排浆沟和泥浆沉淀池组成。沉淀池内的泥浆采用泥浆净化机净化后，由泥浆泵抽回泥浆池，以便再次利用。废弃的泥浆与渣应按环境保护的有关规定进行处理。

六、造孔

1. 造孔方法

钻孔灌注桩造孔常用的方法有：冲击钻进法、冲抓钻进法、冲击反循环钻进法、泵吸反循环钻进法、正循环回转钻进法等，可根据具体情况进行选用。

2. 造孔

施工平台应铺设枕木和台板，安装钻机应保持稳固、周正、水平。开钻前提钻具，校正孔位。造孔时，钻具对准测放的中心开孔钻进。施工中应经常检测孔径、孔形和孔斜，严格控制钻孔质量。出渣时，及时补给泥浆，保证钻孔内浆液面的泥浆稳定，防止塌孔。根据地质勘探资料、钻进速度、钻具磨损程度及抽筒排出的钻渣等情况，判断换层孔深。如钻孔进入基岩，立即用样管取样。经现场地质人员鉴定，确定终孔深度。终孔验收时，桩位孔口偏差不得大于 5cm，桩身垂直度偏斜应小于 1%。当上述各指标达到规定要求时，才能进入下道工序施工。

3. 清孔

（1）清孔的目的。清孔的目的是抽、换孔内泥浆，清除孔内钻渣，尽量减少孔底沉淀层厚度，防止桩底存留过厚沉淀砂土而降低桩的承载力，确保灌注混凝土的质量。终孔检查后，应立即清孔。清孔时应不断置换泥浆，直至灌注水下混凝土。

（2）清孔的质量要求。清孔的质量要求是应清除孔底所有的沉淀沙土。当技术上确有困难时，允许残留少量不成浆状的松土，其数量应按合同文件的规定。清孔后灌注混凝土前，孔底 500mm 以内的泥浆性能指标：含砂率为 8%。比重应小于 1.25，漏斗黏度不大于 28s。

（3）清孔方法。根据设计要求、钻进方法、钻具和土质条件决定清孔方法。常用的清孔方法有正循环清孔、泵吸反循环清孔、空压机清孔和掏渣清孔等。

正循环清孔，适用于淤泥层、沙土层和基岩施工的桩孔，孔径一般小于 800mm。其方法是在终孔后，将钻头提离孔底 10~20cm 空转，并保持泥浆正常循环。输入比重为 1.10~1.25 的较纯的新泥浆循环，把钻孔内悬浮钻渣较多的泥浆换出。根据孔内情况，清孔时间一般为 4~6h。

泵吸反循环清孔，适用于孔径 600~1500mm 及更大的桩孔。清孔时，在终孔后停止回转，将钻具提离孔底 10~20cm，反循环持续到满足清孔要求为止。清孔时间一般为 8~15min。

空压机清孔，其原理与空压机抽水洗井的原理相同，适用于各种孔径、深度大于 10m 各种钻进方法的桩孔。一般是在钢筋笼下入孔内后，将装有进气管的导管吊入孔中。导管下入深度距沉渣面 30~40cm。由于桩孔不深，混合器可以下到接近孔底以增加沉没深度，清孔开始时，应向孔内补水。清孔停止时，应先关风后断水，防止水头损失而造成塌孔。送风量由小到大，风压一般为 0.5~0.7MPa。

掏渣清孔，干钻施工的桩孔，不得用循环液清除孔内虚土，应采用掏渣等或加碎石夯实的办法。

七、钢筋笼制作与安装

1. 一般要求

（1）钢筋的种类、钢号、直径应符合设计要求。钢筋的材质应进行物理力学性能或化学成分的分析试验。

（2）制作前应除锈、调直（螺旋筋除外）。主筋应尽量用整根钢筋。焊接的钢材，应作可焊性和焊接质量的试验。

（3）当钢筋笼全长超过 10m 时，宜分段制作。分段后的主筋接头应互相错开，同一截面内的接头数目不多于主筋总根数的 50%，两个接头的间距应大于 50cm。接头可采用搭接、绑条或坡口焊接。加强筋与主筋间采用点焊连接，箍筋与主筋间采用绑扎的方法。

2. 钢筋笼的制作

制作钢筋笼的设备与工具有：电焊机、钢筋切割机、钢筋圈制作台和钢筋笼成型支架等。钢筋笼的制作程序如下：

（1）根据设计，确定箍筋用料长度，将钢筋成批切割好备用。

（2）钢筋笼主筋保护层厚度一般为 6~8cm。绑扎或焊接钢筋混凝土预制块，焊接环筋。环的直径不小于 10mm，焊在主筋外侧。

（3）制作好的钢筋笼在平整的地面上放置，以防止变形。

（4）按图纸尺寸和焊接质量要求检查钢筋笼（内径应比导管接头外径大 100mm 以上），不合格者不得使用。

3. 钢筋笼的安装

钢筋笼安装用大型吊车起吊，对准桩孔中心放入孔内。如桩孔较深，钢筋笼应分段加工，在孔口处进行对接。采用单面焊缝焊接，焊缝应饱满，不得咬边夹渣。焊缝长度不小于 10d。为了保证钢筋笼的垂直度，钢筋笼在孔口按桩位中心定位，使其悬吊在孔内。下放钢筋笼应防止碰撞孔壁。如下放受阻，应查明原因，不得强行下插。一般采用正反旋转，缓慢逐步下放的方式。安装完毕后，经有关人员对钢筋笼的位置、垂直度、焊缝质量、箍筋点焊质量等全面进行检查验收，合格后才能下导管灌注混凝土。

八、混凝土的配置与灌注

1. 一般规定

（1）桩身混凝土按条件养护 28d 后应达到下列要求：

抗压强度达到相应标号的标准强度。

凝结密实，胶结良好，不得有蜂窝、空洞、裂缝、稀释、夹层和夹泥渣等不良现象。水泥砂浆与钢筋黏结良好，不得有脱黏露筋现象。有特殊要求的混凝土或钢筋混凝土的其他性能指标，应达到设计要求。

（2）配制混凝土所用材料和配合比除应符合设计规定外，并应满足下列要求：

水泥除应符合国家标准外，其按标准方法规定的初凝时间不宜小于 3~4h。桩身混凝土，容重一般为 2 300~2 400kg/m³，水泥强度等级不低于 42.5，水泥用量不得少于 360kg/m³。混凝土坍落度一般为 18~22cm。

粗骨料可选用卵石或碎石，最大粒径应小于 40mm，并不得大于导管的 1/6~1/8 和钢筋最小净距的 1/3，一般用 5~40mm 为宜。细骨料宜采用质地坚硬的天然中、粗砂。为使混凝土有较好的和易性，混凝土含砂率宜采用 40%~45%；并宜选用中、粗砂。水灰比应小于 0.5。

混凝土拌合用水，与水泥起化学作用的水达到水泥质量的 15%~20% 即可。多余的水只起润滑作用，即搅成混凝土具有和易性。混凝土灌注完毕后，多余水逐渐蒸发，在混凝土中留下小气孔，气孔越多，强度越低，因此要控制用水量。洁净的天然水和自来水都可使用。

添加剂可以改善水下混凝土的工艺性能，加速施工进度和节约水泥，可在混凝土中掺入添加剂。其种类、加入量按设计要求确定。

2. 水下混凝土灌注

灌注混凝土要严格按照有关规定进行施工。混凝土灌注分为干孔灌注和水下灌注，一般均采用导管灌注法。

混凝土灌注是钻孔灌注桩的重要工序，应特别注意。钻孔经过质量检验合格后，才能进行灌注工作。

（1）灌注导管。灌注导管用钢管制作，导管壁厚不宜小于 3mm，直径宜为 200~300mm，每节导管长度，导管下部第一根为 4 000~6 00m，导管中部为 1 000~200mm，导管上部为 300~500mm。密封形式采用橡胶圈或橡胶皮垫。适用桩径为 600~1 500mm。

（2）导管顶部应安装漏斗和贮料斗。漏斗安装高度应适应操作为宜，在灌注到最后阶段时，能满足对导管内混凝土柱高度的需要，以保证上部桩身的灌注质量。混凝土柱的高度，一般在桩底低于桩孔中水面时，应比水面至少高出 2m。漏斗与贮料斗应有足够的容量来贮存混凝土，以保证首批灌入的混凝土量能达到 1~1.2m 的埋管高度。

（3）灌注顺序。灌注前，应再次测定孔底沉渣厚度。如厚度超过规定，应再次进行清孔。当下导管时，导管底部与孔底的距离以能放出隔水碱和混凝土为原则，一般为 30~50cm。桩径小于 6010mm 时，可适当加大导管底部至孔底的距离。

①首批混凝土连续不断地灌注后，应有专人测量孔内混凝土面深度，并计算导管埋置深度，一般控制在 2~6m，不得小于 lm 或大于 6m。严禁导管提出混凝土面。应及时填写水下混凝土灌注记录。如发现导管内大量进水，应立即停止灌注，查明原因，处理后再灌注。

②水下灌注必须连续进行，严禁中途停灌。灌注中，应注意观察管内混凝土下降和孔内水位变化情况，及时测量管内混凝土面上升高度和分段计算充盈系数（充盈系数应在 1.1~1.2），不得小于 1。

③导管提升时，不得挂住钢筋笼，可设置防护三角形加筋板或设置锥形法兰护罩。

④灌注即将结束时，由于导管内混凝土柱高度减小，超压力降低，而导管外的泥浆及所含渣土稠度增加，比重增大。出现混凝土顶升困难时，可以小于 300mm 的幅度上下串动导管，但不允许横向摆动，确保灌注顺利进行。

⑤终灌时，考虑到泥浆层的影响，实灌桩顶混凝土面应高于设计桩顶 0.5m 以上。

⑥施工过程中，要做到混凝土配制、运输和灌注各道工序的合理配合，保证灌注连续作业和灌注质量。

第四章　土石方工程

第一节　土石分级

一、概述

在水利工程中，土石方开挖广泛应用于场地平整和削坡，水工建筑物（水闸、坝、溢洪道、水电站厂房、泵站建筑物等）地基开挖，地下洞室（水工隧洞，地下厂房，各类平洞、竖井和斜井）开挖，河道、渠道、港口开挖及疏浚，填筑材料、建筑石料及混凝土骨料开采，围堰等临时建筑物或砌石、混凝土结构物的拆除等。因而，土石方工程是水利工程建设的主要项目，存在于整个工程的大部分建设过程。

土石方作业受作业环境、气候等影响较大，并存在施工队伍多处同时作业等问题，管理比较困难，因而在土石方施工过程中易引发安全生产事故。在土石方工程施工的过程中，容易发生的伤亡事故主要有坍塌、机械伤害高处坠落、物体打击、触电等。要确保水利水电土石方工程的施工安全，一般应遵守以下基本规定：

1. 土石方工程施工应由具有相应工程承包资质及安全生产许可证的企业承担。

2. 土石方工程应编制专项施工开挖支护方案，必要时应进行专家论证，并应严格按照施工组织方案实施。

3. 施工前应针对安全风险进行安全教育及安全技术评估。特种作业人员必须持证上岗，机械操作人员应经过专业技术培训。

4. 施工现场发现危及人身安全和公共安全的隐患时，必须立即停止作业，排除隐患后方可恢复。

5. 在土方施工过程中，当发现古墓、古物等地下文物或其他不能辨认的液体、气体及异物时，应立即停止作业，做好现场保护，并报有关部门处理后方可继续施工。

二、土石的分类

土石按照性状可分为岩石、碎石土、砂土、粉土、黏性土和人工填土。

1. 岩石按照坚硬程度分为坚硬岩、较坚硬、较软岩、软岩、极软岩等五类，按照风化程度可分为未风化、微风化、中等风化、强风化和全风化等五类。

2.碎石土为粒径大于 2 mm 的颗粒含量超过全重 50% 的土。按形态可分为漂石、块石、卵石、碎石、圆砾和角砾；按照密实度可分为松散、稍密、中密、密实。

3.砂土为粒径大于 2 mm 的颗粒含量不超过全重 50%、粒径大于 0.075 mm 的颗粒超过全重 50% 的土。按粒径大小可分为砾砂、粗砂、中砂、细砂和粉砂。

4.黏性土，塑性指数大于 10 且粒径小于等于 0.075 mm 为主的土，按照液性指数为坚硬、硬塑、可塑、软塑和流塑。

5.粉土，介于砂土与黏性土之间，塑性指数小于或等于 10 且粒径大于 0.075 mm 的颗粒含量不超过全重 50% 的土。

6.人工填土可分为素填土、压实填土、杂填土和冲填土。

三、土的分级

对土方工程施工影响较大的因素有土的工程分级与特性。

1.土的工程分级

土方施工的工程分级，按十六级分类法，Ⅰ~Ⅳ级称为土，Ⅴ~ⅩⅥ为岩石。土又按外形特征、开挖方法、自然密度不同，分成Ⅰ级、Ⅱ级、Ⅲ级和Ⅳ级土；岩石按强度系数不同，分为松软岩石、中等硬度岩石、坚硬岩石，强度越大，级别越高。土的级别不同，采用的施工方法便不同，施工成本也不同。

2.土的工程特性

土的工程特性指标有土的表观密度、含水量、可松性、自然倾斜角等。土的工程特性对土方施工和组织具有重要影响，是选择施工方法、施工机具，确定施工劳动定额，分配施工任务，计量与计价要考虑的重要因素。

（1）表观密度。土壤表观密度，就是单位体积土壤的质量。土壤保持其天然组织、结构和含水量时的表观密度称为自然表观密度。单位体积湿土的质量称为湿表观密度。单位体积干土的质量称为干表观密度。它是体现黏性土密实程度的指标，常用来控制压实的质量。

（2）含水量。含水量表示土壤空隙中含水的程度，常用土壤中水的质量与干土质量的百分比表示。含水量的大小直接影响黏性土压实质量。

（3）可松性。可松性是自然状态下的土经开挖后因变松散而使体积增大的特性。土的可松性系数，可用于计算土方量、进行土方填挖平衡计算和确定运输工具的数量。

（4）自然倾斜角。自然堆积土壤的表面与水平面间所形成的角度，称为土自然倾斜角。挖方与填方边坡的大小，与土壤的自然倾斜角有关。确定土体开挖边坡和填土边坡前应慎重考虑，重要的土方开挖应通过专门的设计和计算确定稳定边坡。

（5）土粒与分类。根据土的颗粒级配，土可分为碎石类土、砂土和黏性土。按土的沉积年代，黏性土又可分为老黏性土、一般黏性土和新近沉积黏性土。按照土的颗粒大小分类，土粒又可分为块石、碎石、砂粒等。

（6）土的松实关系。当自然状态的土挖后变松，再经过人工或机械碾压、振动，土可被压实，例如，在填筑拦河坝时，从土区取 1m³ 的自然方，经过挖松运至坝体进行碾压后的实体方，就小于原 1 m³ 的自然方，这种性质叫土的可压缩性。

在土方工程施工中，经常有三种土方的名称，即自然方、松方、实体方，它们之间有着密切的联系。

第二节　土石方平衡与调配

土方的平衡调配，是对挖土、填土、堆弃或移运之间的关系进行综合协调，以确定土方的调配数量及调配方向。它的目的是使土方运输量或土方运输成本最低。土方的平衡调配工作主要包括：划分土方调配区，计算土方的平均运距和单位土方的运价，编制土方调配图表，确定土方的最优调配方案。进行土方平衡调配，必须根据工程和现场情况、有关技术资料、进度要求、土方施工方法及分期分批施工工程的土方堆放和调运方案等，经综合考虑并确定平衡调配原则后，再着手进行。

1. 土方平衡调配的原则

进行土方平衡调配时，应遵循以下原则：

（1）应力求达到挖、填平衡和运距最短；

（2）调配区的划分应该与构（建）筑物的平面位置相协调，并考虑它们的分期施工顺序，对有地下设施的填土，应留土后填；

（3）好土要用在回填质量要求较高的地区；

（4）分区调配应与全场调配相协调，避免只顾局部平衡，任意挖填而妨碍全局平衡；

（5）取土或弃土应尽量少占或不占农田及便于机械施工等。

2. 土石方调配

所谓土石方调配就是要将基坑或料场开挖的土石料合理地用于各填筑或弃料区。理论上讲调配是否合理的主要判断依据是运输费用，花费最少的方案就是最好的调配方案。也可以按 t 或 m³ 来衡量。当开挖区或采料场数量较少，而填筑区或弃料场也很少时，这种调配很简单。反之，调配就可能很复杂。对于较复杂的问题，可采取简化措施，例如在土石坝施工中，可分为黏土、砂砾料和块石等几个独立部分来考虑。土石调配可按线性规划进行。设有开挖基坑 m 个，为 R_1，R_2，...R_m，弃料场（填方场)n 个，J_1，J_2，...J_n 令 b_i 表示基坑 i(i=1，2...m）开挖出的土石方量：a_j 表示弃料场（或填料场)j(j=1，2，...n）可堆弃的土石方量；C_{ij} 表示基坑 i 分配给料场 j 的土石方单价（见表3-1）。

表 3-1 运输单价表

项目		弃料场				开挖量
		J_1	J_2	...	J_n	
基坑	R_1，$R_2...R_m$	C_{11}，$C_{21}...C_{n1}$	C_{12}，$C_{22}...C_{n2}$	...	C_{1n}，$C_{2n}...C_{mn}$	b_1，$b_2...b_m$
弃料场容量		a_1	a_2	...	a_n	

基坑 R_i 调配给弃料场 J_j 的土石量 X_{ij}。应使总费用最小，其极小化为：

$$Z = C_1 X_1 + C_2 X_2 + \cdots + C_{1n}X_{1n} + \cdots + C_{m1}X_{m1} + C_{m2}X_{m2} + \cdots + C_m X_m$$

约束条件：

下式为分配给各弃料场的土石方量不得大于基坑的开挖量：

$$\begin{cases} X_1 + X_2 + X_3 + \cdots + X_{1n} \le b_1 \\ \cdots \\ X_{m1} + X_{m2} + X_{m3} + \cdots + X_m \le b_m \end{cases}$$

下式为分配给各弃料场的土石方量不得大于弃料场可堆放的容量：

$$\begin{cases} X_1 + X_2 + X_3 + \cdots + X_{m1} \le a_1 \\ \cdots \\ X_{1n} + X_{2n} + X_{3n} + \cdots + X_m \le a_n \end{cases}$$

上面的公式可简化为：

目标函数：

$$Z = \sum_{i=1}^{m} \sum_{j=1}^{n} C_{ij} X_{ij}$$

约束条件：

$$\sum_{j=1}^{n} X_{ij} \le b_i$$

$$\sum_{i=1}^{m} X_{ij} \le a_j$$

$$X_{ij} \ge 0$$

$$i = 1,2...m$$

$$j = 1,2...n$$

解出以上方程，可得出合理的土石方调配方案。

对于基坑和弃料场不太多时，可用简便的"西北角分配法"求解最优调配数值。

实际工程中，为了充分利用开挖料，减少二次转运的工程量，土石方调配，需考虑许多因素，如围堰填筑时间、土石坝填筑时间和高程、厂前区管道施工工序、围堰拆除方法、弃渣场地（上游或下游）、运输条件（是否过河，架桥时间）等，是一项细致的工作。合理的土石方调配对工程的造价、施工进度等起着重要作用。

第三节　石方开挖程序与方式

一、土方开挖

土方开挖常用的方法有人工法和机械法，一般采用机械施工。用于土方开挖的机械有单斗式挖掘机、多斗式挖掘机、铲运机械及水力开挖机械。

1. 单斗式挖掘机

单斗式挖掘机是仅有一个铲斗的挖掘机械，它由行走装置、动力装置和工作装置三部分组成。行走装置分为履带式、轮胎式和步行式三类。股带式是最常用的一种，它对地面的单位压力小，可在各种地面上行驶，但转移速度慢。动力装置分为电驱动式和内燃机驱动式两种。工作装置由铲土斗、斗柄、推压和提升装置组成。铲土斗按铲土方向和铲土原理分为正向铲，反向铲，拉铲和抓铲四种类型，用钢索或液压操纵。钢索操纵用于大型正向铲，液压操纵用于正铲和反铲较多。

2. 多斗挖掘机

多斗挖掘机是有多个铲土斗的挖掘机械，它能够连续地挖土，是一种连续工作的挖掘机械；按其工作方式不同，分为链斗式和斗轮式两种。

3. 铲运机械

铲运机械可同时完成开挖、运输和卸土任务，常用的这种具有双重功能的机械有推土机、铲运机、装载机等。

4. 水力开挖机械

水力开挖机械包括水枪和吸泥船。

二、土方开挖的原则和程序

1. 选择开挖程序的原则

从整个枢纽工程施工的角度考虑，选择合理的开挖程序，对加快工程进度具有重要作用。选择开挖程序时，应综合考虑以下原则：

（1）根据地形条件、枢纽建筑物布置、导流方式和施工条件等具体情况合理安排；

（2）把保证工程质量和施工安全作为安排开挖程序的前提。尽量避免在同一垂直空间同时进行双层或多层作业；

（3）按照施工导流、截流、拦洪度汛、蓄水发电以及施工期通航等项工程进度要求，分期、分阶段地安排好开挖程序，并注意开挖施工的连续性和考虑后续工程的施工要求；

（4）对受洪水威胁和与导、截流有关的部位，应先安排开挖；对不适宜在雨、雪天或高温、严寒季节开挖的部位，应尽量避开这种气候条件安排施工；

（5）对不良地质地段或不稳岩体岸（边）坡的开挖，必须充分重视，做到开挖程序合理、措施得当、保障施工安全。

2. 开挖程序及其适用条件

水利水电工程的基础石方开挖，一般包括岸坡和基坑的开挖。岸坡开挖一般不受季节限制；而基坑开挖则多在围堰的防护下施工，它是主体工程控制性的第一道工序。对于溢洪道或渠道等工程的开挖，如无特殊的要求，则可按渠首、闸室、渠身段、尾水消能段或边坡、底板等部位的石方作分项分段安排，并考虑其开挖程序的合理性。设计时，可结合工程本身特点。

三、开挖方式

1. 基本要求

在开挖程序确定之后，根据岩石条件、开挖尺寸、工程量和施工技术要求，通过方案比较拟定合理的开挖方式。其基本要求是：

（1）保证开挖质量和施工安全；

（2）符合施工工期和开挖强度的要求；

（3）有利于维护岩体完整和边坡稳定性；

（4）可以充分发挥施工机械的生产能力；

（5）辅助工程量小。

2. 各种开挖方式的适用条件

按照破碎岩石的方法，主要有钻爆开挖和直接应用机械开挖两种施工方法。20 世纪80 年代初，国内外出现一种用膨胀剂作破碎岩石材料的"静态破碎法"。

（1）钻爆开挖。

钻爆开挖是当前广泛采用的开挖施工方法。开挖方式有薄层开挖、分层开挖（梯段开挖）、全断面一次开挖和特高梯段开挖等。

（2）直接用机械开挖。

使用带有松土器的重型推土机破碎岩石，一次破碎 0.6~1.0m，该法适用于施工场地宽阔、大方量的软岩石方工程。优点是没有钻爆作业，不需要风、水、电辅助设施，不但简化了布置，而且施工进度快，生产能力高。但不适宜破碎坚硬岩石。

（3）静态破碎法。

在炮孔内装入破碎剂，利用药剂自身的膨胀力，缓慢地作用于孔壁，经过数小时达到300~500kg/cm^2 的压力，使介质开裂。该法适用于在设备附近、高压线下，以及开挖与浇筑过渡段等特定条件下的开挖与岩石切割或拆除建筑物。优点是安全可靠，没有爆破所产生的公害；缺点是破碎效率低，开裂时间长。对于大型的或复杂的工程，使用破碎剂时，还要考虑使用机械挖除等联合作业手段，或与控制爆破配合，才能提高效率。

四、坝基开挖

1.坝基开挖程序

坝基开挖程序的选择与坝型、枢纽布置、地形地质条件、开挖量以及导流方式等因素有关。其中导流程序与导流方式是主要因素。

2.坝基开挖方式

开挖程序确定以后，开挖方式的选择主要取决于总开挖深度、具体开挖部位、开挖量、技术要求，以及机械化施工等因素。

（1）薄层开挖。

岩基开挖深度小于4m时，采用浅孔爆破。开挖方式有劈坡开挖、大面积群孔爆破开挖、先掏槽后扩大开挖等。

（2）分层开挖。

开挖深度大于4m时，一般采用分层开挖。开挖方式有自上而下逐层开挖、台阶式分层开挖、竖向分段开挖、深孔与峒室组合爆破开挖以及峒室爆破开挖等。

（3）全断面开挖和高梯段开挖。

梯段高度一般大于20m，主要特点是通过钻爆使开挖面一次成型。

3.坝基保护层开挖

水平建基面高程的偏差不应大于 ±20cm。设计边坡轮廓面的开挖偏差，在一次钻孔深度开挖时，不应大于其开挖高度的 ±2%；在分台阶开挖时，其最下部一个台阶坡脚位置的偏差，以及整体边坡的平均坡度，均符合设计要求，此外还应注意不使水平建基面产生大量爆破裂隙，以及使节理裂隙面、层面等弱面明显恶化，损害岩体的完整性。在岩基开挖中为了达到设计的开挖面，而又不破坏周边岩层结构，如河床坝基、两岸坝岸、发电厂基础、廊道等工程连接岩基部分的岩石开挖，根据规范要求及常规做法都要留有一定的保护层，紧邻水平建基面的保护层厚度，应由爆破实验确定，若无条件进行试验时，才可以采用工程类比法确定，一般不小于1.5m。

对岩体保护层进行分层爆破，必须遵循下述规定：

（1）第一层炮孔不得穿入距水平建基面1.5m的范围；炮孔装药直径不应大于40mm，应采用梯段爆破的方法。

（2）第二层对节理裂隙不发育、较发育、发育和坚硬的岩体炮孔不得穿入距水平建基面0.5m的范围;对节理裂隙极发育和软弱的岩体,炮孔不得穿入距水平建基面0.7m的范围。炮孔与水平面的夹角不应大于60°,炮孔装药直径不应大于32mm,采用单孔起爆方法。

(3)第三层对节理裂隙不发育、较发育、发育和坚硬的岩体炮孔不得穿入距水平建基面0.2m的范围;对剩余0.2m厚的岩体应进行撬挖。炮孔角度、装药直径和起爆方法,同第二层的要求。

必须在通过实验证明可行并经主管部门批准后,才可在紧邻水平建基面采用有或无岩体保护层的一次爆破法。

无保护层的一次爆破法应符合下述原则:

(1)水平建基面开挖,应采用预裂爆破方法;

(2)基础岩石开挖,应采用梯段爆破方法;

(3)梯段爆破孔孔底与预裂爆破面应保持一定的距离。

五、溢洪道和渠道的开挖

1.开挖程序

溢洪道、渠道的常用过水断面一般为梯形或矩形。选择开挖程序应考虑现场地形与施工道路等条件,结合混凝土衬砌的安排以及拟采用的施工方法等。

设计开挖程序须注意以下问题:

(1)应在两侧边坡顶部修建排水天沟,减少雨水冲刷。施工中保持工作面平整,并沿上下游方向贯通以利排水和出渣;

(2)根据开挖断面的宽窄、长度和挖方量的大小,一般同时对称开挖两侧边坡,并随时修整,保持稳定;

(3)对窄而深的渠道,爆破受两侧岩壁的约束力大,爆破效果一般较差,应结合钻爆设计、安排合理的开挖程序;

(4)渠身段可采用大爆破施工方法,但要注意控制渠首附近的最大起爆药量,防止破坏山岩而造成渗漏。

2.开挖方式

溢洪道、渠道一般爆破开挖方式。

第四节　土方机械化施工

一、挖土机械

挖掘机的种类繁多,根据其行走装置可分为履带式和轮胎式;根据其工作方式可分为循环式和连续式；根据工作其传动方式可分为索式、链式和液压式等。

1. 单斗挖掘机

按用途分：建筑用和专用；

按行走装置分：履带式、汽车式、轮胎式和步行式；

按传动装置分：机械传动、液压传动和液力机械传动；

按工作装置分：正向铲、反向铲、拉（索）铲、抓铲；

按动力装置分：内燃机驱动、电力驱动；

按斗容量分：$0.5m^3$、$1m^3$、$2m^3$ 等。

挖掘机有回转、行驶和工作三个装置。正向铲挖掘机有强有力的推力装置，能挖掘 I~ IV 级土和破碎后的岩石。正向铲主要用来挖掘停机面以上的土石方，也可以挖掘停机面以下不深的地方，但不能用于水下开挖。

反向铲可以挖停机面以下较深的土，也可以挖停机面以上一定范围的土，也可以用于水下开挖。

2. 多斗式挖土机

多斗挖土机又称挖沟机、纵向多斗挖土机。与单斗挖土机比较，多斗式挖土机有下列优点：挖土作业是连续的，在同样条件下生产率高；开挖单位土方量所需的能量消耗较低；开挖沟槽的底和壁较整齐；在连续挖土的同时，能将土自动卸在沟槽一侧。

多斗式挖土机不宜开挖坚硬的土和含水量较大的土。它适宜开挖黄土，粉质黏土等。多斗式挖土机由工作装置、行走装置和动力、操纵及传动装置等几部分组成。

按工作装置分为链斗式和轮式两种。按卸土方式分为装有卸土皮带运输器和未装卸土皮带运输器的两种。通常挖沟机大多装有皮带运输器。行走装置有履带式、轮胎式和腹带轮胎式三种。其动力一般为内燃机。

二、挖运组合机械

1. 推土机

以拖拉机为原动机械，另加切土刀片的推土器，既可薄层切土又能短距离推运。推土机是一种挖运综合作业机械。是在拖拉机上装上推土铲刀而成。按推土板的操作方式不同，可分为索式和液压式两种。索式推土机的铲刀是借刀具自重切入土中，切土深度较小；液压推土机能强制切土，推土板的切土角度可以调整，切土深度较大，因此，液压推土机是目前工程中常用的一种推土机。

推土机构造简单，操作灵活，运转方便，所需作业面小，功率大，能爬 30° 左右的缓坡。适用于施工场地清理和平整，开挖深度不超过 1.5m 的基坑以及沟槽的回填土，堆筑高度在 1.5m 以内的路基、堤坝等。在推土机后面安装松土装置，可破松硬土和冻土，还可牵引无动力的土方机械（如拖式铲运机、羊脚碾等）进行其他土方作业。推土机的推运距离宜在 100m 以内，当推运距离在 30~60m 时，经济效益最好。

利用下述方法可提高推土机的生产效率：

（1）下坡推土。借推土机自重，增大铲刀的切土深度和运土数量，以提高推土能力和缩短运土时间。一般可提高的效率 30%~40%。

（2）并列推土。对于大面积土方工程，可用 2~3 台推土机并列推土。推土时，两铲刀相距 15~30cm，以减少土的侧向散失，倒车时，分别按先后顺序退回。平均运距不超过 50~75m 时，效率最高。

（3）沟槽推土。当运距较远，挖土层较厚时，利用前次推土形成的槽推土，可大大减少土方散失，从而提高效率。此外，还可在推土板两侧附加侧板，增大推土板前的推土体积以提高推土效率。

2. 铲运机

按行走方式，铲运机分为牵引式和自行式。前者用拖拉机牵引铲斗，后者自身有行驶动力装置。现在多用自行式。根据操作方式不同，拖式铲运机又分为索式和液压式两种。铲运机能独立完成铲土、运土、卸土和平土作业，对行驶道路要求低，操作灵活，运转方便，生产效率高。铲运机适用于大面积场地平整，开挖大型基坑、沟槽以及填筑路基、堤坝等，最适合开挖含水量不大于 27% 的松土和普通土，不适合在砂砾层和沼泽区工作。当铲运较硬的土壤时，宜先用推土机翻松 0.2~0.4m，以减少机械磨损，提高效率。常用铲运机斗容量为 1.5~6m³。拖式铲运机的运距以不超过 800m 为宜，当运距在 300m 左右时效率最高，自行式铲运机的经济运距为 800~1 500m。

3. 装载机

装载机是一种高效的挖运组合机械。主要用途是铲取散粒料并将其装上车辆，可用于装运、挖掘、平整场地和牵引车辆等，更换工作装置后，可用于抓举或起重的作业，因此在工程中得到广泛应用。

装载机按行走装置分为轮胎式和履带式两种；按卸料方式分为前卸式、后卸式和回转式三种；按装载重量分为小型（<1t）、轻型（1~3t）、中型（4~8t）和重型（>10t）四种。目前使用最多的是四轮驱动铰接转向的轮式装载机，其铲斗多为前卸式，有的兼可侧卸。

三、运输机械

运输机械有循环式和连续式两种。

循环式有有轨机车和机动灵活的汽车。一般工程自卸汽车的吨位是 10~35t，汽车吨位的大小应根据需要并结合路况条件来考虑。

最常用的连续式运输机械是带式运输机。根据有无行驶装置，分为移动式和固定式两种。前者多用于短途运输和散料的装卸堆存，后者常用于长距离的运输。

第五节　土石坝施工技术

土石坝是一种充分利用当地材料的坝型。随着大型高效施工机械的广泛使用，施工人数大量减少，施工工期不断缩短，施工费用显著降低，施工条件日益改善，土石坝工程的应用比任何其他坝型都更加广泛。

根据施工方法不同，土石坝分为干填碾压、水中填土、水力冲填（包括水坠坝）和定向爆破筑坝等类型。国内以碾压式土石坝应用最多。

碾压土石坝的施工，包括施工准备作业、基本作业、辅助作业和附加作业等。

准备作业包括："三通一平"即平整场地、通车、通水、通电，架设通信线路，修建生产、生活福利、行政办公用房以及排水清基等工作。

基本作业包括：料场土石料开采，挖、装、运、卸以及坝面铺平、压实和质检等工作。

辅助作业是保证准备及基本作业顺利进行，创造良好工作条件的作业，包括清除施工场地及料场的覆盖层，从上坝土料中剔除超径石块、杂物，坝面排水、层间刨毛和洒水等工作。

附加作业是保证坝体长期安全运行的防护及修整工作，包括坝坡修整，铺砌护面块石及种植草皮等。

一、土石料场的规划

土石坝用料量很大，在选坝阶段需对土石料场做全面调查，施工前配合施工组织设计，对料场作深入勘测，并从空间、时间、质量和数量等方面进行全面规划。

1.时间上的规划

所谓时间规划，就是要考虑施工强度和坝体填筑部位的变化。随着季节及坝前蓄水情况的变化，料场的工作条件也在变化。在用料规划上应力求做到上坝强度高时用近料场，上坝强度低时用较远的料场，使运输任务更加均衡。对近料和上游易淹的料场应先用，远料和下游不易淹的料场后用；含水量高的料场旱季用，含水量低的料场雨季用。在料场使用规划中，还应保留一部分近料场供合龙段填筑和拦洪度汛高峰强度时使用。此外，还应对时间和空间进行统筹规划，否则会产生事与愿违的后果。

2.空间上的规划

所谓空间规划，系指对料场位置、高程的恰当选择，合理布置。土石料的上坝运距尽可能短些，高程上有利于重车下坡，减少运输机械功率的消耗。近料场不应因取料影响坝的防渗稳定和上坝运输；也不应使道路坡度过陡引起运输事故。坝的上下游、左右岸最好都选有料场，这样有利于上下游左右岸同时供料，减少施工干扰，保证坝体均衡上升。用料时原则上应低料低用，高料高用，当高料场储量有富余时，亦可高料低用。同时料场的位置应有利于布置开采设备、交通及排水通畅。对石料场尚应考虑与重要建筑物、构筑物、机械设备等保持足够的防爆、防震安全距离。

3.质与量上的规划

料场质与量的规划，是料场规划最基本的要求，也是决定料场取舍的重要因素。在选择和规划使用料场时，应对料场的地质成因、产状、埋深、储量以及各种物理力学指标进行全面勘探和试验。勘探精度应随设计深度加深而提高。在施工组织设计中，进行用料规划，不仅应使料场的总储量满足坝体总方量的要求，而且应满足施工各个阶段最大上坝强度的要求。

料尽其用，充分利用永久和临时建筑物基础开挖渣料是土石坝料场规划的又一重要原则。为此应增加必要的施工技术组织措施，确保渣料的充分利用。若导流建筑物和永久建筑物的基础开挖时间与上坝时间不一致时，则可以调整开挖和填筑进度，或增设堆料场储备渣料，供填筑时使用。

料场规划还应对主要料场和备用料场分别加以考虑。前者要求质好、量大、运距近，且有利于常年开采；后者通常在淹没区外，当前者被淹没或因库区水位抬高，土料过湿或其他原因中断使用时，则用备用料场保证坝体填筑不被中断。

在规划料场实际可开采总量时，应考虑料场查勘的精度、料场天然容重与坝体压实容重的差异，以及开挖运输、坝面清理、返工削坡等损失。实际可开采总量与坝体填筑量之比一般为：土料 2~2.5；砂砾料 1.5~2；水下砂砾料 2~3；石料 1.5~2；反滤料应根据筛后有效方量确定，一般不宜小于 3。另外，料场选择还应与施工总体布置结合考虑，应根据运输方式、强度来研究运输线路的规划和装料面的布置。料场内装料面应保持合理的间距，间距太小会使道路频繁搬迁，影响工效；间距太大会影响开采强度，通常装料面间距取 100m 为宜。整个场地规划还应排水通畅，全面考虑出料、堆料、弃料的位置，力求避免干扰以加快采运速度。

二、坝面作业施工组织规划

当基础开挖和基础处理基本完成后，就可进行坝体的铺填、压实施工。

坝面作业施工程序包括：铺土、平土、洒水、压实（对于黏性土采用平碾，压实后尚须刨毛以保证层间结合的质量）、质检等工序。坝面作业，工作面狭窄，工种多，工序多，机械设备多，施工时须有妥善的施工组织规划。

为避免坝面施工中的干扰，延误施工进度，坝面压实宜采用流水作业施工。

流水作业施工组织应先按施工工序数目对坝面分段，然后组织相应专业施工队依次进入各工段施工。这样，对同一工段而言，各专业队按工序依次连续施工；对各专业施工队而言，依次不停地在各工段完成固定的专业工作。其结果是实现了施工专业化，有利于工人熟练程度的提高。同时，各工段都有专业队使用固定的施工机具，从而保证施工过程人、机、地三不闲，避免施工干扰，有利于坝面作业多、快、好、省、安全地进行。设拟开展的坝面作业划分为铺土、平土洒水、压实、刨毛质检四道工序，于是将坝面至少划分成四个相互平行的工段。在同一时间内，四个工段均有一个专业队完成一道工序，各专业队依次流水作业。

第六节 堤防及护岸工程施工技术

堤防工程包括土料场选择与土料挖运、堤基处理、堤身施工、防渗工程施工、防护工程施工、堤防加固与扩建等内容。

护岸工程是指直接或间接保护河岸，并保持适当整治线的任何一种结构，它包括用混凝土、块石或其他材料做成的直接（连续性的）护岸工程，也包括诸如用土坝等建筑物用来改变和调整河槽的间接性（非连续性的）护岸工程。

一、堤身填筑

堤防施工的主要内容包括土料选择与土场布置、施工放样与堤基清理、铺土压实与竣工验收等。

1. 土料选择

土料选择的原则是：一方面要满足防渗要求，另一方面应就地取材，因地制宜。

（1）开工前，应根据设计要求、土质、天然含水量、运距及开采条件等因素选择取料区。

（2）均质土堤宜选用中壤土～亚黏土；铺盖、心墙、斜墙等防渗体宜选用黏性较大的土；堤后盖重宜选用砂性土。

（3）淤泥土、杂质土，冻土块、膨胀土、分散性黏土等特殊土料，一般不宜用来填筑堤身。

2. 土料开采

（1）地表清理。土料场地表清理包括清除表层杂质和耕作土、植物根系及表层稀软淤土。

（2）排水。土料场排水应采取截、排结合，以截为主的措施。对于地表水应在采料高程以上修筑截水沟加以拦截。对于流入开采范围的地表水应挖纵横排水沟迅速排除。在开挖过程中，应保持地下水位在开挖面 0.5m 以下。

（3）常用挖运设备。堤防施工是挖、装、运、填的综合作业。开挖与运输是施工的关键工序，是保证工期和降低施工费用的主要环节。堤防施工中常用的设备按其功能可分为挖装、运输和碾压三类，主要设备有挖掘机、铲运机、推土机、碾压设备和自卸汽车等。

（4）开采方式。土料开采主要有立面开采和平面开采两种方式。

无论采用何种开采方式均应在料场对土料进行质量把控，检查土料性质及含水率是否符合设计规定，不符合规定的土料不得上堤。

3.填筑技术要求

（1）堤基清理

①筑堤工作开始前，必须按设计要求对堤基进行清理。

②堤基清理范围包括堤身、铺盖和压载的基面。堤基清理边线应比设计基面边线宽出30~50cm。老堤基加高培厚，其清理范围包括堤顶和堤坡。

③堤基清理时，应将堤基内的淤泥、腐殖土、泥炭、不合格土及杂草、树根等清除干净。

④堤基内的井窖、树坑、坑塘等应按堤身要求进行分层回填处理。

⑤堤基清理后，应在第一层铺填前进行平整压实，压实后土体干密度应符合设计要求。

⑥堤基冻结后不应有明显冻夹层、冻胀现象或浸水现象。

（2）填筑作业的一般要求

①地面起伏不平时，应按水平分层由低处开始逐层填筑，不得顺坡铺填；堤防横断面上的地面坡度陡于1：5时，应削缓于1：5。

②分段作业面长度，机械施工时工段长不应小于100m；人工施工时段长可适当减短。

③作业面应分层统一铺土、统一碾压，并进行平整，界面处要相互搭接，严禁出现界沟。

④在软土堤基上筑堤时，如堤身两侧设有压载平台，则应按设计断面同步分层填筑。

⑤相邻施工段的作业面宜均衡上升，若段与段之间不可避免出现高差时，应以斜坡面相接，并按堤身接缝施工要点的要求作业。

⑥已铺土料表面在压实前被晒干时，应洒水湿润。

⑦光面碾压的黏性土填筑层，在新层铺料前，应作刨毛处理。

⑧若发现局部"弹簧土"、层间光面、层间中空、松土层等质量问题时，应及时进行处理，并经检验合格后，方可铺填新土。

⑨在软土地基上筑堤，或用较高含水量土料填筑堤身时，应严格控制施工速度，必要时应在地基、坡面设置沉降和位移观测点，根据观测资料分析结果，指导安全施工。

⑩堤身全断面填筑完毕后，应作整坡压实及削坡处理，并对堤防两侧护堤地面的坑洼进行铺填平整。

二、护岸护坡

护岸工程一般是布设在受水流冲刷严重的险工险段，其长度一般应从开始塌岸处至塌岸终止点，并加一定的安全长度。通常堤防护岸工程包括水上护坡和水下护脚两部分。水上与水下之分均针对枯水施工期而言。护岸工程的原则是先护脚后护坡。

堤岸防护工程一般可分为坡式护岸（平顺护岸）、坝式护岸、墙式护岸等几种。

1. 坡式护岸

即顺岸坡及坡脚一定范围内覆盖抗冲材料，这种护岸形式对河床边界条件改变和对近岸水流条件的影响均较小，是一种较常采用的形式。

（1）护脚工程

下层护脚为护岸工程的根基，其稳固与否，决定着护岸工程的成败，实践中所强调的"护脚为先"就是对其重要性的经验总结。护脚工程及其建筑材料要求能抵御水流的冲刷及推移质的磨损；具有较好的整体性并能适应河床的变形；较好的水下防腐朽性能；便于水下施工并易于补充修复。经常采用的形式有抛石护脚、抛石笼护脚、沉排护脚等。

（2）护坡工程

护坡工程除受水流冲刷作用外，还要承受波浪的冲击及地下水外渗的侵蚀。其次，因处于河道水位变动区，时干时湿，这就要求其建筑材料坚硬、密实、能长期耐风化。

目前，常见的护坡工程结构形式有：干砌石护坡、浆砌石护坡、混凝土护坡、模袋混凝土护坡等。

2. 坝式护岸

坝式护岸是指修建丁坝、顺坝，将水流挑离堤岸，以防止水流、波浪或潮汐对堤岸边坡的冲刷，这种形式多用于游荡性河流的护岸。

坝式防护分为丁坝、顺坝、丁顺坝、潜坝四种形式，坝体结构基本相同。丁坝护岸的要点如下：

丁坝是一种间断性的有重点的护岸形式，具有调整水流的作用。在河床宽阔、水浅流缓的河段，常采用这种护岸形式。

丁坝坝头底脚常有垂直旋涡发生，以致冲刷为深塘，故坝前应予以保护或将坝头构筑坚固，丁坝坝根需埋入堤岸内。

3. 墙式护岸

墙式护岸是指顺堤岸修筑竖直陡坡式挡墙，这种形式多用于城区河流或海岸防护。在河道狭窄，堤外无滩且易受水冲刷，受地形条件或已建建筑物限制的重要堤段，常采用墙式护岸。

墙式防护（防洪墙）分为重力式挡土墙、扶壁式挡土墙、悬臂式挡土墙等形式。墙式护岸一般临水侧采用直立式，在满足稳定要求的前提下，断面应尽量减小，以减少工程量和少占地为原则。墙体材料可采用钢筋混凝土、混凝土和浆砌石等。墙基应嵌入堤岸护脚一定深度，以满足墙体和堤岸整体抗滑稳定及抗冲刷的要求。如冲刷深度大，还需采取抛石等护脚固基措施，以减少基础埋深。

混凝土护岸可采用大型模板或拉模浇筑，按规范施工。

第七节　土工合成材料

一、土工合成材料的分类

《土工合成材料应用技术规范》（GB 50290-2014）把土工合成材料分为土工织物、土工膜、土工复合材料和土工特种材料四大类。

1. 土工织物

土工织物又称土工布，它是由聚合物纤维制成的透水性土工合成材料。按制造方法不同，土工织物可分为织造型（有纺）与非织造型（无纺）土工织物两大类。

2. 土工膜

土工膜是透水性极低的土工合成材料。按制作方法不同，可分为现场制作和工厂预制两大类；按原材料不同，可分为聚合物和沥青两大类，聚合物膜在工厂制造，而沥青膜则大多在现场制造；为满足不同强度和变形需要，又有加筋和不加筋之分。

3. 土工复合材料

土工复合材料是为满足工程特定需要把两种或两种以上的土工合成材料组合在一起的制品。

（1）复合土工膜。是将土工膜和土工织物复合在一起的产品，在水利工程中应用广泛。

（2）塑料排水带。由不同凹凸截面形状并形成连续排水槽的带状塑料心材，外包非织造土工织物（滤膜）构成的排水材料。在码头、水闸等软基加固工程中被广泛应用。

（3）软式排水管，又称为渗水软管。它由支撑骨架和管壁包裹材料两部分构成。支撑骨架由高强度钢丝圈构成，高强钢丝由钢线经磷酸防锈处理，外包一层 PVC 材料，使其与空气、水隔绝，避免氧化生锈。管壁包裹材料有三层：内层为透水层，由高强度尼龙纱作为经纱，特殊材料为纬纱制成；中层为非织造土工织物过滤层；外层为与内层材料相同的覆盖层，具有反滤、透水、保护作用。在支撑体和管壁外裹材料间、外裹各层之间都采用了强力黏结剂黏合牢固，以确保软式排水管的复合整体性。软式排水管可用于各种排水工程中。

4. 土工特种材料

土工特种材料是为工程特定需要而生产的产品。常见的有以下几种：

（1）土工格栅。在聚丙烯或高密度聚乙烯板材上先冲孔，然后进行拉伸而成的带长方形孔的板材。按拉伸方向不同，可分为单向拉伸（孔近矩形）和双向拉伸（孔近方形）两种，土工格栅埋在土内，与周围土之间不仅有摩擦作用，而且由于土石料嵌入其开孔中，还有较高的啮合力，它与土的摩擦系数高达 0.8~1.0。土工格栅强度高、延伸率低，是加筋的好材料。

（2）土工网。由聚合物挤塑成网或由粗股条编织或由合成树脂压制而成的具有较大孔眼和一定刚度的平面网状结构材料。一般土工网的抗拉强度都较低，延伸率较高。常用于坡面防护、植草、软基加固垫层和复合排水材料的制造。

（3）土工模袋。由上下两层土工织物制成的大面积连续袋状材料，袋内充填混凝土或水泥砂浆，凝固后形成整体混凝土板，适用于护坡。模袋上下两层之间用一定长度的尼龙绳拉接，用以控制填充时的厚度。按加工工艺不同，模袋可分为工厂生产的机织模袋和手工缝制的简易模袋两类。

（4）土工格室。由强化的高密度聚乙烯宽带，每隔一定间距以强力焊接而形成的网状格室结构。格室张开后，可填土料，由于格室对土的侧向位移的限制，可大大提高土体的刚度和强度。土工格室可用于处理软弱地基，增大其承载力；沙漠地带可用于固沙；也可用于护坡等。

（5）土工管、土工包。用防老化处理的高强度土工织物制成的大型管袋及包裹体，可用于护岸、崩岸抢险和堆筑堤防。

（6）土工合成材料黏土垫层。由两层或多层土工织物或土工膜中间夹一层膨润土粉末（或其他低渗透性材料）以针刺（缝合或黏结）而成的一种复合材料。其优点是体积小、质量轻、柔性好、密封性良好、抗剪强度较高、施工简便、适应不均匀沉降，比压实黏土垫层更优越，可代替一般的黏土密封层，用于水利或土木工程中的防渗或密封设计。上述土工合成材料在土建工程中应用时，不同的工段应使用不同的材料，其功能主要可归纳为六类，即反滤、排水、隔离、防渗、防护和加筋。

二、土工格栅

1. 土工格栅分类

土工格栅是一种主要的土工合成材料，与其他土工合成材料相比，它具有独特的性能与功效。土工格栅常用作加筋土结构的筋材或复合材料的筋材等。土工格栅分为塑料土工格栅、钢塑土工格栅、玻璃纤维土工格栅和玻纤聚酯土工格栅四大类。

2. 土工格栅施工要点

（1）施工场地：要求压实平整、呈水平状、清除尖刺凸起物。

（2）格栅铺设：在平整压实的场地上，安装铺设的格栅其主要受力方向（纵向）应垂直于路、堤轴线方向，铺设要平整，无皱折，尽量张紧。用插钉及土石压重固定，铺设的格栅主要受力方向最好是通长无接头，幅与幅之间的连接可以人工绑扎搭接，搭接宽度不小于 10cm。如设置的格栅在两层以上，层与层之间应错缝。大面积铺设后，要整体调整其平直度。当填盖一层土后，未碾压前，应再次用人工或机具张紧格栅，力度要均匀，使格栅在土中为绷直受力状态。

（3）填料的选择：填料应按设计要求选取。实践证明，除冻结土、沼泽土、生活垃圾、白垩土、硅藻土外均可用做填料。而砾类土和砂类土力学性能稳定，受含水量影响很小，宜优先选用。填料粒径不得大于 15cm，并注意控制填料级配，以保证压实重量。

（4）填料的摊铺和压实：当格栅铺设定位后，应及时填土覆盖，裸露时间不得超时 48h，亦可采取边铺设边回填的流水作业法。先在两端摊铺填料，将格栅固定，再向中部推进。碾压的顺序是先两侧后中间。碾压时压轮不能直接与筋材接触，未压实的加筋体一般不允许车辆在上面行驶，以免筋材错位。分层压实厚度为 20~30crm。压实度必须达到设计要求，这也是加筋土工程的成败关键。

（5）防排水措施：在加筋土工程中，一定要作好墙体内外的排水处理；要做好护脚，防冲刷；在土体内要设置滤、排水措施，必要时，应设置土工布。

（6）第一层土工格栅铺好后，开始填设第二层 0.2m 厚的填筑料，其方法：汽车运砂到工地卸于路基一侧，而后用推土机向前赶推，先把路基两侧 2m 范围内填筑 0.1m 后，把第一层土工格栅折翻上来再填上 0.1m 的填筑料，禁止两侧向中间填筑和推进，禁止各种机械在没有填筑料的土工格栅上通行作业，以保证土工格栅平整，不起鼓，不起皱，待第二层填筑料平整后，要进行水平测量，防止填筑厚度不均匀，待抄平无误后用振动碾压路机静压两遍，依次类推。

第五章　混凝土工程

自 1824 年硅酸盐水泥问世，1850 年出现钢筋混凝土以来，混凝土材料已广泛应用于工程建设，如各类建筑工程、构筑物、桥梁、港口码头、水利工程等各个领域。

混凝土是由水泥、石灰、石膏等无机胶结料与水或沥青、树脂等有机胶结料的胶状物与粗细骨料，必要时掺入矿物质混合材料和外加剂，按适当比例配合，经过均匀搅拌，密实成型及一定温湿条件下养护硬化而成的一种复合材料。

随着工程界对混凝土的特性提出更多和更高的要求，混凝土的种类更加多样化。如高强度高性能混凝土、流态自密混凝土和泵送混凝土、干贫碾压混凝土等。随着科学技术的进步，混凝土的施工方法和工艺也不断改进，薄层碾压浇筑、预制装配、喷锚支护、滑模施工等新工艺相继出现。在水利水电工程中，混凝土的应用非常广泛，而且用量特别巨大。

混凝土的施工环节主要包括：

1. 钢筋和模板的加工和制作、运输与架设。
2. 砂石料的开采、加工、贮存和运输。
3. 混凝土的制备、运输、浇筑和养护。

第一节　钢筋工程

一、钢筋的种类、规格及性能要求

1. 钢筋的种类和规格

钢筋种类繁多，按照不同的方法分类如下：

（1）按照钢筋外形分：光面钢筋（圆钢）、变形钢筋（螺纹、人字纹、月牙肋）、钢丝、钢绞线。

（2）按照钢筋的化学成分分：碳素钢（常用低碳钢）、合金钢（低合金钢）。

（3）按照钢筋的屈服强度分：235、335、400、500 级钢筋。

（4）按照钢筋的作用分：受力钢筋（受拉、受压、弯起钢筋），构造钢筋（分布筋、箍筋、架立筋、腰筋及拉筋）。

2. 钢筋的性能

水利工程钢筋混凝土常用的钢筋为热轧钢筋。从外形可分为光圆钢筋和带肋钢筋。与光圆钢筋相比，带肋钢筋与混凝土之间的握裹力大，共同工作的性能较好。

热轧光圆钢筋（hot rolled plain bars）是指经热轧成型，横截面通常为圆形，表面光滑的成品钢筋。牌号由 HPB 加屈服强度特征值构成。光圆钢筋的种类有 HPB235 和 HPB300。

带肋钢筋（ribbed bars）指横截面通常为圆形，且表面带肋的混凝土结构用钢材。带肋钢筋按生产工艺分为热轧钢筋和热轧后带有控制冷却并自回火处理的钢筋。普通热轧带肋钢筋牌号由 HRB 加屈服强度特征值构成，如 HRB335、HRB400、HRB500。热轧后带有控制冷却并自回火处理的钢筋牌号由 RRB 加屈服强度特征值构成，如 RRB335、RRB400、RRB500。

二、钢筋的加工

工厂生产的钢筋应有出厂证明和试验报告单，运至工地后应根据不同等级、钢号、规格及生产厂家分批分类堆放，不得混淆，且应立牌以方便识别。应按施工规范要求，使用前做抗拉和冷弯试验，需要焊接的钢筋应做好焊接工艺试验。钢筋的加工包括调直、除锈、切断、弯曲和连接等工序。

1. 钢筋调直、除锈

钢筋就其直径而言可分为两大类。直径小于等于 12mm 卷成盘条的叫轻筋，大于 12mm 呈棒状的叫重筋。调直直径 12mm 以下的钢筋，主要采用卷扬机拉直或用调直机调直。对钢筋进行强力拉伸，称为钢筋的冷拉。钢筋在调直机上调直后，其表面伤痕不得使钢筋截面面积减少 5% 以上。对于直径大于 30mm 的钢筋，可用弯筋机进行调直。

钢筋表面的鳞锈，会影响钢筋与混凝土的黏结，可用锤敲或用钢丝刷清除。对于一般浮锈可不必清除。对锈蚀严重者应用风砂枪和除锈机除锈。

2. 钢筋切断

切断钢筋可借助钢筋切断机完成。对于直径 22~40mm 的钢筋，一般采用单根切断；对于直径在 22mm 以下的钢筋，则可一次切断数根。对于直径大于 40mm 的钢筋，要用氧气切割或电弧切割。

3. 钢筋连接

钢筋连接常用的方法有焊接连接、机械连接和绑扎连接。

（1）钢筋焊接连接。钢筋的焊接质量与钢材的可焊性、焊接工艺有关。钢筋焊接分为压焊和熔焊两种形式。压焊包括闪光对焊、电阻点焊等，熔焊有电弧焊、电渣压力焊等。

（2）钢筋机械连接。钢筋机械连接是通过连接件的机械咬合作用或钢筋端面的承压作用，将一根钢筋中的力传递至另一根钢筋的连接方法。在确保钢筋接头质量、改善施工环境、提高工作效率、保证工程进度方面具有明显优势。三峡工程永久船闸输水系统所用钢筋就是采用机械连接技术。常用的钢筋机械连接类型有挤压连接、锥螺纹连接等。

4. 钢筋弯曲成型

弯曲成型的方法分手工和机械两种。手工弯筋，可采用板柱铁板的扳手，弯制直径25mm 以下的钢筋。对于大弧度环形钢筋的弯制，则在方木拼成的工作台上进行。弯制时，先在台面上画出标准弧线，并在弧线内侧钉上内排扒钉（其间距较密，曲率可适当加大，因考虑钢筋弯曲后的回弹变形）。然后在弧线外侧的一端钉上 1~2 只扒钉。再将钢筋的一端夹在内、外扒钉之间；另一端用绳索试拉，经往返回弹数次，直到钢筋与标准弧线吻合，即为合格。

大量的弯筋工作，除大弧度环形钢筋外，宜采用弯筋机弯制，以提高工效和质量。常用的弯筋机，可弯制直径 6~40mm 的钢筋。弯筋机上的几个插孔，可根据弯筋需要进行选择，并插入插棍。

三、钢筋的安装

钢筋的安装可采用散装和整装两种方式。散装是将加工成型的单根钢筋运到工作面，按设计图纸绑扎或电焊成型。散装对运输要求相对较低，不受设备条件限制，但功效低，高空作业安全性差，且质量不易保证。对机械化程度较高的大中型工程，已逐步为整装所代替。

整装是将加工成型的钢筋，在焊接车间用点焊焊接交叉结点，用对焊接长，形成钢筋网和钢筋骨架。整装件由运输机械成批运至现场，用起重机具吊运入仓就位，按图拼合成型。整装在运、吊过程中要采取加固措施，合理布置支承点和吊点，以防过大的变形和破坏。

无论整装或散装，钢筋应避免油污，安装的位置、间距、保护层及各个部位的型号、规格均应符合设计要求。

四、钢筋的配料与代换

（一）钢筋的配料

钢筋加工前应根据图纸按不同构件先编制配料单，然后进行备料加工。

下料长度计算是配料计算中的关键。钢筋弯曲时，其外壁伸长，内壁缩短，而中心线长度并不改变。但是设计图中注明的尺寸是根据外包尺寸计算的，且不包括端头弯钩长度。显然，外包尺寸大于中心线长度，它们之间存在一个差值，称为"量度差值"。因此，钢筋的下料长度应为：

$$钢筋下料长度 = 外包尺寸 + 端头弯钩长度 - 量度差值$$
$$箍筋下料长度 = 箍筋周长 + 箍筋调整值$$

1. 半圆弯钩的增加长度。

在实际配料时，对弯钩半圆增加长度常根据具体条件采用经验数据，见表 5-1。

表 5-1 半圆弯钩增加长度参考

钢筋直径 /mm	≤6	8~10	12~18	20~28	32~36
一个弯钩长度 /mm	40	6d	5.5d	5d	4.5d

2. 量度差值

常用弯曲角度的量度差值，可采用表 5-2 数值。

表 5-2 钢筋弯曲量度差值

钢筋弯曲角度	30°	45°	60°	90°	135°
量度差值	0.35d	0.5d	0.85d	2d	2.5d

3. 箍筋调整值

箍筋调整值为弯钩增加长度与弯曲量度差值两项之代数和，需根据箍筋外包尺寸或内包尺寸而定，见表 5-3。

表 5-3 箍筋外包尺寸或内包尺寸

箍筋量度方法	箍筋直径			
	4~5	6	8	10~12
量外包尺寸	40	50	60	70
量内包尺寸	80	100	120	150~170

（二）钢筋的代换

如果在施工中供应的钢筋品种和规格与设计图纸要求不符时，允许进行代换。但代换时应征得设计单位的同意，充分了解设计意图和代换钢材的性能，严格遵守规范的各项规定。按不同的控制方法，钢筋代换有以下三种：

1. 当结构件是按强度控制时，可按强度等同原则代换，称等强代换。如设计图中所用钢筋强度为 f_{y1}，钢筋总面积为 A_{s1}，代换后钢筋强度为 f_{y2}，钢筋总面积为 A_{s2}，则应满足

$$f_{y2}A_{s2} \geq f_{y1}A_{s1}$$

2. 当结构件按最小配筋率控制时，可按钢筋面积相等的原则代换，称等面积代换，即

$$A_{s2} = A_{s1}$$

式中，A_{s1}——原设计钢筋的计算面积；

A_{s2}——拟代换钢筋的计算面积。

3. 当结构件按裂缝宽度或挠度控制时，钢筋的代换需进行裂缝宽度或挠度验算。代换

后，还应满足构造方面的要求（如钢筋间距、最小直径、最少根数、锚固长度、对称性等）及设计中提出的特殊要求（如冲击韧性、抗腐蚀性等）。

第二节　模板工程

模板工程是混凝土浇筑时使之成型的模具及其支承体系的工程，模板工程量大，材料和劳动力消耗多。因此，正确选择材料组成和合理组织施工，直接关系到结构物的工程质量和造价。

模板包括接触混凝土并控制其尺寸、形状、位置的构造部分，以及支持和固定它的杆件、桁架、联结件等支承体系。其主要作用是对新浇塑性混凝土起成型和支撑作用，同时还具有保护和改善混凝土表面质量的作用。模板及其支撑系统必须满足下列要求：

1. 保证工程结构和构件各部分形状尺寸和相互位置的准确。
2. 具有足够的承载能力、刚度和稳定性，以保证施工安全。
3. 构造简单，装拆方便，能多次周转使用。
4. 模板的接缝应严密，不漏浆。
5. 模板与混凝土的接触面应涂隔离剂脱模。

一、模板的基本类型

按制作材料，模板可分为木模板、钢模板、混凝土和钢筋混凝土预制模板。按模板形状可分为平面模板和曲面模板。

按受力条件模板可分为承重模板和侧面模板。侧面模板按其支撑受力方式，又分为简支模板、悬臂模板和半悬臂模板。

按架立和工作特征，模板可分为固定式、拆移式、移动式和滑动式。固定式模板多用于起伏的基础部位或特殊的异形结构如蜗壳或扭曲面，因大小不等，形状各异，难以重复使用。拆移式、移动式和滑动式模板可重复或连续在形状一致或变化不大的结构上使用，有利于实现标准化和系列化。

（一）拆移式模板

拆移式模板适应于浇筑块表面为平面的情况，可做成定型的标准模板，其标准尺寸，大型的为 100cm×（325~525）cm，小型的为（75~100）cm×150cm。前者适用于 3~5m 高的浇筑块，需小型机具吊装；后者用于薄层浇筑，可人力搬运。

平面木模板由面板、加劲肋和支架三个基本部分组成。加劲肋（板样肋）把面板联结起来，并由支架安装在混凝土浇筑块上。

架立模板的支架，常用围图和桁架梁。桁架梁多用方木和钢筋制作。立模时，将桁架梁下端插入预埋在下层混凝土块内 U 形埋件中。当浇筑块薄时，上端用钢拉条对拉；当浇筑块大时，则采用斜拉条固定，以防模板变形。钢筋拉条直径大于 8mm，间距为 1~2m，斜拉角度为 30°～45°。

悬臂钢模板由面板、支撑柱和预埋联结件组成 U 面板采用定型组合钢模板拼装或直接用钢板焊制。支撑模板的立柱有型钢梁和钢桁架两种，视浇筑块高度而定。预埋在下层混凝土内的联结件有螺栓式和插座式（U 形铁件）两种。

悬臂钢模板的一种结构形式，其支撑柱由型钢制作，下端伸出较长，并用两个接点锚固在预埋螺栓上，可视为固结。立柱上部不用拉条，以悬臂作用支撑混凝土侧压力及面板自重。

采用悬臂钢模板，由于仓内无拉条，模板整体拼装为大体积混凝土机械化施工创造了有利条件。且模板本身的安装比较简单，重复使用次数高（可达 100 多次）。但模板重量大（每块模板重 0.5~2t），需要起重机配合吊装。由于模板顶部容易移位，故浇筑高度受到限制，一般为 1.5~2m。用钢桁架作支撑柱时，高度也不宜超过 3m。

此外，还有一种半悬臂模板，常用高度有 3.2m 和 2.2m 两种。半悬臂模板结构简单，装拆方便，但支撑柱下端固结程度不如悬臂模板，故仓内需要设置短拉条，对仓内作业有影响。

一般标准大模板的重复利用次数即周转率为 5~10 次，而钢木混合模板的周转率为 30~50 次，木材消耗减少 90% 以上。由于是大块组装和拆卸，故劳力、材料、费用大为降低。

（二）移动式模板

对定型的建筑物，根据建筑物外形轮廓特征，做一段定型模板，在支撑钢架上装上行驶轮，沿建筑物长度方向铺设轨道分段移动，分段浇筑混凝土。移动时，只需将顶推模板的花篮螺丝或千斤顶收缩，使模板与混凝土面脱开，模板即可随同钢架移动到拟浇混凝土的部位，再用花篮螺丝或千斤顶调整模板至设计浇筑尺寸。移动式模板多用钢模板，作为浇筑混凝土墙和隧洞混凝土衬砌使用。

（三）自升式模板

这种模板的面板由组合钢模板安装而成，桁架、提升柱由型钢、钢管焊接而成。这种模板的突出优点是自重轻，自升电动装置具有力矩限制与行程控制功能，运行安全可靠，升程准确。模板采用插挂式锚钩，简单实用，定位准，拆装快。

（四）滑动式模板

滑动式模板是在混凝土浇筑过程中，随浇筑而滑移（滑升、拉升或水平滑移）的模板，简称滑模，以竖向滑升应用最广。

滑升式模板是先在地面上按照建筑物的平面轮廓组装一套 1.0~1.2m 高的模板，随着浇筑层的不断上升而逐渐滑升，直至完成整个建筑物计划高度内的浇筑。

滑模施工可以节约模板和支撑材料，加快施工进度，改善施工条件，保证结构的整体性，提高混凝土表面质量，降低工程造价。其缺点是滑模系统一次性投资大，耗钢量大，且保温条件差，不宜于低温季节使用。

滑模施工最适于断面形状尺寸沿高度基本不变的高耸建筑物，如竖井、沉井、墩墙、烟囱、水塔、筒仓、框架结构等的现场浇筑，也可用于大坝溢流面、双曲线冷却塔及水平长条形规则结构、构件施工。

滑升模板由模板系统、操作平台系统和液压支撑系统三部分组成。模板系统包括模板、围圈和提升架等。模板多用钢模或钢木混合模板，其高度取决于滑升速度和混凝土达到出模强度（0.05~0.25MPa）所需的时间，一般高 1.0~1.2m。为减小滑升时与混凝土间的摩擦力，应将模板自下向上稍向内倾斜，做成单面 0.2%~0.5% 模板高度的正锥度。围圈用于支撑和固定模板，上下各布置一道，它承受由模板传来的水平侧压力和由滑升摩阻力、模板与圈梁自重、操作平台自重及其上的施工荷载产生的竖向力，多用角钢或槽钢制成。如果围圈所受的水平力和竖向力很大，也可做成平面桁架或空间桁架，使其具有大的承载力和刚度，防止模板和操作平台出现超标准的变形。提升架的作用是固定围圈，把模板系统和操作平台系统连成整体，承受整个模板和操作平台系统的全部荷载，并将竖向荷载传递给液压千斤顶。提升架一般是用槽钢做成由双柱和双梁组成的"开"形架，立柱有时也采用方木制作。

操作平台系统包括操作平台和内外吊脚手，可承放液压控制台，临时堆存钢筋或混凝土，以及作为修饰刚刚出模的混凝土面的施工操作场所，一般为木结构或钢木混合结构。液压支撑系统包括支撑杆、穿心式液压千斤顶、输油管路和液压控制台等，是使模板向上滑升的动力和支撑装置。

1. 支撑杆。支撑杆又称爬杆，它既是液压千斤顶爬升的轨道，又是滑模装置的承重支柱，承受施工过程中的全部荷载。

支撑杆的规格与直径要与选用的千斤顶相适应，目前使用的额定起重量为 30kN 的滚珠式卡具千斤顶，其支撑杆一般采用 φ25mm 的 Q235 圆钢。支撑杆应调直、除锈，当 I 级圆钢采用冷拉调直时，冷拉率控制在 3% 以内。支撑杆的加工长度一般为 3~5m，其连接方法可使用丝扣连接、榫接和剖口焊接。丝扣连接操作简单，使用安全可靠，但机械加工量大。榫接连接也有操作简单和机械加工量大的特点，滑升过程中易被千斤顶的卡头带起。采用剖口焊接时，接口处倘若略有偏斜或凸疤，则要用手提砂轮机处理平整，使能通过千斤顶孔道。当采用工具式支撑杆时，应用丝扣连接。

2. 液压千斤顶。滑模工程中所用的千斤顶为穿心液压千斤顶，支撑杆从其中心穿过。按千斤顶卡具形式的不同可分为滚珠卡具式和楔块卡具式。千斤顶的允许承载力，即工作起重量一般不应超过其额定起重量的 1/2。

3. 液压控制台。液压控制台是液压传动系统的控制中心，主要由电动机、齿轮油泵、溢流阀、换向阀、分油器和油箱等组成。

液压控制台按操作方式的不同，可分为手动和自动两种控制形式。

4.油路系统。油路系统是连接控制台到千斤顶的液压通路，主要由油管、管接头、分油器和截止阀等组成。

油管一般采用高压无缝钢管或高压耐油橡胶管，与千斤顶连接的支油管最好使用高压胶管，油管耐压力应大于油泵压力的 1.5 倍。

截止阀又称针形阀，用于调节管路及千斤顶的液体流量，以控制千斤顶的升差，一般设置于分油器上或千斤顶与油管连接处。

（五）混凝土及钢筋混凝土预制模板

混凝土及钢筋混凝土预制模板既是模板，又是建筑物的护面结构，浇筑后作为建筑物的外壳，不予拆除。素混凝土模板靠自重稳定，可作直壁式模板，也可作倒悬式模板。

钢筋混凝土模板既可作建筑物表面的镶面板，也可作厂房、空腹坝顶拱和廊道顶拱的承重模板。避免了高架立模，既有利于施工安全，又有利于加快施工进度，节约材料，降低成本。

预制混凝土和钢筋混凝土模板质量较大，常需起重设备起吊，所以在模板预制时都应预埋吊环供起吊用。对于不拆除的预制模板，对模板与新浇混凝土的结合面需进行凿毛处理。

二、模板受力分析

模板及其支撑结构应具有足够的强度、刚度和稳定性，必须能承受施工中可能出现的各种荷载的最不利组合，其结构变形应在允许范围以内。模板及其支架承受的荷载分为基本荷载和特殊荷载两类。

1.基本荷载

基本荷载包括：

（1）模板及其支架的自重。根据设计图确定。木材的密度，针叶类按 600kg/m³ 计算，阔叶类按 800kg/m³ 计算。

（2）新浇混凝土重量。通常可按 24~25kN/m³ 计算。

（3）钢筋重量。对一般钢筋混凝土，可按 1kN/m³ 计算。

（4）工作人员及浇筑设备、工具等荷载。计算模板及直接支撑模板的楞木时，可按均布活荷载 2.5kN/m² 及集中荷载 2.5kN 验算。计算支撑楞木的构件时，可按 1.5kN/m² 计；计算支架立柱时，可按 1kN/m² 计。

（5）振捣混凝土产生的荷载。可按 1kN/m² 计。

（6）新浇混凝土的侧压力。与混凝土初凝前的浇筑速度、捣实方法、凝固速度、坍落度及浇筑块的平面尺寸等因素有关，以前三个因素影响最显著。在振动影响范围内，混凝土因振动而液化，可按静水压力计算其侧压力，所不同者，只是用流态混凝土的容重取代水的容重。当计入温度和浇速度的影响、混凝土不加缓凝剂，且坍落度在 11cm 以内时，新浇大体积混凝土的最大侧压力值可参考标准选用。

2. 特殊荷载

特殊荷载包括：

（1）风荷载。根据施工地区和立模部位离地面的高度，按现行《工业与民用建筑荷载规范》（TJ 9-1974）确定。

（2）上列荷载以外的其他荷载。

3. 基本荷载组合

在计算模板及支架的强度和刚度时，应根据模板的种类，选择基本荷载组合。特殊荷载可按实际情况计算，如平仓机、非模板工程的脚手架、工作平台、混凝土浇筑过程中不对称的水平推力及重心偏移、超过规定堆放的材料等。

4. 承重模板及支架的抗倾稳定性验算

承重模板及支架的抗倾稳定性应按下列要求核算：

（1）倾覆力矩。应计算下列三项倾覆力矩，并使用其中的最大值：水荷载，按《建筑结构荷载规范》（GB 50009-2012）确定；实际可能发生的最大水平作用力；作用于承重模板边缘 1.5kN/m 的水平力。

（2）稳定力矩。模板及支架的自重，折减系数为 0.8；如同时安装钢筋时，应包括钢筋的重量。

（3）抗倾稳定系数。抗倾稳定系数大于 1.4。

模板的跨度大于 4m 时，其设计起拱值通常取跨度的 0.3% 左右。

三、模板的制作、安装和拆除

1. 模板的制作

大中型混凝土工程模板通常由专门的加工厂制作，采用机械化流水作业，以利于提高模板的生产率和加工质量。

2. 模板的安装

模板安装必须按设计图纸测量放样，对重要结构应多设控制点，以利检查校正。模板安装好后，要进行质量检查；检查合格后。才能进行下一道工序。应经常保持足够的固定设施，以防模板倾覆。对于大体积混凝土浇筑块，成型后的偏差不应超过木模安装允许偏差的 50%~100%，取值大小视结构物的重要性而定。水工建筑物混凝土木模安装的允许偏差，应根据结构物的安全、运行条件、经济和美观要求确定。

3. 模板的拆除

拆模的顺序直接影响混凝土质量和模板使用的周转率。施工规范规定，非承重侧面模板，混凝土强度应达到 2.5MPa 以上，其表面和棱角不因拆模而损坏时方可拆除。一般需 2~7d，夏季 2~4d，冬季 5~7d。混凝土表面质量要求高的部位，拆模时间宜晚一些。而钢筋混凝土结构的承重模板，要求达到下列规定值（按混凝土设计强度等级的百分率计算）时才能拆模。

（1）悬臂板、梁。跨度 ≤2m，70%；跨度 >2m，100%。

（2）其他梁、板、拱。跨度 ≤2m，50%；跨度 2~8m，70%；跨度 >8m，100%。

拆模的程序和方法：在同一浇筑仓的模板，按"先装的后拆，后装的先拆"的原则，按次序、有步骤地进行，不能乱撬。拆模时，应尽量减少对模板的损坏，以提高模板的周转次数。要注意防止大片模板坠落；高处拆组合钢模板，应使用绳索逐块下放，模板连接件、支撑件及时清理，收检归堆。

第三节　骨料的生产加工

混凝土由 90% 的砂石料构成，每立方米混凝土需近 1.5m³ 松散砂石料，大中型水利水电工程，不仅对砂石料的需求量相当大、质量要求高，而且往往需要施工单位自行制备。因此，正确组织砂石料生产，是一项十分重要的工作。

水利水电工程中骨料来源分为三类：

天然骨料：天然砂、砾石经筛分、冲洗而制成的混凝土骨料；

人工骨料：开采的石料经过破碎、筛分、冲洗而制成的混凝土骨料；

组合骨料：以天然骨料为主，人工骨料为辅，配合使用的混凝土骨料。当确定骨料来源时，应以就地取材为原则，优先考虑采用天然骨料。只有在当地缺乏天然骨料，或天然骨料中某一级骨料的数量和质量不合要求时，或综合开采加工运输成本高于人工骨料时，才考虑采用人工骨料。

骨料生产的基本过程和作业内容为：沙砾料及块石的开采，场内运输（装卸、运输），骨料加工（破碎、筛分、冲洗），成品堆存（堆料、装卸），成品料运输（装卸、运输）。

对于组合骨料，可以分成两条独立的流水线，也可以在天然骨料生产过程中，辅以超径石的破碎和筛分，以补充短缺粒径的不足。

一、料场的规划

料场的规划需考虑料场的分布、高程、骨料的质量、储量、天然级配、开采条件、加工要求、弃料多少、运输方式、运输距离、生产成本等多种因素。骨料料场的规划、优选，应通过全面技术经济论证。

1.料场选择的原则

（1）满足水工混凝土对骨料的各项质量要求（包括骨料的强度、抗冻性、化学稳定性、颗粒形状、级配、杂质含量等）。

（2）储量大、质量好、开采季节长；主、辅料场应兼顾洪枯季节互为备用的要求；场地开阔、高程适宜。

（3）选择可采率高，天然级配与设计级配较为接近，用人工骨料调整级配数量少的料场。

（4）料场附近有足够的回车和堆料场地，且占用农田少。

（5）选择开采准备工作量小，施工简便的料场。

（6）优先考虑采用天然骨料。

如以上要求难以同时满足，应满足主要要求，即以满足质量、数量为基础，寻求开采、运输、加工成本费用低的方案，确定采用天然骨料、人工骨料还是组合骨料用料方案。若是组合骨料，则需确定天然和人工骨料的最佳配比。

大型、高效、耐用的骨料加工机械普遍应用于大中型水利工程，人工骨料的成本接近甚至低于天然骨料。采用人工骨料尚有许多天然骨料生产不具备的优点，如级配可按需调整，质量稳定，管理相对集中，受自然因素影响小，有利于均衡生产，减少设备用量，减少堆料场地，同时尚可利用有效开挖料。因此，采用人工骨料或用机械加工骨料组合的工程越来越多。

2. 开采量的确定

当采用天然骨料时，应确定沙砾料的开采量。由于砂砾料的天然级配（即各级骨料筛分后的百分比含量，由料场筛分试验测定）与混凝土骨料需要的级配（由配合比设计确定）往往不一致，因此，不仅沙砾料开采总量要满足要求，而且每一级骨料的开采量也要满足相应的要求。

（1）沙砾料开采总量控制：

$$V = \frac{V_0\left(1 + \sum k_{损}\right)}{A_0 k_{松}}$$

式中，V——根据某级骨料需要量确定的沙砾料开采总量，按自然方计，m^3；

V_0——某级骨料的需要量，按松方计，m^3；

A_0——该级骨料的天然级配含量；

$\sum km$——沙砾料在开采、运输、加工、储存过程中的总损失系数，可参照概算指标或类似工程资料确定。

根据上式先算出每一级骨料相应的开采总量，并取其中最大值作为计划的开采总量。实际开采中，大石含量通常过多，而中、小石含量不足，如按中、小石需要量开采，大石将过剩、造成浪费，为此常增设破碎设备，进行人工破碎平衡或调整混凝土的配合比，以减少短缺骨料的需求量。

（2）采用人工骨料时，计算块石的开采量：按块石开采的成品获得率及混凝土骨料需要量计算。

$$V_r = \left(1 + \sum k_{损}\right) V_h \alpha / (\beta)$$

式中，V_r——石料开采总量，m³；

V_h——混凝土的总需用量，m³；

α——混凝土的骨料需用量，t/m³；

β——块石开采成品获得率，80%~95%；

R——块石容重，t/m³；

$\sum k_{损}$——开采、运输、加工过程中的总损失系数。

3.砂石骨料的储存

骨料堆场的任务是储备一定数量的砂石料，以适应骨料生产与需求之间的不平衡，即解决骨料的供求矛盾。

骨料堆存分毛料堆存与成品堆存两种。毛料堆存的作用是调节毛料开采、运输与加工之间的不均衡性；成品堆存的作用是调节成品生产、运输和混凝土拌和之间的不均衡性，保证混凝土生产对骨料的需要。

骨料堆场的种类分为毛料堆存、半成品料堆存和成品料堆存。

骨料储量多少，主要取决于生产强度和管理水平。一般可按高峰月平均值的50%~80%考虑，汛期、冰冻期停采时须按停采期骨料需要量外加20%裕度校核。成品砂石料应有3d以上的堆存时间，以利脱水。故成品堆场的容量，还应满足砂石料自然脱水要求。

（1）骨料堆存方式

①台阶式料仓：在料仓底部设有出料廊道，骨料通过卸料闸门卸在皮带机上运出。

②堆料机料仓：采用双悬臂或动臂堆料机沿土堤上铺设的轨道行驶，有悬臂皮带机送料扩大堆料范围，沿程向两侧卸料。

（2）骨料堆存中的质量控制

骨料应堆放在坚硬的地面上，防止料堆下层对骨料的污染。料堆底部的排水设施应保持完好，砂料要有足够（3d以上）的脱水时间，使砂料在进入拌和楼前表面含水率降低在5%以下。

防止跌碎和分离是骨料堆存质量控制的首要任务，为此尽量减少骨料的转运次数和降低自由跌落高度（一般应控制在2.5m以内），以防骨料分离和粒径含量过高。堆料时应分层堆料，逐层上升。

不同粒径的骨料应用适当的墙体分开，或料堆之间留有足够的空间，使料堆之间不至于混淆。

二、骨料加工

从料场开采的混合砂砾料或块石，通过破碎、筛分、冲洗等加工过程，制成符合级配、除去杂质的各级粗、细骨料。

（一）破碎

为了将开采的石料破碎到规定的粒径，往往需要经过几次破碎才能完成。因此，通常将骨料破碎过程分为粗碎（将原石料破碎到300~70mm）、中碎（破碎到70~20mm）和细碎（20~1mm）三种。

水利水电工程工地常用的破碎设备有颚式破碎机、旋回破碎机、圆锥破碎机、反击式破碎机和立轴式冲击破碎机。

1. 颚式破碎机

颚式破碎机，它的破碎槽由两块颚板（一块固定，另一块可以摆动）构成，颚板上装有可以更换的齿状钢板。工作时，由传动装置带动偏心轮作用，使活动颚板左右摆动，破碎槽即可一开一合，将进入的石料轧碎，从下端出料口漏出。

颚式破碎机是最常用的粗碎设备，其优点是结构简单，自重较轻，价格便宜，外形尺寸小，配置高度低，进料尺寸大，排料口开度容易调整；缺点是衬板容易磨损，产品中针片状含量较高，处理能力较低，一般需配置给料设备。

2. 旋回破碎机

旋回破碎机可作为颚破后第二阶段破碎，也可直接用于一破，是常用的粗碎设备。其优点是处理量大，产品粒形较颚式好，可挤满给料，进料无须配给料设备；缺点是结构较颚式破碎机复杂，自重大，机体高，价格贵，维修复杂，土建工程量大。排料要设缓冲仓和专用设备。

3. 圆锥破碎机

（1）传统圆锥破碎机。它是最常用的二破和三破设备，有标准、中型、短头三种腔型，弹簧和液压两种形式。它的破碎室由内、外锥体之间的空隙构成。活动的内锥体装在偏心主轴上，外锥体固定在机架上。工作时，由传动装置带动主轴旋转，使内锥体作偏心转动，将石料碾压破碎，并从破碎室下端出料槽滑出。

传统锥式破碎机工作可靠，磨损轻，效率高，产品粒径均匀。但其结构和维修较复杂，机体高，价格高，破碎产品中针片状含量较高。

（2）高性能圆锥破碎机。它与传统圆锥破碎机相比，破碎能力大为提高，可挤满给料，产品粒形更好，有更多的腔型变化，以适应中碎、细碎、制砂等各工序以及各种不同的生产要求，操作更为方便可靠，但价格高。

4. 反击式破碎机

反击式破碎机有单转子、双转子、联合式三种形式。我国主要生产和应用前两种形式。

反击式破碎机主要工作部件是转子和反击板。其破碎机理属冲击破碎，主要借固定在转子上的打击板，高速冲击被破碎物料，使其沿薄弱部分（层理、节理等）进行选择性破碎。还通过被冲击料块，从打击处获得的动能，向反击板进行二次主动冲击，以及料块在破碎腔内的互击，经过打击破碎、反弹破碎、互撞破碎、铣削破碎四个主要过程反复进行，直至物料粒度小于打击板与反击板间缝时被卸出。其优点是破碎率大（一般为20%左右，最大达50%~60%），产品好，产量高，能耗低，结构简单，适于破碎中硬岩石。用于中细碎机制砂。缺点是板锤和衬板容易磨损，更换和维修工作量大，产品级配不易控制，容易产生过粉碎。

（二）骨料筛分

分级方法有水力筛分和机械筛分两种。前者利用骨料颗粒大小不同、水力粗度各异的特点进行分级，适用于细骨料；后者利用机械力作用经不同孔眼尺寸的筛网对骨料进行分级，适用于粗骨料。

1. 偏心振动筛

偏心振动筛又称为偏心筛。它主要由固定机架、活动筛架、筛网、偏心轴及电动机等组成。筛网的振动，是利用偏心轴旋转时的惯性作用。偏心轴安装在固定机架上的一对滚珠轴承中，由电动机通过皮带轮带动，可在轴承中旋转。活动筛架通过另一对滚珠轴承悬装在偏心轴上。筛架上装有两层不同筛孔的筛网，可筛分三级不同粒径的骨料。

当偏心轴旋转时，出于偏心作用，筛架和筛网也跟着振动，从而使筛网上的石块向前移动，并且向上跳动和向下筛落。

由于筛架与固定机架之间是通过偏心轴刚性相连的，故将同时发生振动。为了减轻对固定机架的振动，在偏心轴两端还安装有与轴偏心方向成180°的平衡块。

偏心筛的特点是刚件振动，振幅固定（3~6mm），不因来料多少而变化，也不易因来料过多而堵塞筛孔。其振动频率为840~1 200次/min。偏心筛适用于筛分粗、中骨料，常用来完成第一道筛分任务。

2. 惯性振动筛

惯性振动筛又称为惯性筛。它的偏心轴（带偏心块的旋转轴）安装在活动筛架上，利用马达带动旋转轴上的偏心块，产生离心力而引起筛网振动。惯性筛的特点是弹性振动，振幅大小将随来料多少而变化，容易因来料多而堵塞筛孔，故要求来料均匀。其振幅为1.6~6mm，振动频率为1 200~2 000次/min。适用于中、细颗粒筛分。

3. 高效振动筛分机

目前，国外广泛采用高效、编织网筛面的振动筛进行砂石加工厂的分级处理。其优点是石料在筛网面上可以迅速均匀地散开，而筛网采用钢丝编织，其开孔率较目前国内普遍采用的橡胶网与聚氨酯网高出30%~50%，因而效率高于普通型振动筛。

（三）洗砂

洗砂常用的设备是螺旋式洗砂机。它是一个倾斜安放的半圆形洗砂槽，槽内装有 1~2 根附有螺旋叶片的旋转主轴。斜槽以 18°～20° 的倾斜角安放，低端进砂，高端进水。由于螺旋叶片的旋转，使被洗的砂受到搅拌，并移向高端出料门。洗涤水则不断从高端通入，污水从低端的溢水口排出。

经水力分级后的砂含水率往往高达 17%~24%，必须经脱水后使用。根据《水工混凝土施工规范》（DL/T 5144-2015）的要求，成品砂的含水率应稳定在 6% 以下，因此必须在水力分级设备后加机械脱水设备。二滩工程采用的是圆盘式真空脱水筛，高频振动脱水筛通过负压吸水及振动脱水联合作用，达到脱水效果，可控制砂含水率在 10%~12%。江垭工程采用多折线式直线振动脱水筛，与圆盘式真空脱水筛相比较，占地面积小，结构简单，不需设置真空系统。

（四）骨料加工厂

大规模的骨料加工，常将加工机械设备按工艺流程布置成骨料加工工厂。其布置原则是，充分利用地形，减少基建工程量；有利于及时供料，减少弃料；成品获得率高，通常要求达到 85%~90%。当成品获得率低时，应考虑利用弃料二次破碎，构成闭路生产循环。在粗碎时多为开路，在中、细碎时采用闭路循环。

以筛分作业为主的加工厂称为筛分楼，其布置常用皮带机送料上楼，经两道振动筛筛分出五种级配骨料，砂料则经沉砂箱和洗砂机清洗为成品砂料，各级骨料由皮带机送至成品料堆堆存。骨料加工厂宜尽可能靠近混凝土系统，以便共用成品堆料场。

第四节　混凝土的制备

一、混凝土配料

混凝土制备的过程包括储料、供料、配料和拌和，配料是按混凝土配合比要求，称准每次拌和的各种材料用量。配料的精度直接影响混凝土质量。

混凝土配料要求采用重量配料法，即将砂、石、水泥、掺和料按重量计量，水和外加剂溶液按重量折算成体积计量。施工规范对配料精度（按重量百分比计）的要求是：水泥、掺合料、水、外加剂溶液为 ±1%，砂石料为 ±2%。

设计配合比中的加水量根据水灰比计算确定，并以饱和面干状态的砂子为标准。由于水灰比对混凝土强度和耐久性影响极为重大，绝不能任意变更。施工采用的砂子，其含水量又往往较高，在配料时采用的加水量，应扣除砂子表面含水量及外加剂中的水量。

1. 给料设备

给料是将混凝土各组分从料仓按要求供到称料料斗。给料设备的工作机构常与称量设备相连，当需要给料时，控制电路开通，进行给料。当计量达到要求时，即断电停止给料。常用的给料设备有：皮带给料机、电磁振动给料机、叶轮给料机和螺旋给料机。

2. 混凝土配料

混凝土配料称量的设备称为配料器，按所称料物的不同，可分为骨料配料器、水泥配料器和量水器等。骨料配料器主要有：简易称量（地磅）、电动磅秤、自动配料杠杆秤、电子秤。

（1）简易称量。当混凝土拌制量不大，可采用简易称量方式。地磅称量，是将地磅安装在地槽内，用手推车装运材料推到地磅上进行称量。这种方法最简便，但称量速度较慢。台秤称量需配置称料斗、贮料斗等辅助设备。

（2）自动配料杠杆秤。自动配料杠杆秤带有配料装置和自动控制装置。自动化水平高，可作砂、石的称量，精度较高。

（3）电子秤。电子秤是通过传感器承受材料重力拉伸，输出电信号在标尺上指出荷重的大小，当指针与预先给定数据的电接触点接通时，即断电停止给料。其称量更加准确，精度可达 99.5%。

自动配料杠杆秤和电子秤都属于自动化配料器，装料、称量和卸料的全部过程都是自动控制的。自动化配料器动作迅速，称量准确，在混凝土拌合楼中应用很广泛。

（4）配水箱及定量水表。水和外加剂溶液可用配水箱和定量水表计量。配水箱是搅拌机的附属设备，可利用配水箱的浮球刻度尺控制水或外加剂溶液的投放量。定量水表常用于大型搅拌楼，使用时将指针拨至每盘搅拌用水量刻度上，按电钮即可送水，指针也随进水量回移，至零位时电磁阀即断开停水。此后，指针能自动复位至设定的位置。

称量设备一般要求精度较高，而其所处的环境粉尘较大，因此应经常检查调整，及时清除粉尘。一般要求每班检查一次称量精度。

二、混凝土的拌和

（一）混凝土拌和机械

混凝土拌和由混凝土拌合机进行，按照拌合机的工作原理，可分为自落式、强制式和涡流式三种。自落式分为锥形反转出料和锥形倾翻出料两种形式；强制式分为涡浆式、行星式、单卧轴式和双卧轴式。

1. 自落式混凝土搅拌机

自落式混凝土搅拌机是通过筒身旋转，带动搅拌叶片将物料提高，在重力作用下物料自由坠下，反复进行，互相穿插、翻拌、混合使混凝土各组分搅拌均匀。

锥形反转出料搅拌机滚筒两侧开口，一侧开口用于装料，另一侧开口用于卸料。其正转搅拌，反转出料。由于搅拌叶片呈正、反向交叉布置，拌合料一方面被提升后靠自落进行搅拌，另一方面又被迫沿轴向作左右晃动，搅拌作用强烈。

锥形反转出料搅拌机，主要由上料装置、搅拌筒、传动机构、配水系统和电气控制系统等组成。当混合料拌好以后，可通过按钮直接改变搅拌筒的旋转方向，拌合料即可经出料叶片排出。

锥形反转出料拌合机构造简单，装拆方便，使用灵活，如装上车轮便成为移动式拌合机。但容量较小（400~800L），生产率不高，多用于中小型工程，或大型工程施工初期。

双锥形倾翻出料搅拌机进出料在同一口，出料时由气动倾翻装置使搅拌筒下旋50°~60°，即可将物料卸出。双锥形倾翻出料搅拌机卸料迅速，拌筒容积利用系数高，拌合物的提升速度低，物料在拌筒内靠滚动自落而搅拌均匀，能耗低，磨损小，能搅拌大粒径骨料混凝土。双锥形拌合机容量较大，有800L、1 000L、1 600L、3 000L等，拌和效果好、间歇时间短、生产率高，主要用于大体积混凝土工程。

2.强制式混凝土搅拌机

强制式混凝土搅拌机一般筒身固定，搅拌机片旋转，对物料施加剪切、挤压、翻滚、滑动、混合使混凝土各组分搅拌均匀。

立轴强制式搅拌机是在圆盘搅拌筒中装一根回转轴，轴上装有拌和铲和刮板，随轴一同旋转。它用旋转着的叶片，将装在搅拌筒内的物料强行搅拌使之均匀。涡桨强制式搅拌机由动力传动系统、上料和卸料装置、搅拌系统、操纵机构和机架等组成。

单卧轴强制式混凝土搅拌机的搅拌轴上装有两组叶片，两组推料方向相反，使物料既有圆周方向运动，也有轴向运动，因而能形成强烈的物料对抗，使混合料能在较短的时间内搅拌均匀。它由搅拌系统、进料系统、卸料系统和供水系统等组成。此外，还有双卧轴式搅拌机。

强制式拌合机的特点是拌和时间短，混凝土拌和质量好，对水灰比和稠度的适应范围广。但当拌和大骨料、多级配、低坍落度碾压混凝土时，搅拌机叶片、衬板磨损快、耗量大、维修困难。

3.涡流式混凝土搅拌机

涡流式搅拌机具有自落式和强制式搅拌机的优点，靠旋转的涡流搅拌筒，由侧面的搅拌叶片将骨料提升，然后沿着搅拌筒内侧将骨料运送到强搅拌区，中搅拌轴上的叶片在逆向流中，对骨料进行强烈地搅拌，而不至于在筒体内衬上摩擦。这种搅拌机叶片与搅拌筒筒底及筒壁的间距较大，可防卡料，具有能耗低、磨损小、维修方便等优点。但混凝土拌和不够均匀，不适合搅拌大骨料，因此未广泛使用。

（二）混凝土拌合楼和拌合站

混凝土拌合楼的生产率高，设备配套，管理方便，运行可靠，占地少，故在大中型混凝土工程中应用较普遍;而中小型工程、分散工程或大型工程的零星部位，通常设置拌合站。

1.拌合楼

拌合楼通常按工艺流程进行分层布置，各层由电子传动系统操作，分为进料、贮料、配料、拌合及出料共五层，其中配料层是全楼的控制中心，设有主操纵台。水泥、掺合料和骨料，用皮带机和提升机分别送到贮料层的分格料仓内，料仓有5~6格装骨料，有2~3格装水泥和掺合料。每格料仓下装有配料斗和自动秤，称好的各种材料汇入集料斗内，再用回转式给料器送入待料的拌合机内。拌合用水则由自动量水器量好后，直接注入拌合机。拌好的混凝土卸入出料层的料斗，待运输车辆就位后，开启气动弧门出料。

2.拌合站

拌合站是由数台拌合机联合组成。拌合机数量不多，可在台地上呈一字形排列布置；而数量较多的拌合机，则布置于沟槽路堑两侧，采用双排相向布置。拌合站的配料可由人工也可由机械完成，供料配料设施的布置应考虑进出料方向、堆料场地、运输线路布置。

（三）拌合机的投料顺序

采用一次投料法时，先将外加剂溶入拌合水，再按砂——水泥——石子的顺序投料，并在投料的同时加入全部拌合水进行搅拌。

采用二次投料法时，先将外加剂溶入拌合水中，再将骨料与水泥分两次投料，第一次投料时加入部分拌合水后搅拌，第二次投料时再加人剩余的拌合水一并搅拌。实践表明，用二次投料拌制的混凝土均匀性好，水泥水化反应也充分，因此混凝土强度可提高10%以上。"全造壳法"就是二次投料法的一种实例，在同等强度下，采用"全造壳法"拌制混凝土，可节约水泥15%；在水灰比不变的情况下，可提高强度10%~30%。

第五节　混凝土运输

混凝土运输是整个混凝土施工中的一个重要环节。它运输量大、涉及面广，对施工质量影响大。混凝土不同于其他建筑材料（如砖石和土料等），拌和后不能久存，而且在运输过程中受外界条件的影响也特别敏感。运输方法不正确或运输过程中的疏忽大意，都会降低混凝土的质量，甚至造成废品。

为保证混凝土质量和浇筑工作的顺利进行，对混凝土运输有下列几点要求：

1.混凝土拌合物在运输过程中应保持原有的均匀性及和易性，防止发生离析现象。在运输过程中要尽量减少振动和转运次数，不能使混凝土料从2m以上的高度自由跌落。

2.要防止水泥砂浆损失。运输混凝土的工具应严密不漏浆；在运输过程中，要防止浆液外溢，装料不要过满，转弯速度不要过快。

3.要防止外界气温对混凝土的不良影响，使混凝土入仓时仍有原来的坍落度和一定的温度。夏季要遮盖，防止水分蒸发过多和日晒雨淋，冬季要采取保温措施。

4. 要尽量缩短运输时间,防止混凝土出现初凝。混凝土运输、转运、入仓、浇筑的总时间不宜超过规定的数值。运输中已初凝的拌合料,应作废料处理。

5. 在同一时间内,浇筑不同强度等级的混凝土,必须特别注意运输工作的组织,以防标号错误。

混凝土运输包括两个运输过程:从拌合机前到浇筑仓前,主要是水平运输;从浇筑仓前到仓内,主要是垂直运输。

一、混凝土的水平运输

国内水平运输机械主要有有轨运输,无轨运输和胶带运输等形式。对于大型水利工程,多采用吊罐不摘钩的运输方式。

(一)有轨运输

采用机车运输比较平稳,能保证混凝土质量,且较经济,但要求道路平坦,不适应于高差大的地面。

机车运输一般有机车拖平板车立箱和机车拖侧卸罐车两种。前者在我国水电建设工程中被广泛应用,特别是工程量大、浇筑强度高的工程,这种运输方式运输能力大,运输过程中振动小,管理方便。

机车运输一般拖挂 3~5 节平台列车,上放混凝土立式吊罐 2~4 个,直接到拌合楼装料。列车上预留 1 个罐的空位,以备转运时放置起重机吊回的空罐。这种运输方法有利于提高机车和起重机的效率,缩短混凝土运输时间。

立罐容积有 $1m^3$、$3m^3$、$6m^3$、$9m^3$ 四种,容量大小应与拌和机及起重机的能力相匹配。

混凝土运输车的整个周转过程包括:装料、运往浇筑地点,卸料、把空罐安放在平板车上、混凝土运输车从混凝土浇筑地点驶回混凝土工厂。其生产效率取决于车载混凝土罐的罐数和一个循环的周转时间。

(二)无轨运输

无轨运输主要有混凝土搅拌车、后卸式自卸汽车、汽车运立罐及无轨侧卸料罐车等。

汽车运输机动灵活,载重量较大,卸料迅速,应用广泛。与铁路运输相比,它具有投资少、道路容易修建、适应工地场地狭窄、高差变化大的特点。但汽车运费高,振动大,容易使混凝土料漏浆和离析,质量不如铁路平台列车,事故率较高。进行施工规划时,应尽量考虑运输混凝土的道路与基坑开挖出渣道路相结合,在基坑开挖结束后,利用出渣道路运输混凝土,以缩短混凝土浇筑的准备工期。

(三)架空单轨运输

架空单轨运输于 20 世纪 70 年代后期首次在巴西伊太普工程成功应用,采用钢桁架和钢柱架设环行的架空运输单轨道。电动小车牵引行驶的混凝土料斗,小车经过拌合楼装料后，驶至卸料点，将混凝土卸入中间转运车，空料斗沿环行单轨驶回拌合楼，如此反复进行。中间转运站将混凝土卸入起重机的吊距内。该运输方式自动化程度高。工作时无噪声，工作安全可靠，轨道系统构造简单，维修方便，效率高。但操作现代化，要求管理水平高，线路布置不适合爬坡，布置上要求尽量少转弯。

（四）皮带机运输

皮带机运输混凝土可将混凝土直接运送入仓，也可作为转料设备。直接入仓浇筑混凝土主要有固定式和移动式两种。固定式即用钢排架支撑多条胶带通过仓面，每条胶带控制浇筑宽度 5~6m，每隔几米设置刮板，混凝土经过溜筒垂直下卸。移动式为仓面上的移动梭式胶带布料机与供应混凝土的固定胶带正交布置，混凝土经过梭式胶带布料机分料入仓。

皮带机设备简单，操作方便，成本低，生产率高，但运输流态混凝土时容易分层离析，砂浆损失较为严重，骨料分离严重；薄层运输与大气接触面大，容易改变料的温度和含水量，影响混凝土质量。

二、混凝土的垂直运输

1. 门式起重机

门式起重机（门机）是一种大型移动式起重设备。它的下部为一钢结构门架，门架底部，装有车轮，可沿轨道移动。门架下有足够的净空，能并列通行两列运输混凝土的平台列车。门架上面的机身包括起重臂、回转工作台、滑轮组（或臂架连杆）、支架及平衡重等。整个机身可通过转盘的齿轮作用，水平回转 360°。该机运行灵活、移动方便，起重臂能在负荷下水平转动，但不能在负荷下变幅。变幅是在非工作时，利用钢索滑轮组使起重臂改变倾角来完成。

2. 塔式起重机

塔式起重机（简称塔机）是在门架上装置高达数十米的钢架塔身，用以增加起吊高度。其起重臂多是水平的，起重小车钩可沿起重臂水平移动，用以改变起重幅度。

3. 缆式起重机

缆式起重机（简称缆机）由一套凌空架设的缆索系统、起重小车、主塔架、副塔架等组成。主塔内设有机房和操纵室，并用对讲机和工业电视与现场联系，以保证缆机的运行。缆索系统为缆机的主要组成部分，它包括承重索、起重索、牵引索和各种辅助索。承重索两端系在主塔和副塔的顶部，承受很大的拉力，通常用高强钢丝束制成，是缆索系统中的主索，起重索用于垂直方向升降起重钩，牵引索用于牵引起重小车沿承重索移动。缆机的类型，一般按主、副塔的移动情况划分，有固定式、平移式和辐射式三种。

主、副塔都固定的称固定式缆机。主、副塔都可移动的称平移式。副塔固定，主塔沿弧形轨道移动者，称辐射式。

缆机适用于狭窄河床的混凝土坝浇筑，它不仅具有控制范围大、起重量大、生产率高的特点，而且能提前安装和使用，使用期长，不受河流水文条件和坝体升高的影响，对加快主体工程施工具有明显的作用。

4.履带式起重机

履带式起重机多由开挖石方的挖掘机改装而成，直接在地面上行走，无须轨道。它的提升高度不大，控制范围比门机小。但起重量大、转移灵活、适应工地狭窄的地形，在开工初期能及早投入使用，生产率高。该机适用于浇筑高程较低的部位。

三、混凝土连续运输

（一）泵送混凝土

在工作面狭窄的地方施工，如隧洞衬砌、导流底孔封堵等，常采用混凝土泵及其导管输送混凝土。

常用混凝土泵的类型有电动活塞式和风动输送式两种。

1.活塞式混凝土泵

其工作原理是柱塞在活塞缸内做往返运动，将承料斗中的混凝土吸入并压出，经管道送至浇筑仓内。

活塞式混凝土泵的输送能力有 $15m^3/h$、$20m^3/h$、$40m^3/h$ 等三种。其最大水平运距可达 300m，或垂直升高 40m，导管管径 150~200mm，输送混凝土骨料最大粒径为 50~70mm。

目前，在使用活塞式混凝土泵的过程中，要注意防止导管堵塞和泵送混凝土料的特殊要求。一般在泵开始工作时，应先压送适量的水泥砂浆以润滑管壁，当工作中断时，应每隔 5min 将泵转动 2~3 圈，如停工 0.5~1h 以上，应及时清除泵和导管内的混凝土，并用水清洗。

泵送混凝土最大骨料粒径不大于导管内径的 1/3，不允许有超径骨料，坍落度以 8~14cm 为宜，含砂率应控制在 40% 左右，每 $1m^3$ 混凝土的水泥用量不少于 250~300kg。

2.风动输送混凝土泵

以泵为主要设备的整套风动输送装置，泵的压送器是由钢板焊成的梨形罐，可承受 1500kPa 的气压。工作时，利用压缩空气（气压为 640~800kPa）将密闭在罐内的混凝土料压入输送管内，并沿管道吹送到终端的减压器，降低速度和压力、改变运动方向后喷出管口。

风动输送是一种间歇性作业，每次装入罐内的混凝土量约为罐容积的 80%。其水平运距可达 350m，或垂直运距 60m，生产率可达 $50m^3/h$。整套风动装置可安装在固定的机架上或移动的车架上。风动输送泵对混凝土配合比的要求，基本上与活塞式混凝土泵相同。

（二）塔带机

皮带机浇筑混凝土往往在运输和卸料时容易产生分离及严重的砂浆损失现象，而难以满足混凝土质量要求，使其应用受到很大限制，过去一般多用来运输碾压混凝土。近年美国罗泰克公司对皮带机进行了较大改革，特别是墨西哥惠特斯大坝第一次成功地应用 3 台罗泰克塔带机为主浇筑混凝土，使皮带机浇筑混凝土进入了一个新阶段。

塔带机是集水平运输与垂直运输于一体，将塔机与皮带输送机有机结合的专用皮带机，要求混凝土拌和、水平供料、垂直运输及仓面作业一条龙配套，以提高效率。塔带机布置在坝内，要求大坝坝基开挖完成后快速进行塔带机系统的安装、调试和运行，使其尽早投入正常生产。

塔带机分为固定式和移动式，移动式又有轮胎式和履带式两种，以轮胎式应用较广。

塔带机是一种新型混凝土浇筑设备，它具有连续浇筑、生产率高、运行灵活等明显优势。但由于生产能力大、运行速度快、高速入仓，对仓面铺料、平仓的振捣也带来不利影响。在大坝浇筑四级配混凝土时，塔带机运送的混凝土高速入仓，下料点平仓机和振捣机往往无法跟上。另外。布料皮带移动缓慢，入仓混凝土易形成较高料堆，大骨料分离滚至坡脚集中，待停止下料后才能将表面集中的大骨料清走，而内部集中的大骨料往往难以清除，从而造成局部架空隐患。因此，采用塔带机浇筑四级配混凝土对运输和浇筑工艺需作进一步改进，以待完善。

四、运输混凝土的辅助设备

运输混凝土的辅助设备有吊罐、骨料斗、溜槽、溜管等。用于混凝土装料、卸料和转运入仓，对于保证混凝土质量和运输工作顺利进行起着相当大的作用。

1. 溜槽与振动溜槽

溜槽为钢制格子（钢模），可从皮带机、自卸汽车、斗车等受料，将混凝土转送入仓。

其坡度可由试验确定，常采用 45° 左右。当卸料高度过大时，可采用振动溜槽。振动溜槽装有振动器，单节长 4~6m，拼装总长可达 30m，其输送坡度由于振动器的作用可放缓至 15° ~ 20° 。采用溜槽时，应在溜槽末端加设 1~2 节溜管或挡板，以防止混凝土料在下滑过程中分离。利用溜槽转运入仓，是大型机械设备难以控制的有效入仓手段。

2. 溜管与振动溜管

溜管（溜筒）由多节铁皮管串挂而成。每节长 0.8~1.0m，上大下小，相邻管节铰挂在一起，可以拖动。采用溜管卸料可起到缓冲消能作用，以防止混凝土料分离和破碎。

溜管卸料时，其出口离浇筑面的高差应不大于 1.5m。并利用拉索拖动均匀卸料，但应使溜管出口段约 2m 长与浇筑面保持垂直，以避免混凝土料分离。随着混凝土浇筑面的上升，可逐节拆卸溜管下端的管节。

溜管卸料多用于断面小、钢筋密的浇筑部位。其卸料半径为 1~1.5m，卸料高度不大于 10m。

振动溜管与普通溜管相似，但每隔 4~8m 的距离装有一个振动器。以防止混凝土料中途堵塞。其卸料高度可达 10~20m。

3.料罐（吊罐）

吊罐有卧罐和立罐之分。卧罐通过自卸汽车受料，立罐置于平台列车直接在搅拌楼出料口受料。

五、混凝土运输浇筑方案

大坝及其他建筑物的混凝土运输浇筑方案常见的有如下几种：

（一）门、塔机运输浇筑方案

采用门、塔机浇筑混凝土可分为有栈桥和无栈桥方案。所谓栈桥就是行驶起重运输机械，直接为施工服务的临时桥梁。

1.门、塔机栈桥运输浇筑方案

设栈桥的目的在于扩大起重机的工作范围，增加浇筑高度，为起重、运输机械提供行驶线路，避免干扰，以利于安全高效施工。根据建筑物的外形，断面尺寸，栈桥可以平行坝轴线布置一条、两条或三条，可设于同一高程，也可分设于不同高程，栈桥桥墩可设于坝内，也可设在坝外；可以是贯通两岸的全线栈桥，也可以是只通一岸的栈桥。

栈桥布置有如下几种方式：

（1）单线栈桥。对宽度不太大的建筑物，将栈桥布置在建筑物轮廓中部，控制大部分浇筑部位，边角部位由辅助浇筑机械完成。单线栈桥可一次到顶，也可分层加高。后者有利于简化桥墩结构，使栈桥及早投入运行，避免料罐下放过深，有利于提高起重机的生产率。但分层加高时，要移动运输路线，对施工进度有一定影响。

（2）双线栈桥。通常是一主一辅，主栈桥承担主要的浇筑任务，辅助栈桥主要承担水平运输任务，故辅助栈桥应与拌和楼的出料高程协调一致。辅助栈桥也可布置少量起重机，配合主栈桥全面控制较宽的浇筑部位。

（3）多线多高程栈桥。对于高坝，轮廓尺寸特大的建筑物，采用门、塔机浇筑方案时，常需设多高程栈桥才能完成任务。显然，这样布置栈桥工作量很大，必然会对运输浇筑造成一定影响。利用高架门机和巨型塔机可减少栈桥的层次和条数。

2.门、塔机无栈桥方案

这种方案不仅可以节约修建栈桥的费用，而且可使门、塔机及早投产，及早浇筑混凝土。对于中低水头工程，其布置情况有以下几种：（1）放在围堰顶上；（2）放在基坑内的地面上；（3）放在已浇好的部分建筑物上；（4）放在浇好的浇筑块上。这种布置的特点是省去了栈桥，机械随浇筑块的上升而上升，故增多了设备搬迁次数。门机拆迁一次至少要花3d时间，塔机则更长。下层起重机所压浇筑块，可由上层起重机浇筑。

（二）缆机运输浇筑方案

缆机的塔架常安设于河谷两岸，通常布置在所浇筑建筑物之外，故可提前安装，一次架设，在整个施工期间长期发挥作用。有时为了缩小跨度，可将坝肩岸边块提前浇好。然后敷设缆机轨道。在施工中因无须架设栈桥,故与主体工程各个部位的施工均不发生干扰。

缆机运输浇筑布置有如下几种情况:

1. 缆机同其他起重机组合的浇筑系统。当河谷较宽、河岸较平缓,可让缆机控制建筑物的主要部位,用辅助机械浇筑坝顶和边角地带。

2. 立体交叉缆机浇筑系统。在深山峡谷筑高坝,且要求兼顾枢纽的其他工程,则可分高程设置缆机轨道,组成立体交叉浇筑系统,根据枢纽布置设置不同类型的缆机。

3. 辐射式缆机浇筑系统。据国外 50 个缆机浇筑的工程统计,采用辐射式缆机浇筑约占 60%。国内也有不少工程采用辐射式缆机,特别是修筑拱坝。

混凝土运输浇筑方案的选择通常应考虑如下原则:

(1)运输效率高,成本低,转运次数少,不易分离,质量容易保证。

(2)起重设备能够控制整个建筑物的浇筑部位。

(3)主要设备型号单一,性能良好,配套设备能使主要设备的生产能力充分发挥。

(4)在保证工程质量前提下能满足高峰浇筑强度的要求。

(5)在工作范围内能连续工作,设备利用率高,不压浇筑块,或不因压块而延误浇筑工期。

在整个施工过程中,运输浇筑方案常不是一成不变的,而是随工程进度的变化而变化。因此,应根据不同的部位,不同的施工时段采用不同的运输浇筑方案。

第六节　混凝土的浇筑与养护

一、混凝土的浇筑

混凝土浇筑的施工过程包括浇筑前的准备作业、入仓铺料、平仓振捣三个工序。

(一)浇筑前的准备工作

混凝土浇筑前准备工作的主要项目有基础面处理、施工缝处理、模板、钢筋的架设、预埋件及观测设备的埋设、浇筑前的检查验收等。

1. 基础面处理

土基应先将开挖基础时预留下来的保护层挖除,并清除杂物,然后用碎石垫底,盖上湿砂,再进行压实,浇 8~12cm 厚素混凝土垫层。砂砾地基应清除杂物,整平基础面,并浇筑 10~20cm 厚素混凝土垫层。

对于岩基,一般要求清除到质地坚硬的新鲜岩面,然后进行整修。整修是用铁撬等工具去掉表面松软岩石、棱角和反坡,并用高压水冲洗,压缩空气吹扫。若岩面上有油污、灰浆及其黏结的杂物,还应采用钢丝刷反复刷洗,直至岩面清洁。最后,再用风吹至岩面无积水。清洗后的岩基在混凝土浇筑前应保持洁净和湿润。经检验合格，才能开仓浇筑。

2. 施工缝处理

施工缝是指浇筑块之间新老混凝土之间的结合面。为了保证建筑物的整体性，在新混凝土浇筑前，必须将老混凝土表面的水泥膜（又称乳皮）清除干净，并使其表面新鲜整洁、有石子半露的麻面，以利于新老混凝土的紧密结合。但对于要进行接缝灌浆处理的纵缝面，可不凿毛，只需冲洗干净即可。

施工缝的处理方法有以下几种：

（1）风砂水枪喷毛。将经过筛选的粗砂和水装入密封的砂箱，并通入压缩空气。高压空气混合水砂，经喷枪喷出，把混凝土表面喷毛。一般在混凝土浇筑后24~48h开始喷毛，视气温和混凝土强度增长情况而定。如能在混凝土表层喷洒缓凝剂，则可减少喷毛的难度。

（2）高压水冲毛。在混凝土凝结后但尚未完全硬化以前，用高压水（压力0.1~0.25MPa）冲刷混凝土表面，形成毛面，对龄期稍长的可用压力更高的水（压力0.4~0.6MPa）。有时配以钢丝刷刷毛。高压水冲毛关键是掌握冲毛时机，过早会使混凝土表面松散和冲去表面混凝土；过迟则混凝土变硬，不仅增加工作难度，而且不能保证质量。一般春秋季节，在浇筑完毕后10~16h开始，夏季掌握在6~10h；冬季则在18~24h后进行。如在新浇混凝土表面洒刷缓凝剂，则延长冲毛时间。

（3）刷毛机刷毛。在大而平坦的仓面上，可用刷毛机刷毛，它装有旋转的粗钢丝刷和吸收浮渣的装置，利用粗钢丝刷的旋转刷毛并利用吸渣装置吸收浮渣。

喷毛、冲毛和刷毛适用于尚未完全凝固混凝土水平缝面的处理。全部处理完后，需用高压水清洗干净，要求缝面无尘无渣，然后再铺盖麻袋或草袋进行养护。

（4）风镐凿毛或人工凿毛。已经凝固混凝土利用风镐凿毛或石工工具凿毛，凿深1~2cm，然后用压力水冲净。凿毛多用于垂直缝。

仓面清扫应在浇筑前进行，以清除施工缝上的垃圾、浮渣和灰尘，并用压力水冲洗干净。

3. 仓面准备

浇筑仓面的准备工作：包括机具设备、劳动组合、照明、风水电供应、所需混凝土原材料的准备等，应事先安排就绪，仓面施工的脚手架、工作平台、安全网、安全标识等应检查是否牢固，电源开关、动力线路是否符合安全规定。

4. 模板、钢筋及预埋件检查

开仓浇筑前，必须按照设计图纸和施工规范的要求，对仓面安设的模板、钢筋及预埋件进行全面检查验收，签发合格证。

（1）模板检查。主要检查模板的架立位置与尺寸是否准确，模板及其支架是否牢固稳定，固定模板用的拉条是否弯曲等。模板板面要求洁净、密缝并涂刷脱模剂。

（2）钢筋检查。主要检查钢筋的数量，规格、间距、保护层、接头位置与搭接长度是否符合设计要求。要求焊接或绑扎接头必须牢固，安装后的钢筋网应有足够的刚度和稳定性，钢筋表面应清洁。

（3）预埋件检查。对预埋管道、止水片、止浆片、预埋铁件、冷却水管和预埋观测仪器等，主要检查其数量、安装位置和牢固程度。

（二）混凝土入仓

1. 自卸汽车转溜槽、溜筒入仓

自卸汽车转溜槽、溜筒入仓适用于狭窄、深坑混凝土回填。斜溜槽的坡度一般在1:1左右。混凝土的坍落度一般为6cm左右。溜筒长度一般不超过15m，混凝土自由下落高度不大于2m。每道溜槽控制的浇筑宽度4~6m。这种入仓方式准备工作量大，需要和易性好的混凝土，以便仓内操作，所以这种混凝土入仓方式多在特殊情况下使用。

2. 吊罐入仓

使用起重机械吊运混凝土罐入仓是目前普遍采用的入仓方式，其优点是入仓速度快、使用方便灵活、准备工作量少、混凝土质量易保证。

3. 汽车直接入仓

自卸汽车开进仓内卸料，它具有设备简单、工效高、施工费用较低等优点。在混凝土起吊运输设备不足，或施工初期尚未具备安装起重机条件的情况下，可使用这种方法。这种方法适用于浇筑铺盖、护坦、海漫和闸底板以及大坝、厂房的基础等部位的混凝土。常用的方式有端进法和端退法。

（1）端进法。基础凹凸起伏较大或有钢筋的部位，汽车无法在浇筑仓面上通过时采用此法。

开始浇筑时汽车不进入仓内，当浇筑至预定的厚度时，在新浇的混凝土面上铺厚6~8mm的钢垫板，汽车在其上驶入仓内卸料浇筑。浇筑层厚度不超过1.5m。

（2）端退法。汽车倒退驶入仓内卸料浇筑。立模时预留汽车进出通道，待收仓时再封闭。浇筑层厚度1m以下为宜。汽车轮胎应在进仓前冲洗干净，仓内水平施工缝面应保持洁净。

汽车直接入仓浇筑混凝土的特点：

（1）工序简单，准备工作量少，不用搭设栈桥，使用劳力较少，工效较高。

（2）适用于面积大、结构简单、较低部位的无筋或少筋仓面浇筑。

（3）由于汽车装载混凝土经较长距离运输且卸料速度较快，砂浆与骨料容易分离，因此，汽车卸料落差不宜超过2m。平仓振捣能力和入仓速度要适应。

（三）混凝土铺料

混凝土入仓铺料多采用平层浇筑法，逐层连续铺填。由于设备能力所限，可采用斜层浇筑和阶梯浇筑。

1. 平层浇筑法

采用平层浇筑法时，对于闸、坝工程的迎水面仓位，铺料方向要与坝轴线平行。基岩凹凸不平或混凝土工作缝在斜坡上的仓位，应由低到高铺料，先行填坑，再按顺序铺料。

采用履带吊车浇筑的一般仓位，按履带吊车行走方便的方向铺料。

有廊道、钢管或埋件的仓位，卸料时，廊道、钢管两侧要均衡上升，其两侧高差不得超过铺料的层厚（一般为 30~50cm）。

混凝土的铺料厚度应由混凝土入仓速度、铺料允许间隔时间和仓位面积大小决定。仓内劳动组合，振捣器的工作能力，混凝土和易性等都要满足混凝土浇筑的需要。闸、坝混凝土施工中，铺料厚度多采用 30~50cm，但胶轮车入仓、人工平仓时，其厚度不宜超过 30cm。

采用平层浇筑法时，因浇筑层之间的接触面积大（等于整个仓面面积），应注意防止出现冷缝（即铺填上层混凝土时，下层混凝土已经初凝）。为了避免产生冷缝，仓面面积 A 和浇筑层厚度 h 必须满足。

$$A_h \leq KQ\left(t_2 - t_1\right)$$

式中，A——浇筑仓面最大水平面积，m^2；

h——浇筑厚度，取决于振捣器的工作深度，一般为 0.3~0.5m；

K——时间延误系数，可取 0.8~0.85；

Q——混凝土浇筑的实际生产能力，m^3/h；

t_1——混凝土初凝时间，h；

t_2——混凝土运输、浇筑所占时间，h，

平层浇筑法的特点如下：

（1）铺料的接头明显，混凝土便于振捣，不易漏振。

（2）入仓强度要求较高，尤其在夏季施工时，为不超过允许间隔时间，必须加快混凝土入仓的速度。

（3）平层浇筑法能较好地保持老混凝土面的清洁，保证新老混凝土之间的结合质量。

平层浇筑法适用范围：

（1）混凝土入仓能力要与浇筑仓面的大小相适应。

（2）平层浇筑法不宜采用汽车直接入仓浇筑方式。

（3）可以使用平仓、振捣于一体的混凝土平仓振捣机械。

2. 阶梯浇筑法

阶梯浇筑法的铺料顺序是从仓位的一端开始，向另一端推进，并以台阶形式，边向前推进，边向上铺筑，直至浇筑到规定的厚度，把全仓浇完。阶梯浇筑法的最大优点是缩短了混凝土上、下层的间歇时间；在铺料层数一定的情况下，浇筑块的长度可不受限制。既适用大面积仓位的浇筑，也适用于通仓浇筑。阶梯浇筑法的层数以 3~5 层为宜，阶梯长度不小于 3m。

3. 斜层浇筑法

当浇筑仓面大，混凝土初凝时间短，混凝土拌和、运输、浇筑能力不足时，可采用斜层浇筑法。斜层浇筑法因为平仓和振捣砂浆容易流动和分离。所以，应使用低流态混凝土，浇筑块高度一般控制在 1~1.5m 以内，同时应控制斜层的层面斜度不大于 10°。

无论采用哪一种浇筑方法，都应保持混凝土浇筑的连续性。如果相邻两层浇筑的间歇时间超过混凝土的初凝时间，将出现冷缝，造成质量事故。此时应停止浇筑，并按施工缝处理。

（四）平仓

平仓就是把卸入仓内成堆的混凝土平铺到要求的均匀厚度。

1. 人工平仓

人工平仓的适用范围：

（1）在靠近模板和钢筋较密的地方，用人工平仓、使石子分布均匀。

（2）水平止水、止浆片底部要用人工送料填满，严禁料罐直接下料，以免止水、止浆片卷曲和底部混凝土架空。

（3）门槽、机组埋件等二期混凝土。

（4）各种预埋仪器周围用人工平仓，防止仪器位移和损坏。

2. 振捣器平仓

振捣器平仓的工作量，主要根据铺料厚度、混凝土坍落度和级配等因素而定。一般情况下，振捣器平仓与振捣的时间比大约为 1：3，但平仓不能代替振捣。

3. 机械平仓

大体积混凝土施工采用机械平仓较好，以节省人力和提高混凝土施工质量。闽江水电工程局研制的 PZ-50-1 型平仓振捣机、杭州机械设计研究所、上海水工机械厂试制的 PCY-50 型液压式平仓振捣机，可以在低流态和坍落度 7~9cm 以下的混凝土上操作，使用效果较好。

为了便于使用平仓振捣机械，浇筑仓内不宜有模板拉条，应采用悬臂式模板。

（五）振捣

振捣的目的是使混凝土密实，并使混凝土与模板、钢筋及预埋件紧密结合，从而保证混凝土的最大密实性。振捣是混凝土施工中最关键的工序，应在混凝土平仓后立即进行。

混凝土振捣主要通过振捣器进行。其原理是利用振捣器产生的高频率、小振幅的振动作用，减小混凝土拌合物的内摩擦力和黏结力，从而使塑态混凝土液化、骨料相互滑动而紧密排列、砂浆空院中空气被排出，以保证混凝土密实，并使液化后的混凝土填满模板内部的空间，且与钢筋紧密结合。

1. 振捣器的类型和应用

混凝土振捣器的类型，按振捣方式的不同，分为插入式，外部式、表面式和振动台等。

其中外部式只适用于柱、墙等结构尺寸小且钢筋密的构件，表面式只适用于薄层混凝土的捣实（如渠道衬砌、道路、薄板等）；振动台多用于实验室。

插入式振捣器在水利水电工程混凝土施工中使用最多。它的主要形式有电动硬轴式、电动软轴式和风动式三种。硬轴振捣器构造简单，使用方便，振动影响半径大（35~60cm），振捣效果好，在水利工程的混凝土浇筑中应用最普遍。电动软轴式则用于钢筋密、断面比较小的部位，风动式的适用范围与电动硬轴式的基本相同，但耗风量大，振动频率不稳定，已逐渐被淘汰。

2. 振捣器的操作

用振捣器振捣混凝土，应在仓面上按一定顺序和间距逐点插入进行振捣。每个插入点的振捣时间一般需要 20~30s。实际操作时的振实标准可按以下现象来判断：混凝土表面不再显著下沉，不出现气泡，并在表面出现一层薄而均匀的水泥浆。如振捣时间不够，则达不到振实要求；过振则骨料下沉、砂浆上翻，产生离析。

振捣器的有效振动范围通过振动作用半径 R 表示。R 值的大小与混凝土坍落度和振捣器性能有关，可经试验确定，一般为 30~50cm。

为避免漏振，插入点之间的距离不能过大。要求相邻插入点间距不能大于其影响半径的 1.5~1.75 倍。在布置振捣器插入点位置时，还应注意不要碰到钢筋和模板；但离模板的距离也不要大于 20~30cm，以免因漏振而使混凝土表面出现蜂窝麻面。

在个每个插入点进行振捣时，振捣器要垂直插入，快插慢拔，并插入下层混凝土 5~10cm，以保证上、下层混凝土的结合。

3. 混凝土平仓振捣机

混凝土平仓振捣机是一种能同时进行混凝土平仓和振捣两项作业的新型混凝土施工机械。

采用平仓振捣机，能代替繁重的人力劳动，提高振实效果和生产率，适用于大体积混凝土机械化施工。但要求仓面大、无模板拉条、履带压力小，还需要起重机吊运入仓。根据行走底盘的形式，平仓振捣机主要有展带推土机式和液压臂式两种基本类型。

二、混凝土的养护

混凝土浇筑完毕后，在一个相当长的时间内，应保持其适当的温度和足够的湿度，以达到混凝土良好的硬化条件。这样既可以防止其表面因干燥过快而产生干缩裂缝，又可促使其强度不断增长。

在常温下的养护方法：混凝土水平面可用水、湿麻袋、湿草袋、湿砂、锯末等覆盖；垂直面对进行人工洒水，或用带孔的水管定时洒水，以维持混凝土表面潮湿。近年来出现的喷膜养护法，是在混凝土初凝后，在混凝土表面喷 1~2 次养护剂，以形成一层薄膜，可阻止混凝土内部水分的燕发，达到养护的目的。

混凝土养护一般从浇筑完毕后 12~18h 开始。养护时间的长短取决于当地气温、水泥品种和结构物的重要性。如用普通水泥、硅酸盐水泥拌制的混凝土，养护时间不少于 14d；用大坝水泥、火山灰质水泥、矿渣水泥拌制的混凝土，养护时间不少于 21d；重要部位和利用后期强度的混凝土，养护时间不少于 28d。在冬季和夏季施工的混凝土，养护时间按设计要求进行。冬季应采取保温措施，减少洒水次数，气温低于 5℃时，应停止洒水养护。

第七节　大体积混凝土的温度控制及混凝土的冬夏季施工

一、大体积混凝土的温度控制

对大体积的混凝土，由于水泥水化，释放大量水化热，使混凝土内部温度逐步上升。而混凝土导热性能随热传导距离呈线性衰减，大部分水化热将积蓄在浇筑块内，使块内温度升至 30~50℃，甚至更高。由于内外温差的存在，随着时间的推移，坝内温度逐渐下降而趋于稳定，与多年平均气温接近。大体积混凝土的温度变化过程，可分为三个阶段，即温升期、冷却期（或降温期）和稳定期。

（一）混凝土温度裂缝产生的原因

混凝土的温度变化必然会引起体积的膨胀和收缩，若膨胀和收缩变形受到约束，势必产生温度应力。由于混凝土的抗压强度远高于抗拉强度，在温度压应力作用下不至破坏混凝土，当受到温度拉应力作用时，常因抗拉强度不足而产生裂缝。随着约束情况的不同，大体积混凝土温度裂缝有如下两种：

1. 表面裂缝

混凝土浇筑后，其内部由于水化热温升，体积膨胀，如遇寒潮，气温骤降，表层降温收缩。内胀外缩，在混凝土内部产生压应力，表层产生拉应力。

混凝土的抗拉强度远小于抗压强度。当表层温度拉应力超过混凝土的允许抗拉强度时，将产生裂缝，形成表面裂缝。这种裂缝多发生在浇筑块侧壁，方向不定，数量较多。由于初浇的混凝土塑性大，弹模小，限制了拉应力的增长，故这种裂缝短而浅，随着混凝土内部温度下降，外部气温回升，有重新闭合的可能。

2. 贯穿裂缝和深层裂缝

变形和约束是产生应力的两个必要条件。由温度变化引起温度变形是普遍存在的，有无温度应力关键在于有无约束。人们不仅把基岩视为刚性基础，也把已凝固，弹模较大的下部老混凝土视为刚性基础。这种基础对新浇不久的混凝土产生温度变形所施加的约束作用，称为基础约束。这种约束在混凝土升温膨胀期引起压应力，在降温收缩时引起拉应力。

当此拉应力超过混凝土的允许抗拉强度时，就会产生裂缝，称为基础约束裂缝。

新浇筑的浇筑块其内温高于基础或老混凝土的温度，且呈均匀分布，由于温升过程的时间不长，升温过程浇筑块尚处于塑性状态，变形自由，故无温度应力发生。事实上只有降温结硬的混凝土在接近基础面部分才受到刚性基础的双向约束，难以变形。冷却收缩时浇筑块对基础挤压，基础对混凝土则产生大小相等、方向相反的拉应力，当此拉应力大于混凝土的抗拉强度，则将产生裂缝。由于这种裂缝自基础面向上开展，严重时可能贯穿整个坝段，故又称为贯穿裂缝。此种裂缝切制的深度可达 3~5m 以上，故又称为深层裂缝。裂缝的宽度可达 1~3mm，且多垂直基面向上延伸，可能平行纵缝贯穿，也可能沿流向贯穿，对坝体造成很大危害。

大体积混凝土紧靠基础产生的贯穿裂缝，无论对坝的整体受力还是防渗效果的影响均比浅层表面裂缝的危害大得多。表面裂缝虽然可能成为深层裂缝的诱发因素，对坝的抗风化能力和耐久性有一定影响，但毕竟其深度浅，长度短，一般不是形成危害坝体安全的决定因素。

3.大体积混凝土温度控制的任务

大体积混凝土温度控制的首要任务是通过控制混凝土的拌和温度来控制混凝土的入仓温度；通过一期冷却降低混凝土内部的水化热温升，从而降低混凝土内部的最高温升，使温差降低到允许范围。

其次，大体积混凝土温控的另一任务是通过二期冷却，使坝体温度从最高温度降到接近稳定温度，以便在达到灌浆温度后及时进行纵缝灌浆。已知，为了施工方便和温控散热要求坝体所设的纵缝，在坝体完建时应通过接缝灌浆使之结合成为整体，方能使蓄水安全运行。若坝体内部的温度未达到稳定温度就进行灌浆，灌浆后坝体温度进一步下降，又会将胶结的缝重新拉开。

温度控制实质上就是将大体积混凝土内部和基础之间的温差控制在基础约束应力小于混凝土允许抗拉强度以内。考虑到下层降温冷却结硬的老混凝土对上层新浇混凝土的约束作用，通常需要对上下层混凝土的温差进行控制，要求上下层温差值不大于 15~20℃。这样才能防止上层新浇筑的混凝土在硬化的过程中产生贯穿性裂缝。

（二）大体积混凝土的温度控制措施

大体积混凝土的温度控制，常从减少混凝土的发热量、降低混凝土的入仓温度和加速混凝土散热三方面着手。

1.减少混凝土的发热量

（1）减少每立方米混凝土的水泥用量。

其主要措施有：

①根据坝体的应力场对坝体进行分区，对于不同分区采用不同标号的混凝土。

②采用低流态或无坍落度干硬性贫混凝土。

③改善骨料级配，增大骨料粒径，对少筋混凝土可埋放大块石，以减少每立方米混凝土的水泥用量。

④大量掺入粉煤灰，掺合料的用量可达水泥用量的 25%~40%。

⑤采用高效外加减水剂不仅能节约水泥用量约 20%，使 28d 龄期混凝土的发热量减少 25%~30%，而且能提高混凝土早期强度和极限拉伸值。常用的减水剂有酪木素、糖蜜、MF 复合剂等。

（2）采用低发热量的水泥

过去采用的低热硅酸盐水泥，因早期强度低，成本高，已逐步被取代。当前多用中热水泥。近年来已开始生产低热微膨胀水泥，它不仅水化热低，且有微膨胀作用，对降温收缩还可以起到补偿作用，减小收缩引起的拉应力，有利于防止裂缝的发生。

2. 降低混凝土的入仓温度

（1）合理安排浇筑时间。

在施工组织上安排春、秋季多浇，夏季早晚浇，正午不浇，这是能够经济有效降低入仓温度的措施之一。

（2）采用加冰或加冰水拌和。

混凝土拌和时，将部分拌和水改为冰屑，利用冰的低温和冰融解时吸收潜热的作用，这样，最大限度可将混凝土温度降低约 20℃。规范规定加冰量不大于拌和用水量的 80%。加冰拌和，冰与拌和材料直接作用，冰量利用率高，降温效果显著。但加冰越多，拌和时间有所增长，相应会影响生产能力。若采用冰水拌和或地下低温水拌和，则可避免这一弊端。

（3）对骨料进行预冷。

当加冰拌和不能满足要求时，通常采取骨料预冷的办法。

①水冷。使粗骨料浸入循环冷却水中 30~45min，或在通入拌合楼料仓的皮带机廊道、地弄或隧洞中装设喷洒冷却水的水管。喷洒冷却水皮带段的长度，由降温要求和皮带机运行速度而定。

②风冷。可在拌合楼料仓下部通入冷气，冷风经粗骨料的空隙，由风管返回制冷厂再冷。细骨料难以采用冰冷，若用风冷，由于砂的空隙小，效果不显著，故只有采用专门的风冷装置吹冷。

③真空气化冷却。利用真空气化吸热原理，将放入密闭容器的骨料，利用真空装置抽气并保持真空状态约 30min，使骨料气化降温冷却。

以上预冷措施，所需设备多，费用高。不具备预冷设备的工地，宜采用一些简易的预冷措施，例如在浇筑仓面上搭凉棚，料堆顶上搭凉棚，限制堆料高度，由底层经地垅取低温料，采用地下水拌和，北方地区尚可利用冰窖储冰，以备夏季混凝土拌和使用等。

3. 加速混凝土散热

（1）采用自然散热冷却降温。

采用低块薄层浇筑可增加散热面，并适当延长散热时间，即适当增长间歇时间。在高温季节已采用预冷措施时，则应采用厚块浇筑，缩短间歇时间，防止因气温过高导致热量倒流，无法保持预冷效果。

（2）在混凝土内预埋水管通水冷却。

在混凝土内预埋蛇形冷却水管，通循环冷水进行降温冷却。水管通常采用直径20~25mm 的薄钢管或薄铝管，每盘管长约 200mm，为了节约金属材料，可用塑料软管充气埋入混凝土内，待混凝土初凝后再放气拔出，清洗后以备重复利用。冷却水管布置，平面上呈蛇形，断面上呈梅花形，也可布置成棋盘形。

一期通水冷却目的在于削减温升高峰，减小最大温差，避免贯穿裂缝发生。一期通水冷却通常在混凝土浇后几小时便开始，持续 15d 左右，达到预定降温值方可停止。

二期通水冷却可以充分利用一期冷却系统。二期冷却时间的长短，一方面取决于实际最大温差，又受到降温速率不应大于 1.5℃/d 的影响，且与通水流量大小、冷却水温高低密切相关。通常二期冷却应保证至少有 10~15℃ 的温降，使接缝张开度达到 0.5mm 以上，以满足接缝灌浆对灌缝宽度的要求。冷却用水应尽可能利用低温地下水和库内低温水，只有当采用天然水不符要求时，才辅以人工冷却水。通水冷却应自下而上分区进行，通水方向可以一昼夜调换一次，以使坝体均匀降温。

二、混凝土的冬夏季施工

（一）混凝土的冬季施工

混凝土凝固过程与周围的温度和湿度有密切关联，低温时，水化作用明显减缓，强度增长受阻。实践证明，当气温在 -3℃ 以下时，混凝土易受早期冻害，其内部水分开始冻结成冰，混凝土疏松，强度和防渗性能降低，甚至会丧失承载能力。因此，规定寒冷地区 5℃ 以下或最低气温稳定在 -3℃ 以下时混凝土施工必须采取冬季施工措施，要求混凝土在强度达到设计强度的 50% 以前不能遭受冻结。

试验表明，塑性混凝土料受冰冻影响，强度发展有如下变化规律：如果混凝土在浇筑后初凝前立即受冻，水泥的水化反应刚开始停止，若在正温中融解并重新硬结时，强度可继续增长并达到与未受冻的混凝土基本相同的强度，没有多少强度损失；如果混凝土是在浇筑完初凝后遭受冻结，混凝土的强度损失很大，而且冻结程度越高，强度损失越大。不少工程因偶然事故时混凝土受冻，甚至早期受冻，当恢复加热养护后强度继续增长，其28d 强度仍接近标准养护强度。

1. 混凝土允许受冻的标准

现行《水工混凝土施工规范》（SL 677-2014）提出以"成熟度"作为混凝土允许受冻的判断标准。所谓成熟度，就是指混凝土养护温度与养护时间的乘积。

采用成熟度作为混凝土允许受冻的标准，不仅与国际通用的衡量标准一致，而且它能更准确地反映混凝土的实际强度，测定养护温度和时间也比较方便。

新规范以 1800℃·h 的成熟度为标准，对普通硅酸盐水泥拌制的混凝土强度，可达到 40%R。以上，与原规范临界强度规定值较接近。比照国外对成熟度的取值和国内不少实际工程，现行规范将成熟度暂定为 1800℃·h，对保证混凝土冬季作业的施工质量留有裕度。

2. 混凝土冬季作业的措施

混凝土冬季作业通常采取如下措施：

（1）施工组织上合理安排。将混凝土浇筑安排在有利的时期进行，保证混凝土的成熟度达到 1 800℃·h 后再受冻。

（2）调整配合比和掺外加剂。冬季作业中采用高热或快凝水泥（大体积混凝土除外），采用较低的水灰比，加速凝剂和塑化剂，加速凝固，增加发热量，以提高混凝土的早期强度。

（3）原材料加热拌和。当气温在 3~5℃ 以下时可加热水拌和，但水温不宜高于 60℃，超过 60℃ 时应改变拌和加料顺序，将骨料与水先拌和，然后加水泥，否则会使混凝土产生假凝。若加热水尚不能满足要求，再加热干砂和石子。加热后的温度，砂子不能超过 60℃，石子不能高于 40℃。水泥只需在使用前一两天置于暖房内预热，升温不宜过高。骨料通常采用蒸汽加热，有用蒸汽管预热的，也有直接将蒸汽喷入料仓的骨料中。这时蒸汽所含水量应从拌和加水量中扣除。但在现场实施中难以控制，故一般不宜采用蒸汽直接预热骨料或水浸预热骨料。预热料仓与露天料堆预热相比，具有热量损耗小。防雨雪条件好、预热效果好的优点。但土建工程量较大，工期长，投资多，只有在最低月平均气温在 -10℃ 以下的严寒地区，混凝土出机口温度要求较高时才采用料仓预热方式。而最低月平均气温在 -10℃ 以上的一般寒冷地区，采用露天料堆预热已能基本满足要求，这是对国内若干实际工程的经验总结。

（4）增加混凝土拌和时间。冬季作业混凝土的拌和时间一般应为常温的 1.5 倍。

（5）减少拌和、运输、浇筑中的热量损失。应采取措施尽量缩短运输时间，减少转运次数。装料设备应加盖，侧壁应保温。配料、卸料、转运及皮带机廊道各处应增加保温措施。

3. 混凝土冬季养护方法

冬季混凝土可采用以下几种养护方法：

（1）蓄热法。将浇筑好的混凝土在养护期间用保温材料覆盖，尽可能将混凝土内部水化热积蓄起来，保证混凝土在结硬过程中强度不断增长。常用的方法有铺膜养护、喷膜养护及采用锯末、稻草、芦席或保温模板养护。

蓄热法是一种简单而经济的方法，应优先采用，尤其对大体积混凝土更为有效。用蓄热法不合要求时，才辅以其他养护措施。

（2）暖棚法。对体积不大、施工集中的部位可搭建暖棚，棚内安设蒸汽管路或暖气包加温，使棚内温度保持在 20℃ 以上。搭建暖棚费用很高，包括采暖费，会使混凝土单价提高 50% 以上，故规范规定，只有当日平均气温低于 -10℃ 时，才须在暖棚内浇筑。

（3）电热法。在浇筑块内插上电极，借助交流电通电到混凝土内部，以混凝土自身作为电阻，将电能转变成加热混凝土的热能。当采用外部加热时可用电炉或电热片，在混凝土表面铺一层被盐水浸泡的锯末，并在其中通电加热。电热法耗电量大，故只有当电价低廉时在小构件混凝土冬季作业中使用。

（4）蒸汽法。采用蒸汽养护，适宜的温度和湿度可使混凝土的强度迅速增长，甚至1~3d后即可拆模。蒸汽养护成本较高，一般只适用于预制构件的养护。

（二）混凝土的夏季作业

在混凝土凝结过程中，水泥水化作用的进行速度与环境温度成正比。夏季气温较高，如气温超过 30℃，若不采取冷却降温措施，便会对混凝土质量产生严重影响。若气温骤降或水分蒸发过快，则易引起表面裂缝。浇筑块体冷却收缩时因基础约束会引起贯穿裂缝，破坏坝的整体性和防渗性能。所以规范规定，当气温超过 30℃时，混凝土生产、运输、浇筑等各个环节应按夏季作业施工。混凝土的夏季作业，就是采取一系列的预冷降温、加速散热以及充分利用低温时刻浇筑等措施来实现的。

第八节　预制混凝土施工

水利工程中混凝土预制块的应用之一为水库围坝、河道及渠道护坡。主要用以防止水流冲刷、波浪淘刷及漂浮物和冰层的撞击及冻冰的挤压等，保护土质及风化岩质边坡。其预制块形式主要有垂直联锁和水平联锁。其可工厂化施工，强度较高，质量有保证且可控，但其抗冻性不及天然石材。

对护坡混凝土块的设计主要依据《水工混凝土结构设计规范》（SL 191-2008）、《碾压土石坝设计规范》（SL.274-2001）、《堤防设计规范》等规范。主要包括耐久性设计和抗浮厚度设计等，在设计时，应充分考虑单块体的重量，以方便块体的预制、运输与安装。

一、耐久性设计

对护坡混凝土预制块耐久性设计，主要是块体强度、抗冻及化学侵蚀的设计。

1.混凝土强度等级

应根据其所处的环境类别控制其最低强度等级，具体可按《水工混凝土结构设计规范》选用，并满足水灰比要求。

2.混凝土抗冻等级

取 28d 龄期的试件用快冻试验方法测定，分为 F400、F300、F250、F200、F150、F100、F50 七级。抗冻要求根据气候分区、冻融循环次数、表面局部小气候条件、水分饱和程度、结构构件重要性和检修条件等选定抗冻等级。在不利因素较多时，可提高一级抗冻等级。

抗冻混凝土应掺加引气剂。其水泥、掺合料、外加剂的品种和数量，水灰比、配比及含气量等应通过试验确定。海洋环境中的混凝土即使没有抗冻要求也宜适当掺加引气剂。处于三类、四类环境条件且受冻严重的结构构件，混凝土的最大水灰比应按《水工建筑物抗冻设计规范》（SL211-2006）执行。

3. 化学侵蚀要求

对处于化学环境中的混凝土，应采用抗侵蚀水泥，掺用优质活性掺合料，必要时可同时采用特殊表面涂层等防护措施。

二、抗浮厚度设计

在波浪作用下，块体厚度直接决定护坡的抗浮稳定性。对于联锁形式的混凝土块体厚度的计算，目前没有专门的计算公式，主要依据《碾压式土石坝设计规范》（SL.274-2001）附录 A 相关公式计算，同时结合已有工程的运行经验数据分析确定。

1. 砌石护坡在最大局部波浪压力作用下的厚度 t 按下式计算，

$$D = 1.018K_t \frac{\rho_w}{\rho k - \rho_w} \cdot \frac{\sqrt{m^2+1}}{m(m+2)} h_p$$

当 $L_m/h_p \leq 15$ 时，$t = \frac{1.67}{K_t} D$

当 $L_m/h_p > 15$ 时，$t = \frac{1.82}{K_t} D$

式中，D——石块的换算球形直径，m；

ρ_k——石块的密度，取 2.5t/m³；

ρ_ω——水的密度，取 1.0t/m³；

L_m——平均波长；

h_p——累计频率为 5% 的波高，m；

K_t——随波率变化的系数；

m——坝坡系数；

t——护坡厚度，m。

2. 对聚在明缝的现浇板或预制板护坡，当坡度系数 m=2~5 时，板在浮力作用下稳定的面板厚度可按下式计算：

$$t = 0.07\eta h_p \sqrt[3]{\frac{L_m}{b}} \frac{\rho_w}{\rho_c - \rho_w} \frac{\sqrt{m^2+1}}{m}$$

式中，t——板在浮力作用下稳定的面板厚度，m；

η——系数，对整体式大块护面板取 1.0，对装配式护面板取 1.1；

ρ_c——板块密度，kN/m³；

h_p——累积频率为 1% 的波高，m。

b——沿坝坡向板长，m。

装配式护面板的厚度受沿坝坡方向板体长度形成的整体性因素影响较大，在设计时，应合理确定沿坝坡方向的板体长度，以合理确定合理的护坡厚度。

3. 预制混凝土板施工时，注意企口的完整性。

联锁混凝土砌块铺设，垫层验收合格后即可进行面层铺砌。砌块以单层直立方式铺砌，可分多工作面自下而上同时进行。要求平直部位缝宽不宜大于 5mm，其他部位缝宽不宜大于 8mm，表面平整度不宜大于 8mm/m²，坡度符合设计要求，砌块底部应平实，严禁架空，块间自锁联合，紧密嵌合，确保稳定，严禁污染坡面。

三、安装施工要点

测量放样：首先测量出坡脚起坡线及起坡线高程，然后确定坡顶线高程。横、纵坡线均应挂线铺设，使铺设部位形成纵横控制线，便于质量控制。

砌块作业面运输：砌块运至坝顶，堆放在坝顶道路靠近迎水坡面的地方。砌块往作业面上的运输，采用人工运输。为方便运输，可采用槽钢加工成滑槽，使砌块通过滑槽向上往工作面下滑。

砌块铺设：在垫层验收合格后，进行砌块铺设；第一行砌块砌筑时砌块底边线对其下边水平线，砌块上边线对齐上边水平线；铺砌前要拉线确定铺设顶面及缝面，保证表面平整、砌缝紧密、整齐有序；预制块底部应垫平填实，严禁架空；块间自锁联结，紧密嵌合，确保稳定；砌块若偶尔有生产毛刺，需用铁钎及手锤配合将其修正后铺砌。每块砌块由垂直方向放到砌筑位置后应上下移动，以保证砌块下碎石垫层平整密实，并借助木槌进行水平和高度调整。

砌筑辅助工具：砌块施工中使用合理恰当工具，是高效施工的保证。

1. 镐：人工清坡时，由于坝体原土填筑密实，有必要使用镐进行刨除多余土。

2. 铁锹：用平头铁锹对坡面精确整平；

3. 抬筐：抬除坝坡精确整平后多余土；

4. 滑板：栓有绳索的铁皮斗（0.5m×1.0m×0.3m），将碎石装入斗内由 1~2 人拉往摊铺位置；

5. 钢筋钩：移动、砌筑的重要工具，两人各持一把钢筋钩，将弯钩伸入砌块开孔，抬动、移动砌块，使其到达砌筑位置。钢筋钩另一端可当作撬棍使用，用来调整砌块之间的缝隙，使其达到设计要求；

6. 铁锹：与手锤配合，砌块由于生产模具在设计时单侧留有生产缝隙，需用铁钎与手锤相互配合将其修整后铺砌；

7. 木槌：砌块砌筑中进行水平和高度调整的工具。

第六章　水利工程施工质量控制

在水利工程建设当中，对质量的管理和控制是难点，也是重点。影响工程质量的诸多因素中，施工单位的质量管理是主要因素。业主及管理各方，要为施工创造必要的质量保证条件。业主制、监理制和招标投标制是一整套建设制度，不可偏废。各方要找准自己的定位，改变观念，做好自己的分内工作和相互协调工作。

水利工程建设中所遇到的困难，往往不表现在技术上或规模上，而在质量控制方面，水利工程施工最突出的问题是不正规，一切因陋就简。质量、进度、投资三要素之间是互相矛盾又是统一的，不正常地偏重于一点，必然伤害其他目标，失控的目标反过来又必将制约所强调的目标。在理论上，质量、进度、投资是等边三角形的三条边，而在实际操作中，不同阶段必然有不同侧重。实践证明，任何情况下，以质量为中心的三大控制是正确的运作方法。好的质量是施工中做出来的，而不是事后检查出来的。

第一节　质量管理与质量控制

一、掌握质量管理与质量控制的关系

1. 质量管理

（1）按照《质量管理体系标准》（GB/T 19000-ISO9000（2000））的定义，质量管理是指确定质量方针及实施质量方针的全部职能及工作内容，并对其工作效果进行评价和改进的一系列工作。

（2）按照质量管理的概念，组织必须通过建立质量管理体系实施质量管理。其中，质量方针是组织最高管理者的质量宗旨、经营理念和价值观的反映。在质量方针的指导下，通过质量管理手册、程序性管理文件、质量记录的制定，并通过组织制度的落实、管理人员与资源配置、质量活动的责任分工与权限界定等，形成组织质量管理体系的健行机制。

2. 质量控制

（1）根据《质量管理体系标准》（GB/T 19000-ISO9000（2000））中质量术语的定义，质量控制是质量管理的一部分，致力于满足质量要求的一系列相关活动。建设工程项目的质量要求是由业主（或投资者、项目法人）提出的，即建设工程项目的质量总目标，是业主的需求通过项目策划，包括项目的定义及建设规模、系统构成、使用功能和价值、规格档次标准等的定位策划和目标决策来确定的。因此，建设工程项目质量控制，在工程勘察设计、招标采购、施工安装、竣工验收等各个阶段，项目干系人均应围绕致力于满足业主要求的质量总目标而展开。

（2）质量控制所致力的一系列相关活动，包括作业技术活动和管理活动。产品或服务质量的产生，归根结底是由作业技术过程直接形成的。因此，作业技术方法的正确选择和作业技术能力的充分发挥，就是质量控制的关键点，它包含了技术和管理两个方面：必须认识到组织或人员具备的作业技术能力，只是产出合格产品或服务质量的前提，在社会化大生产的条件下，只有通过科学的管理，对作业技术活动过程进行组织和协调，才能使作业技术能力得到充分发挥，实现预期的质量目标。

（3）质量控制是质量管理的一部分而不是全部。两者的区别在于概念不同、职能范围不同和作用不同。质量控制是在明确的质量目标和具体的条件下，通过行动方案和资源配置的计划、实施、检查和监督，进行质量目标的事前预控、事中控制和事后纠偏控制，进而实现预期质量目标的系统过程。

二、了解质量控制

质量控制的基本原理是运用全面、全过程质量管理的思路和动态控制的原理，进行质量的事前预控、事中控制和事后纠偏控制。

1. 事前质量预控

事前质量预控就是要求预先进行周密的质量计划，包括质量策划、管理体系、岗位设置，把各项质量职能活动，包括作业技术和管理活动建立在有充分能力、条件保证和运行机制的基础上。对于建设工程项目，尤其施工阶段的质量预控，就是通过施工质量计划或施工组织设计或施工项目管理设施规划的制订过程，运用目标管理的手段，实施工程质量事前预控，或称为质量的计划预控。

事前质量预控必须充分发挥组织的技术和管理方面的整体优势，把长期形成的先进技术管理方法和经验智慧，创造性地应用于工程项目。

事前质量预控要求针对质量控制对象的控制目标、活动条件、影响因素进行周密分析，找出薄弱环节，制订有效的控制措施和对策。

2. 事中质量控制

事中质量控制也称作业活动过程质量控制，是指质量活动主体的自我控制和他人监控的控制方式。自我控制是第一位的，即作业者在作业过程中对自己质量活动行为的约束和技术能力的发挥，以完成预定质量目标的作业任务；他人监控是指作业者的质量活动过程和结果，接受来自企业内部管理者和来自企业外部有关人员的检查检验，如工程监理机构、政府质量监督部门等的监控。事中质量控制的目标是确保工序质量合格，杜绝质量事故发生。

由此可见，质量控制的关键是增强质量意识，充分发挥操作者的自我约束、自我控制。坚持质量标准是根本，他人监控是必要的补充，没有前者或用后者取代前者都是不正确的。因此，有效进行过程质量控制，主要在于创造一种过程控制的机制和活力。

3. 事后质量控制

事后质量控制也称为事后质量把关，以使不合格的工序或产品不流入后道工序、不流入市场。事后质量控制的任务就是对质量活动结果进行评价、认定，对工序质量偏差进行纠正，对不合格产品进行整改和处理。

从理论上分析，对于建设工程项目，计划预控过程所指定的行动方案考虑得越周密，事中自控能力越强、监控越严格，则实现质量预期目标的可能性就越大。理想的状况就是到各项作业活动"一次成活"，"一次交验合格率达 100%"。但要达到这样的管理水平和质量形成能力是相当不容易的，即使坚持不懈的努力，也还可能有个别工序或分部分项施工质量会出现偏差，这是因为在作业过程中不可避免地会存在一些计划是难以预料的因素，包括系统因素和偶然因素的影响。

建设工程项目质量的事后控制，具体体现在施工质量验收各个环节的控制方面。以上系统控制的三大环节，不是孤立和截然分开的，它们之间构成有机的系统过程，实质上也就是质量管理 PDCA 循环的具体化，并在每一次滚动循环中不断提高，达到质量管理和质量控制的持续改进。

第二节　建设工程项目质量控制系统

一、掌握建设工程项目质量控制系统的构成

这里所说的建设工程项目质量控制系统，在实践中可能有多种叫法，不尽一致，也没有统一的规定。常见的叫法有质量管理体系、质量控制体系、质量管理系统、质量控制网络、质量管理网络、质量保证系统等。例如，我国《建设工程监理规范》（GB 50319-2000）第 5.4.2 条规定：工程项目开工前，总监理工程师应审查承包单位现场项目管理机构的质量管理体系、技术管理体系和质量保证体系，确能保证工程项目施工质量时予以确认。对质量管理体系、技术管理体系和质量保证体系应审核以下内容：质量管理、技术管理和质量保证的组织机构；质量管理、技术管理制度；专职管理人员和特种作业人员的资格证、上岗证。

由此可见上述规范中已经使用了"质量管理体系""技术管理体系"和"质量保证体系"三个不同的体系名称。而建设工程项目的现场质量控制，除承包单位和监理机构外，业主、分包商及供货商的，质量责任和控制职能仍然必须纳入工程项目的质量控制系统。因此，

这个系统无论叫什么名字，其内容和作用是一致的。需要强调的是，要正确理解这类系统的性质、范围、结构、特点以及建立和运行的原理并加以应用。

1. 项目质量控制系统的性质

建设工程项目质量控制系统既不是建设单位的质量管理体系或质量保证体系，也不是工程承包企业的质量管理体系或质量保证体系，而是建设工程项目目标控制的一个工作系统，具有下列性质：

（1）建设工程项目质量控制系统是以工程项目为对象，由工程项目实施的总组织者负责建立的面向项目开展质量控制的工作体系。

（2）建设工程项目质量控制系统是建设工程项目管理组织的一个目标控制体系，它与项目投资控制、进度控制、职业健康安全与环境管理等目标控制体系，共同依托于同一项目管理的组织机构。

（3）建设工程项目质量控制系统根据工程项目管理的实际需要而建立，随着建设工程项目的完成和项目管理组织的解体而消失，因此是一个不可重复利用的质量控制工作体系，不同于企业的质量管理体系。

2. 项目质量控制系统的范围

建设工程项目质量控制系统的范围：包括按项目范围管理的要求，列入系统控制的建设工程项目构成范围；项目实施的任务范围，由工程项目实施的全过程或若干阶段进行定义；项目质量控制所涉及的责任主体范围。

（1）系统涉及的工程范围

系统涉及的工程范围，一般根据项目的种类或工程承包合同来确定。具体来说可能有以下三种情况：

①建设工程项目范围内的全部工程。

②建设工程项目范围内的某一单项工程或标段工程。

③建设工程项目某单项工程范围内的一个单位工程。

（2）系统涉及的任务范围

建设工程项目质量控制系统服务于建设工程项目管理的目标控制，因此其质量控制的系统职能应贯穿于项目的勘察、设计、采购、施工和竣工验收等各个实施环节，即建设工程项目全过程质量控制的任务或若干阶段承包的质量控制任务。

（3）系统涉及的主体范围

建设工程项目质量控制系统所涉及的质量责任自控主体和监控主体，通常情况下包括建设单位、设计单位、工程总承包企业、施工企业、建设工程监理机构、材料设备供应厂商等部分。这些质量责任和控制主体，在质量控制系统中的地位和作用不同。承担建设工程项目设计、施工或材料设备供货的单位，具有直接的产品质量责任，属质量控制系统中的自控主体；在建设工程项目实施过程，对各质量责任主体的质量活动行为和活动结果实施监督控制的组织，称为质量监控主体，如业主、项目监理机构等。

3. 项目质量控制系统的结构

建设工程项目质量控制系统，一般情况下呈现多层次、多单元的结构形态，这由其实施任务的委托方式和合同结构所决定。

（1）多层次结构

多层次结构是相对于建设工程项目工程系统纵向垂直分解的单项、单位工程项目质量控制子系统。在大中型建设工程项目，尤其是群体工程的建设工程项目中，第一层面的质量控制系统应由建设单位的建设工程项目管理机构负责建立，在委托代建、委托项目管理或实行交钥匙式工程总承包的情况下，应由相应的代建方项目管理机构、受托项目管理机构或工程总承包企业项目管理机构负责建立。第二层面的质量控制系统，通常是指由建设工程项目的设计总负责单位、施工总承包单位等建立的相应管理范围内的质量控制系统。第三层面及其以下是承担工程设计、施工安装、材料设备供应等各承包单位的现场质量自控系统，或称各自的施工质量保证体系。系统纵向层次机构的合理性是建设工程项目质量目标，控制责任和措施分解落实的重要保证。

（2）多单元结构

多单元结构是指在建设工程项目质量控制总体系统下，第二层面的质量控制系统及其以下的质量自控或保证体系可能有多个，这是项目质量目标、责任和措施分解的必然结果。

4. 项目质量控制系统的特点

如前所述，建设工程项目质量控制系统，是面向对象而建立的质量控制工作体系，它是和建筑企业或其他组织机构按照 GB/T 19000 标准建立的质量管理体系，有如下的不同点：

（1）建立的目的不同。建设工程项目质量控制系统只用于特定的建设工程项目质量控制，而不是用于建筑企业或组织的质量管理，即建立的目的不同。

（2）服务的范围不同。建设工程项目质量控制系统涉及建设工程项目实施过程所有的质量责任主体，而不只是某一个承包企业或组织机构，即服务的范围不同。

（3）控制的目标不同。建设工程项目质量控制系统的控制目标是建设工程项目的质量标准，并非某一具体建筑、企业或组织的质量管理目标，即控制的目标不同。

（4）作用的时效不同。建设工程项目质量控制系统与建设工程项目管理组织系统相融合，是一次性的质量工作系统，并非永久性的质量管理体系，即作用的时效不同。

（5）评价的方式不同。建设工程项目质量控制系统的有效性一般由建设工程项目管理的，令组织者进行自我评价与诊断，不需进行第三方认证，即评价的方式不同。

二、建设工程项目质量控制系统的建立

建设工程项目质量控制系统的建立，实际上就是建设工程项目质量总目标的确定和分解，也是建设工程项目各参与方之间质量管理关系和控制责任的确立过程。为了保证质量

控制系统的科学性和有效性，必须明确系统建立的原则、内容、程序和主体。

1. 建立的原则

实践经验表明，建设工程项目质量控制系统的建立，遵循以下原则对于质量目标的总体规划、分解和有效实施控制是非常重要的。

（1）分层次规划的原则

建设工程项目质量控制系统的分层次规划，是指建设工程项目管理的总组织者（建设单位或代建制项目管理企业）和承担项目实施任务的各参与单位，分别进行建设工程项目质量控制系统不同层次和范围的规划。

（2）总目标分解的原则

建设工程项目质量控制系统总目标的分解，是根据控制系统内工程项目的分解结构，将工程项目的建设标准和质量总体目标分解到各个责任主体，明示于合同当中，由各责任主体制订出相应的质量计划，确定其具体的控制方式和控制措施。

（3）质量责任制的原则

建设工程项目质量控制系统的建立，应按照建筑法和建设工程质量管理条例有关建设工程质量责任的规定，界定各方的质量责任范围和控制要求。

（4）系统有效性的原则

建设工程项目质量控制系统，应从实际出发，结合项目特点、合同结构和项目管理组织系统的构成情况，建立项目各参与方共同遵循的质量管理体系和控制措施，并形成有效的运行机制。

2. 建立的程序

工程项目质量控制系统的建立过程，一般可按以下环节依次展开工作。

（1）确立系统质量控制网络

首先明确系统各层面的建设工程质量控制负责人。一般应包括承担项目实施任务的项目经理（或工程负责人）、总工程师，项目监理机构的总监理工程师、专业监理工程师等，以形成清晰的项目质量控制责任者的关系网络架构。

（2）制定系统质量控制制度

系统质量控制制度包括质量控制例会制度、协调制度、报告审批制度、质量验收制度和质量信息管理制度等。形成建设工程项目质量控制系统的管理文件或手册，作为承担建设工程项目实施任务各方主体共同遵循的管理依据。

（3）分析系统质量控制界面

建设工程项目质量控制系统的质量责任界面，包括静态界面和动态界面。静态界面根据法律法规、合同条件、组织内部职能分工来确定。动态界面是指项目实施过程设计单位之间、施工单位之间、设计与施工单位之间的衔接及其责任划分，必须通过分析研究，确定相应的管理原则与协调方式。

（4）编制系统质量控制计划

建设工程项目管理总组织者，负责主持编制建设工程项目总质量计划，并根据质量控制系统的要求，部署各质量责任主体编制与其承担任务范围；相符的质量计划，并按规定程序完成质量计划的审批，作为其实施自身工程质量控制的依据。

3. 建立的主体

按照建设工程项目质量控制系统的性质、范围和主体的构成，一般情况下其质量控制系统应由建设单位或建设工程项目总承包企业的工程项目管理机构负责建立。在分阶段依次对勘察、设计、施工、安装等任务进行分别招标的情况下，通常应由建设单位或其委托的建设工程项目管理企业负责建立，各承包企业根据建设工程项目质量控制系统的要求，建立隶属于建设工程项目质量控制系统的设计项目、施工项目、采购供应项目等质量控制子系统（可称相应的质量保证体系），以具体实施其质量责任范围内的质量管理和目标控制。

三、建设工程项目质量控制系统的运行

建设工程项目质量控制系统的建立，为建设工程项目的质量控制提供了组织制度方面的保证。建设工程项目质量控制系统的运行，实质上就是系统功能的发挥过程，也是质量活动职能和效果的控制过程。然而，质量控制系统有效地运行，还依赖于系统内部运行环境和运行机制的完善。

1. 运行环境

建设工程项目质量控制系统的运行环境，主要是指以下几方面。

（1）建设工程的合同结构

建设工程合同是联系建设工程项目各参与方的纽带，只有在建设工程项目合同结构合理质量标准和责任条款明确，并严格进行履约管理的条件下，质量控制系统的运行才能成为各方的自觉行动。

（2）质量管理的资源配置

质量管理的资源配置包括专职的工程技术人员和质量管理人员的配置，以及实施技术管理和质量管理所必需的设备、设施、器具、软件等物质资源的配置。人员和资源的合理配置是质量控制系统正常运行的基础条件。

（3）质量管理的组织制度

建设工程项目质量控制系统内部的各项管理制度和程序性文件的建立，为质量控制系统各个环节的运行，提供了必要的行动指南、行为准则和评价基准的依据，是系统有序运行的基本保证。

2. 运行机制

建设工程项目质量控制系统的运行机制，是由一系列质量管理制度安排所形成的内在机制。运行机制是质量控制系统的生命，机制缺陷是造成系统运行无序、失效和失控的重要原因。因此，在系统内部的管理制度设计时，必须予以高度的重视，防止重要管理制度的缺失、制度本身的缺陷、制度之间相互矛盾等现象出现，才能为系统的运行注入动力机制、约束机制、反馈机制和持续改进机制。

（1）动力机制

动力机制是建设工程项目质量控制系统运行的核心机制，它来源于公正、公开、公平的竞争机制和利益机制的制度设计或安排。这是因为建设工程项目的实施过程是由多主体参与的价值增值链，只有保持合理的供方及分供方等各方关系，才能形成合力，这是建设工程项目成功的重要保证。

（2）约束机制

没有约束机制的控制系统是无法使工程质量处于受控状态的，约束机制取决于各主体内部的自我约束和外部的监控效力。约束能力表现为组织及个人的经营理念、质量意识、职业道德及技术能力的发挥；监控效力取决于建设工程项目实施主体外部对质量工作的推动和检查监督。两者相辅相成，构成了质量控制过程的制衡关系。

（3）反馈机制

运行的状态和结果的信息反馈是对质量控制系统的能力和运行效果进行评价，并及时为处置提供决策依据。因此，必须有相关的制度安排，保证质量信息反馈的及时和准确，质量管理者深入生产第一线，掌握第一手资料，才能形成有效的质量信息反馈机制。

（4）持续改进机制

在建设工程项目实施的各个阶段，不同的层面、不同的范围和不同的主体间，应用 PDCA 循环原理，即计划、实施、检查和处置的方式展开质量控制，同时必须注重控制点的设置，加强重点控制和例外控制，并不断寻求改进机会、研究改进措施，这样才能保证建设工程项目质量控制系统不断完善和持续改进，不断提高质量控制能力和控制水平。

第三节　建设工程项目施工质量控制

建设工程项目的施工质量控制，有两个方面的含义。一是指建设工程项目施工承包企业的施工质量控制，包括总包的、分包的、综合的和专业的施工质量控制；二是指广义的施工阶段建设工程项目质量控制，即除承包方的施工质量控制外，还包括业主、设计单位、监理单位以及政府质量监督机构，在施工阶段对建设工程项目施工质量所实施的监督管理和控制职能。因此，从建设工程项目管理的角度，应全面理解施工质量控制的内涵，并掌握建设工程项目施工阶段质量控制任务目标与控制方式、施工质量计划的编制、施工生产要素和作业过程的质量控制方法，熟悉施工质量控制的主要途径。

一、掌握施工阶段质量控制的目标

1. 施工阶段质量控制的任务目标

建设工程项目施工质量的总目标，是实现由建设工程项目决策、设计文件和施工合同所决定的预期使用功能和质量标准。尽管建设单位、设计单位、施工单位、供货单位和监理机构等，在施工阶段质量控制的地位和任务目标各不相同，但从建设工程项目管理的角度，都致力于实现建设工程项目的质量总目标。因此，施工质量控制目标以及建筑工程施工质量验收依据，可具体表述如下。

（1）建设单位的控制目标

建设单位在施工阶段，通过对施工全过程、全面的质量监督管理、协调和决策，保证竣工项目达到投资决策所确定的质量标准。

（2）设计单位的控制目标

设计单位在施工阶段，通过对关键部位和重要施工项目施工质量验收签证、设计变更、控制及纠正施工中所发现的设计问题，采纳变更设计的合理化建议等，保证竣工项目的各项施工结果与设计文件（包括变更文件）所规定的质量标准相一致。

（3）施工单位的控制目标

施工单位包括职工总包和分包单位，作为建设工程产品的生产者和经营者，应根据施工合同的任务范围和质量要求，通过全面的施工质量自控，保证最终交付满足施工合同及设计文件所规定质量标准的建设工程产品。我国《建设工程质量管理条例》规定，施工单位对建设工程的施工质量负责：分包单位应当按照分包合同的约定对其分包工程的质量向总承包单位负责，总承包单位与分包单位对分包工程的质量承担连带责任。

（4）供货单位的控制目标

建筑材料、设备、构配件等供应厂商，应按照采购供货合同约定的质量标准提供货物及其质量保证、检验试验单据、产品规格和使用说明书，以及其他必要的数据和资料，并对其产品质量负责。

（5）监理单位的控制目标

建设工程监理单位在施工阶段，通过审核施工质量文件、报告、报表及采取现场旁站、巡视、平行检测等形式进行施工过程质量监理，并应用施工指令和结算支付控制等手段，监控施工承包单位的质量活动行为、协调施工关系，正确履行对工程施工质量的监督责任，以保证工程质量达到施工合同和设计文件所规定的质量标准。我国《建筑法》规定建设工程监理人员认为工程施工不符合工程设计要求、施工技术标准和合同约定的，有权要求建筑施工企业改正方案。

2. 施工阶段质量控制的方式

在长期建设工程施工实践中，施工质量控制的基本方式可以概括为自主控制与监督控制相结合的方式，事前预控与事中控制相结合的方式，动态跟踪与纠偏控制相结合的方式，以及这些方式的综合运用。

二、施工质量计划的编制方法

1.施工质量计划的编制主体和范围

施工质量计划应由自控主体即施工承包企业进行编制。在平行承发包方式下，各承包单位应分别编制施工质量计划；在总分包模式下，施工总承包单位应编制总承包工程范围的施工质量计划，各分包单位编制相应分包范围的施工质量计划，作为施工总承包方质量计划的深化和组成。施工总承包方有责任对各分包施工质量计划的编制进行指导和审核，并承担相应施工质量的连带责任。

施工质量计划编制的范围，从工程项目质量控制的要求，应与建筑安装工程施工任务的实施范围相一致，以保证整个项目建筑安装工程的施工质量总体受控；对具体施工任务承包单位而言，施工质量计划的编制范围，应能满足其履行工程承包合同质量责任的要求。建设工程项目的施工质量计划，应在施工程序、控制组织、控制措施、控制方式等方面，形成一个完整的质量计划系统，确保项目质量总目标和各分解目标的控制能力。

2.施工质量计划的审批程序与执行

施工单位的项目施工质量计划或施工组织设计文件编成后应按照工程施工管理程序进行审批，施工质量计划的审批程序与执行包括施工企业内部的审批和项目监理机构的审查。

（1）企业内部的审批

施工单位的项目施工质量计划或施工组织设计的编制与审批，应根据企业质量管理程序性文件规定的权限和流程进行。通常由项目经理部主持编制，报企业组织管理层批准，并报送项目监理机构核准确认。

施工质量计划或施工组织设计文件的审批过程，是施工企业自主技术决策和管理决策的过程，也是发挥企业职能部门与施工项目管理团队的智慧和经验的过程。

（2）监理工程师的审查

实施工程监理的施工项目，按照我国建设工程监理规范的规定，施工承包单位必须填写《施工组织设计（方案）报审表》并附施工组织设计（方案），报送项目监理机构审查。规范规定项目监理机构在工程开工前，总监理工程师应组织专业监理工程师审查承包单位报送的施工组织设计（方案）报审表，提出意见，经总监理工程师审核，签认后报建设单位。

（3）审批关系的处理原则

严格执行施工质量计划的审批程序，是正确理解工程质量目标和要求，保证施工部署技术工艺方案和组织管理措施的合理性、先进性及经济性的重要环节，也是进行施工质量事前预控的重要方法。因此，在执行审批程序时，必须正确处理施工企业内部审批和监理工程师审批的关系；其基本原则如下：

①充分发挥质量自控主体和监控主体的共同作用，在坚持项目质量标准和质量控制要求的前提下，正确处理承包人利益和项目利益的关系；施工企业内部的审批首先应从履行工程承包合同的角度，审查实现合同质量目标的合理性和可行性，通过项目质量计划取得发包方的信任。

②施工质量计划在审批过程中，对监理工程师审查所提出的建议、希望、要求等意见是否采纳以及采纳的程度，应由负责质量计划编制的施工单位自主决策。在满足合同和相关法规要求的情况下，确定质量计划的调整、修改和优化，并承担相应执行结果的责任。

③按规定程序审查批准的施工质量计划，在实施过程如因条件变化需要对某些重要决定进行修改时，其修改内容仍应按照相应程序经过审批后执行。

3. 施工质量控制点的设置与管理

（1）质量控制点的设置

施工质量控制点的设置，是根据工程项目施工管理的基本程序，结合项目特点，在制订项目总体质量计划后，列出各基本施工过程对局部和总体质量水平有影响的项目，作为具体实施的质量控制点。如高层建筑施工质量管理中，基坑支护与地基处理、工程测量与沉降观测、大体积钢筋混凝土施工、工程的防排水、钢结构的制作、焊接及检测、大型设备吊装及有关分部分、项工程中必须进行重点控制的内容或部位，可列为质量控制点。

通过质量控制点的设定，质量控制的目标及工作重点就会更加清晰，事前质量预控的措施也就更加明确。施工质量控制点的事前质量预控工作包括：明确质量控制的目标与控制参数；制定技术规程和控制措施，如施工操作规程及质量检测评定标准；确定质量检查检验方式及抽样的数量与方法；明确检查结果的判断标准及质量记录与信息反馈要求等。

（2）质量控制点的实施

施工质量控制点的实施主要是通过控制点的动态设置和动态跟踪管理来实现。所谓动态设置，是指一般情况下在工程开工前、设计交底和图纸会审时，可确定一批整个项目的质量控制点，随着工程的展开、施工条件的变化，实时或定期进行控制点范围的调整和更新。动态跟踪是应用动态控制原理，落实专人负责跟踪和记录控制点质量控制的状态及效果，并及时向项目管理组织的高层管理者反馈质量控制信息，保持施工质量控制点的受控状态。

三、施工生产要素的质量控制

施工生产要素是施工质量形成的物质基础，其质量的含义包括：作为劳动主体的施工人员，即直接参与施工的管理者、作业者的素质及其组织能力；作为劳动对象的建筑材料、半成品、工程用品、设备等的质量；作为劳动方法的施工工艺及技术措施的水平；作为劳动手段的施工机械、设备、工具、模具等的技术性能；以及施工环境、现场水文、地质、气象等自然环境，通风照明、安全等作业环境以及协调配合的管理环境。

1. 劳动主体的控制

施工生产要素的质量控制中的劳动主体的控制包括工程各类参与人员的生产技能、文化素养、身体体能、心理行为等方面的个体素质及经过合理组织，充分发挥其潜在能力的群体素质。因此，企业应通过择优录用、加强思想教育及技能方面的教育培训，合理组织、严格考核，并辅以必要的激励机制，使企业员工的潜在能力得到最好的组合和充分的发挥，从而保证劳动主体在质量控制系统中发挥主体自控作用。施工企业必须坚持对所选派的项目领导者、管理者进行质量意识教育和组织管理能力培训；坚持对分包商的资质考核和施工人员的资格考核；坚持工种按规定持证上岗制度。

2. 劳动对象的控制

原材料、半成品及设备是构成工程实体的基础，其质量是工程项目实体质量的组成部分。因此，加强原材料、半成品及设备的质量控制，不仅是保证工程质量的必要条件，也是实现工程项目投资目标和进度目标的前提。要优先采用节能降耗的新型建筑材料，禁止使用国家明令禁止的建筑材料。

对原材料、半成品及设备进行质量控制的主要内容为：控制材料设备性能、标准与设计文件的相符性；控制材料设备各项技术性能指标、检验测试指标与标准要求的相符性；控制材料设备进场验收程序及质量文件资料的齐全程度等。

施工企业应在施工过程中贯彻执行企业质量程序文件中材料设备在封样、采购、进场检验、抽样检测及质保资料提交等方面一系列明确规定的控制标准。

3. 施工工艺的控制

施工工艺的合理衔接是直接影响工程质量、工程进度及工程造价的关键因素，施工工艺的合理可靠也直接影响到工程施工安全。因此，在工程项目质量控制系统中，制订和采用先进、合理、可靠的施工技术工艺方案，是工程质量控制的重要环节。对施工方案的质量控制主要包括以下内容：

（1）全面正确地分析工程特征、技术关键及环境条件等资料，明确质量目标、验收标准、控制点的重点和难点。

（2）制订合理有效的、有针对性的施工技术方案和组织方案，前者包括施工工艺、施工方法，后者包括施工区段划分、施工流向及劳动组织等。

（3）合理选用施工机械设备和施工临时设施，合理布置施工总平面图和各阶段施工平面图。

（4）选用和设计保证质量与安全的模具、脚手架等施工设备。

（5）编制工程所采用的新材料、新技术、新工艺的专项技术方案和质量管理方案。

4. 施工设备的控制

（1）对施工所用的机械设备，包括起重设备、各项加工机械、专项技术设备、检查测量仪表设备及人货两用电梯等，应根据工程需要从设备选型、主要性能参数及使用操作要求等方面加以控制。

（2）对施工方案中选用的模板、脚手架等施工设备，除按适用的标准定型选用外，一般需按设计及施工要求进行专项设计，对其设计方案及制作质量的控制及验收，应作为重点进行控制。

（3）按现行施工管理制度要求，工程所用的施工机械、模板、脚手架，特别是危险性较大的现场安装的起重机械设备，不仅要对其设计、安装方案进行审批，而且安装完毕交付使用前必须经专业管理部门验收，合格后方可使用。同时，在使用过程中需落实相应的管理制度，以确保其安全、正常使用。

5. 施工环境的控制

环境因素主要包括地质水文状况、气象变化及其他不可抗力因素，以及施工现场的通风、照明、安全卫生防护设施等劳动作业环境等内容。环境因素对工程施工的影响一般难以避免。要消除其对施工质量的不利影响，主要是采取预测预防的控制方法：

（1）对地质水文等方面影响因素的控制，应根据设计要求，分析基地地质资料，预测不利因素，并会同设计等方面采取相应的措施，如降水、排水、加固等技术控制方案。

（2）对天气气象方面的不利条件，应在施工方案中制订专项施工方案，明确施工措施，落实人员、器材等方面各项准备以紧急应对，从而控制其对施工质量的不利影响。

（3）对环境因素造成的施工中断，往往也会对工程质量造成不利影响，必须通过加强管理、调整计划等措施，加以控制。

四、施工阶段质量控制的主要途径

建设工程项目施工质量的控制，分别通过事前预控、事中控制和事后控制的相关途径进行质量控制。因此，施工质量控制的途径包括事前预控途径、事中控制途径和事后控制途径。

1. 施工质量的事前预控途径

（1）施工条件的调查和分析

施工条件的调查和分析包括合同条件、法规条件和现场条件，做好施工条件的调查和分析，发挥其重要的质量预控作用。

（2）施工图纸会审和设计交底

理解设计意图和对施工的要求，明确质量控制的重点、要点和难点，以及改正施工图纸的错误等。因此，严格进行设计交底和图纸会审，具有重要的事前预控作用。

（3）施工组织设计文件的编制与审查

施工组织设计文件是直接指导现场施工作业技术活动和管理工作的纲领性文件。工程项目施工组织设计是以施工技术方案为核心，统筹考虑施工程序、施工质量、进度、成本和安全目标的要求。科学合理的施工组织设计对于有效地配置合格的施工生产要素，规范施工作业技术活动行为和管理行为，将起到重要的导向作用。

（4）工程测量定位和标高基准点的控制

施工单位必须按照设计文件所确定的工程测量的任务来定位及标高的引测依据，建立工程测量基准点，自行做好技术复核，并报告项目监理机构进行监督检查。

（5）施工分包单位的选择和资质的审查

对分包商资格与能力的控制是保证工程施工质量的重要方面。确定分包内容、选择分包单位及分包方式既直接关系到施工总承包方的利益和风险，又关系到建设工程质量的保证问题。因此，施工总承包企业必须有健全有效的分包选择机制，同时按照我国现行法规的规定，在订立分包合同前，施工单位必须将所联络的分包商情况，报送项目监理机构进行资格审查。

（6）材料设备和部品采购质量控制

建筑材料、构配件、部品和设备是直接构成工程实体的物质，应从施工备料开始进行控制，包括对供货厂商的评审、询价、采购计划与方式的控制等。因此，施工承包单位必须有健全有效的采购控制程序，同时按照我国现行法规规定，主要材料设备采购前必须将采购计划报送工程监理机构审查，实施采购质量预控。

（7）施工机械设备及工器具的配置与性能控制

施工机械设备、设施工器具等施工生产手段的配置及其性能，对施工质量、安全、进度和施工成本有重要的影响，应在施工组织设计过程根据施工方案的要求来确定，施工组织设计批准之后应对其落实的状态进行检查控制，以保证技术预案的质量能力。

2.施工质量的事中控制途径

建设项目施工过程质量控制是最基本的控制途径，因此必须抓好与作业工序质量形成相关的配套技术与管理工作，其主要途径有：

（1）施工技术复核。施工技术复核是施工过程中保证各项技术基准准确性的重要措施，凡属轴线、标高、配方、样板、加工图等用作施工依据的技术工作，都要进行严格复核。

（2）施工计量管理。包括投料计量、检测计量等，其正确性与可靠性直接关系到工程质量的形，成和客观效果的评价。因此，施工全过程必须对计量人员资格、计量程序和计量器具的准确性进行控制。

（3）见证取样送检。为了保证工程质量，我国规定对工程使用的主要材料、半成品、构配件以及施工过程留置的试块、试件等实行现场见证取样送检。见证员由建设单位及工程监理机构中有相关专业知识的人员担任，送检的实验室应具备国家或地方工程检测主管部门批准的相关资质，见证取样送检必须严格按照规定的程序进行，包括取样见证并记录、样本编号、填单、封箱，送实验室核对、交接、试验检测、出具报告。

（4）技术核定和设计变更。在工程项目施工过程中，因施工方对图纸的某些要求不明白，或者是图纸内部的某些矛盾，或施工配料调整与代用、改变建筑节点构造、管线位置或走向等，需要通过设计单位明确或确认的，施工方必须以技术联系单的方式向业主或监理工程师提出，报送设计单位核准确认。在施工期间无论是建设单位、设计单位或施工单位提出，需要进行局部设计变更的内容，都必须按规定程序用书面方式进行变更。

（5）隐蔽工程验收。所谓隐蔽工程，是指上一道工序的施工成果要被下一道工序所覆盖，如地基与基础工程、钢筋工程、预埋管线等均属隐蔽工程。施工过程中，总监理工程师应安排监理人员对施工过程进行巡视和检查，对隐蔽工程、下道工序施工完成后难以检查的重点部位，专业监理工程师应安排监理员进行旁站，对施工过程中出现的质量缺陷，专业监理工程师应及时通知监理工程师，要求承包单位整改并检查整改结果。工程项目的重点部位、关键工序应由项目监理机构与承包单位协商后共同确认。监理工程师应从巡视、检查、旁站监督等方面对工序工程质量进行严格控制。加强隐蔽工程质量验收，是施工质量控制的重要环节。其程序要求施工方首先应完成自检并合格，然后填写专用的"隐蔽工程验收单"，验收的内容应与已完成的隐蔽工程相一致，事先通知监理机构及有关部门，按约定时间进行验收。验收合格的工程由各方共同签署验收记录。验收不合格的隐蔽工程，应按验收意见进行整改后重新验收。严格隐蔽工程验收的程序和记录，对于预防工程，质量隐患，提供可追溯的质量记录具有重要作用。

（6）其他。长期施工管理实践过程中形成的质量控制途径和方法，如批量施工前应做样板示范、现场施工技术质量例会质量控制资料管理等，也是施工过程质量控制的重要工作途径。

3.施工质量的事后控制途径

施工质量的事后控制，主要是进行已完施工的成品保护、质量验收和对不合格施工的处理，以保证最终验收的建设工程质量。

（1）已完工程成品保护，目的是避免已完施工成品受到来自后续施工以及其他方面的污染或损坏。其成品保护问题和措施，在施工组织设计与计划阶段就应该从施工顺序上进行考虑，防止施工顺序不当或交叉作业造成相互干扰、污染和损坏，成品形成后可采取防护、覆盖、封闭、包裹等相应措施进行保护。

（2）施工质量检查验收作为事后质量控制的途径，应严格按照施工质量验收统一标准规定的质量验收划分，从施工作业开始，依次做好检验分批分项工程、分部工程及单位工程的施工质量验收。通过多层次的设防把关，严格验收，控制建设工程项目的质量目标。

第四节　建设工程项目质量验收

建设工程项目质量验收是对已完工程实体的内在及外观施工质量，按规定程序检查后，确认其是否符合设计及各项验收标准的要求，是否可交付使用的一个重要环节。正确进行工程项目质量的检查评定和验收，是保证工程质量的重要前提。

一、施工过程质量验收

1. 施工过程质量验收的内容

对涉及人民生命财产安全、环境保护和公共利益的内容以条文作出明确规定，要求坚决、严格遵照执行。

检验批和分项工程是质量验收的基本单元；分部工程是在所含全部分项工程验收的基础上进行验收的，在施工过程中随完工随验收，并留下完整的质量验收记录和资料；单位工程作为具有独立使用功能的完整的建筑产品，进行竣工质量验收。

（1）检验批

所谓检验批，是指将同一生产条件或按规定的方式汇总起来供检验用的检验体，由一定数量样本组成。检验批是工程验收的最小单位，是分项工程乃至整个建筑工程质量验收的基础。

应由监理工程师（建设单位项目技术负责人）组织施工单位项目专业质量（技术）负责人等进行验收。

检验批质量验收应符合下列规定：

①主控项目和一般项目的质量经抽样检验合格。

②具有完整的施工操作依据、质量检查记录。主控项目是指对检验批的基本质量起决定性作用的检验项目，除主控项目以外的检验项目称为一般项目。

（2）分项工程质量验收

①分项工程应由，监理工程师（建设单位项目技术负责人）组织施工单位项目专业质量（技术）负责人进行验收。

②分项工程质量验收合格应符合下列规定：

A. 分项工程所含的检验批均应符合合格质量的规定。

B. 分项工程所含的检验批的质量验收记录应完整。

（3）分部工程质量验收

①分部工程应由总监理工程师（建设单位项目负责人）组织施工单位项目负责人和技术、质量负责人等进行验收；地基与基础、主体结构分部工程的勘察、设计单位工程项目负责人和施工单位技术质量部门负责人也应参加相关分部工程验收。

②分部（子分部）工程质量验收合格应符合下列规定：

A. 所含分项工程的质量均应验收合格。

B. 质量控制资料应完整。

C. 地基与基础、主体结构和设备安装等分部工程有关安全、使用功能、节能环境保护的检验和抽样检验结果应符合有关规定。

D. 观感质量验收应符合要求。

2.施工过程质量验收不合格的处理

施工过程的质量验收是以检验批的施工质量为基本验收单元。检验批质量不合格可能是使用的材料不合格，或施工作业质量不合格或质量控制资料不完整等原因所致，其处理方法有：

（1）在检验批验收时，对严重的缺陷应推倒重来，一般的缺陷通过翻修或更换器具、设备予以解决后重新进行验收。

（2）个别检验批发现试块强度等不满足要求难以确定是否验收时，应请有资质的法定检测单位检测鉴定，当鉴定结果能够达到设计要求时，应予以验收。

（3）当检测鉴定达不到设计要求，但经原设计单位核算仍能满足结构安全和使用功能的检验批，可予以验收。

（4）严重质量缺陷或超过检验批范围内的缺陷，经法定检测单位检测鉴定以后，认为不能满足最低限度的安全储备和使用功能，则必须进行加固处理，虽然会改变外形尺寸，但能满足安全使用要求，可按技术处理方案和协商文件进行验收，责任方应承担经济责任。

（5）通过返修或加固后处理仍不能满足安全使用要求的分部工程、单位（子单位）工程，严禁验收。

二、建设工程项目竣工质量验收

建设工程项目竣工验收有两层含义：一是指承发包单位之间进行的工程竣工验收，也称工程交工验收；二是指建设工程项目的竣工验收。两者在验收范围、依据、时间、方式、程序、组织和权限等方面存在不同。

1.竣工工程质量验收的依据

竣工工程质量验收的依据有：

（1）工程施工承包合同。

（2）工程施工图纸。

（3）工程施工质量验收统一标准。

（4）专业工程施工质量验收规范。

（5）建设法律、法规、管理标准和技术标准。

2.竣工工程质量验收的要求

工程项目竣工质量验收应按下列要求进行：

（1）建筑工程施工质量应符合相关专业验收规范的规定。

（2）建筑工程施工应符合工程勘察、设计文件的要求。

（3）参加工程施工质量验收的各方人员应具备规定的资格。

（4）工程质量的验收均应在施工单位自行检查评定的基础上进行。

（5）隐蔽工程在隐蔽前应由施工单位通知有关单位进行验收，并应形成验收文件。

（6）涉及结构安全的试块、试件以及有关材料，应按规定进行见证取样检测。

（7）检验批的质量应分主控项目和一般项目验收。

（8）对涉及结构安全和使用功能的重要分部工程应进行抽样检测。

（9）承担见证取样检测及有关结构安全检测的单位应具有相应资质。

（10）工程的观感质量应由验收人员通过现场检查，并应共同确认。

3. 竣工质量验收的标准

按照《建筑工程施工质量验收统一标准》（CB 50300-2013），建设项目单位（子单位）工程质量验收合格应符合下列规定：

（1）单位（子单位）工程所含分部（子分部）工程质量验收均应合格。

（2）质量控制资料应完整。

（3）单位（子单位）工程所含分部工程：有关安全和功能的检验资料应完整。

（4）主要功能项目的抽查结果应符合相关专业质量验收规范的规定。

（5）观感质量验收应符合规定。

4. 竣工质量验收的程序

建设工程项目竣工验收，可分为竣工验收准备、初步验收和正式竣工验收三个环节。整个验收过程必须按照工程项目质量控制系统的职能分工，以监理工程师为核心进行竣工验收的组织协调。

（1）竣工验收准备

施工单位按照合同规定的施工范围和质量标准完成施工任务，经质量自检并合格后，向现场监理机构（或建设单位）提交工程竣工申请报告，要求组织工程竣工验收。

（2）初步验收

监理机构收到施工单位的工程竣工申请报告后，应就验收的准备情况和验收项目进行检查。应就工程实体质量及档案资料存在的缺陷及时提出整改意见，并与施工单位协商整改清单，确定整改要求和完成时间。由施工单位向建设单位提交工程竣工验收报告，申请建设工程竣工验收应具备下列条件：

①完成建设工程设计和合同约定的各项内容。

②有完整的技术档案和施工管理资料。

③有工程使用的主要建筑材料、构配件和设备的进场试验报告。

④有工程勘察、设计、施工、工程监理等单位分别签署的质量合格文件。

⑤有施工单位签署的工程保修书。

（3）正式竣工验收

建设单位组织、质量监督机构与竣工验收小组成员单位不是一个单位的。

建设单位应在工程竣工验收前 7 个工作日将验收时间、地点、验收组名单通知该工程的工程质量监督机构。建设单位组织竣工验收会议。正式验收过程的主要工作有：

①建设、勘察、设计、施工、监理单位分别汇报工程合同履约情况及工程施工各环节

满足设计要求，质量符合法律、法规和强制性标准的情况。

②检查审核设计、勘察、施工、监理单位的工程档案资料及质量验收资料。

③实地检查工程外观质量，对工程的使用功能进行抽查。

④对工程施工质量管理各环节工作、对工程实体质量及质保资料情况进行全面评价，形成经验收组人员共同确认签署的工程竣工验收意见。

⑤竣工验收合格，建设单位应及时提出工程竣工验收报告。验收报告还应附有工程施工许可证、设计文件审查意见、质量检测功能性试验资料、工程质量保修书等法规所规定的其他文件。

⑥工程质量监督机构应对工程竣工验收工作进行监督。

三、工程竣工验收备案

我国实行建设工程竣工验收备案制度。新建、扩建和改建的各类水利工程的竣工验收，均应按《建设工程质量管理条例》规定进行备案。

1. 建设单位应当自建设工程竣工验收合格之日起 15 日内，将建设工程竣工验收报告和规划、公安消防、环保等部门出具的认可文件或准许使用文件，报建设行政主管部门或者其他相关部门备案。

2. 备案部门在收到备案文件资料后的 15 日内，对文件资料进行审查，符合要求的工程，在验收备案表上加盖"竣工验收备案专用章"，并将一份退建设单位存档。如审查中发现建设单位在竣工验收过程中，有违反国家有关建设工程质量管理规定的，责令停止使用，重新组织竣工验收。

3. 建设单位有下列行为之一的，责令改正，处以工程合同价款 2% 以上 4% 以下的罚款，造成损失的依法承担赔偿责任。

（1）未组织竣工验收，擅自交付使用的。

（2）验收不合格，擅自交付使用的。

（3）对不合格的建设工程按照合格工程验收的。

第五节　建设工程项目质量的政府监督

为加强对建设工程质量的管理，我国《建筑法》及《建设工程质量管理条例》明确政府行政主管部门设立专门机构对建设工程质量行使监督职能，其目的是保证建设工程质量、保证建设工程的使用安全及环境质量。国务院建设行政主管部门对全国建设工程质量实行统一监督管理，国务院铁路、交通、水利等有关部门按照规定的职责分工，负责对全国有关专业建设工程质量的监督管理。

一、建设工程项目质量政府监督的职能

1. 监督职能的内容

监督职能包括三方面：

（1）监督检查施工现场工程建设参与各方主体的质量行为。

（2）监督检查工程实体的施工质量。

（3）监督工程质量验收。

2. 政府监督职能的权限

政府质量监督的权限包括以下几项：

（1）要求被检查的单位提供有关工程质量的文件和资料。

（2）深入被检查单位的施工现场进行检查。

（3）发现有影响工程质量的问题时，责令改正。

建设工程质量监督管理，由建设行政主管部门或者委托的建设工程质量监督机构具体实施。

二、建设工程项目质量政府监督的内容

1. 受理质量监督申报

在工程项目开工前，政府质量监督机构在受理建设工程质量监督的申报手续时，对建设单位提供的文件进行审查，审查合格后签发有关质量监督文件。

2. 开工前的质量监督

开工前召开项目参与各方参加的首次监督会议，公布监督方案，提出监督要求，并进行第一次监督检查。监督检查的主要内容为工程项目质量控制系统及各施工方的质量保证体系是否已经建立，以及完善的程度。具体内容为：

（1）检查项目各施工方的质保体系，包括组织机构、质量控制方案及质量责任制等制度。

（2）审查施工组织设计、监理规划等文件及审批手续。

（3）检查项目各参与方的营业执照、资质证书及有关人员的资格证书。

（4）检查结果记录保存。

3. 施工期间的质量监督

（1）在建设工程施工期间，质量监督机构按照监督方案对工程项目施工情况进行不定期的检查。其中在基础和结构阶段每月安排监督检查，检查内容为工程参与各方的质量行为，及质量责任制的履行情况、工程实体质量和质保资料的状况。

（2）对建设工程项目结构主要部位（如桩基、基础、主体结构），除常规检查外，还要在分部工程验收时，要求建设单位将施工、设计、监理、建设方分别签字的质量验收证明在验收后 3 天内报监督机构备案。

（3）对施工过程中发生的质量问题、质量事故进行查处；根据质量检查状况对查实的问题签发质量问题整改通知单或局部暂停施工指令单，对问题严重的单位也可根据问题情况发出临时收缴资质证书通知书等处理意见。

4. 竣工阶段的质量监督

政府建设工程质量监督机构按规定对工程竣工验收备案工作实施监督。

（1）做好竣工验收前的质量复查。对质量监督检查中提出质量问题的整改情况进行复查，了解其整改情况。

（2）参与竣工验收会议。对竣工工程的质量验收程序、验收组织与方法、验收过程等进行监督。

（3）编制单位工程质量监督报告。工程质量监督报告作为竣工验收资料的组成部分提交竣工验收备案部门。

（4）建立建设工程质量监督档案。建设工程质量监督档案按单位工程建立，要求归档及时，资料记录等各类文件齐全，经监督机构负责人签字后归档，按规定年限保存。

第六节　企业质量管理体系标准

建筑业企业质量管理体系是按照我国《质量管理体系标准》（GB/T 19000）进行建立和认证的，采用国际标准化组织颁布的 ISO9000-20000 质量管理体系认证标准。本节要求熟悉 ISO9000-2000 标准提出的质量管理体系八项原则，了解企业质量管理体系文件的构成，以及企业质量管理体系的建立与运行、认证与监督等相关知识。

一、质量管理体系八项原则

八项质量管理原则是 2000 版 ISO9000 系列标准的编制基础，八项质量管理原则是对世界各国质量管理成功经验的科学总结，其中不少内容与我国全面质量管理的经验相吻合。它的贯彻执行能促进企业管理水平的提高，并提高顾客对其产品或服务的满意程度，帮助企业达到逐步完善的目的。质量管理体系八项原则的具体内容如下：

1. 以顾客为关注焦点

组织（从事一定范围生产经营活动的企业）依存于其顾客。组织应理解顾客当前的和未来的需求，满足顾客要求并争取超越顾客的期望。这是组织进行质量管理的基本出发点和归宿点。

2. 领导作用

领导者确立本组织统一的宗旨和方向，并营造和保持使员工充分参与实现组织目标的内部环境。因此，领导在企业的质量管理中起着决定性作用。只有领导重视，各项质量活动才能有效开展。

3. 全员参与

各级人员都是组织之本，只有全员积极参与，才能使他们的才干为组织带来收益。产品质量是产品形成过程中全体人员共同努力的结果，其中也包含着为他们提供支持的管理、检查行政人员的贡献。企业领导应对员工进行质量意识等各方面的教育，激发他们的积极性和责任感，为其能力知识、经验的提高提供机会，发挥创造精神，鼓励持续改进，给予必要的物质和精神奖励，使全员积极参与，为达到让顾客满意的目标而奋斗。

4. 过程方法

将相关的资源和活动作为过程进行管理，可以更高效地得到期望结果。任何使用资源生产活动和将输入转化为输出的一组相关联的活动都可视为过程。

2000 版 ISO90000 标准是建立在过程控制的基础上。一般在过程的输入端、过程的不同位置及输出端都存在着可以进行测量或检查的机会和控制点，对这些控制点实行测量、检测和管理，便能控制过程的有效实施。

5. 管理的系统方法

将相互关联的过程作为系统加以识别、理解和管理，有助于组织提高实现其目标的有效性和高效性。不同企业应根据自己的特点，建立资源管理、过程实现、测量分析改进等方面的关联关系，并加以控制。即采用过程网络的方法建立质量管理体系，实施系统管理。一般建立实施质量管理体系包括：（1）确定顾客期望；（2）建立质量目标和方针；（3）确定实现目标的过程和职责；（4）确定必须提供的资源；（5）规定测量过程有效性的方法；（6）实施测量确定过程的有效性；（7）确定防止不合格并清除产生原因的措施；（8）建立和应用持续改进质量管理体系的过程。

6. 持续改进

持续改进，总体业绩是组织的一个永恒目标，其作用在于增强企业满足质量要求的能力，包括产品质量、过程及体系的有效性和效率的提高。持续改进是增强和满足质量要求能力的循环活动，使企业的质量管理走上良性循环的轨道。

7. 基于事实的决策方法

有效的决策应建立在数据和信息分析的基础上，数据和信息分析是对事实的高度提炼。以事实为依据作出决策，可防止决策失误。为此企业领导应重视数据信息的收集、汇总和分析，以便为决策提供依据。

8. 与供方互利的关系

组织与供方是相互依存的，建立双方的互利关系可以增强双方创造价值的能力。供方提供的产品是企业提供产品的一个组成部分。能否处理好与供方的关系，涉及企业能否持续稳定提供顾客满意产品的重要问题。因此，对供方不能只讲控制，不讲合作互利，特别是关键供方，更要建立互利关系，这对企业与供方双方都有利。

二、企业质量管理体系文件构成

1. 质量管理体系文件的作用

《质量管理体系标准》（GB/T 19000）对质量体系文件的重要性做了专门的阐述，要求企业重视质量体系文件的编制和使用。编制和使用质量体系文件本身是一项具有动态管理要求的活动。因为质量体系的建立、健全要从编制完善体系文件开始，质量体系的运行、审核与改进都是依据文件的规定进行，质量管理实施的结果也要形成文件，作为证实产品质量符合规定要求及质量体系有效的证据。

2. 质量管理体系文件的构成

GB/T 19000 质量管理体系对文件提出明确要求，企业应具有完整和科学的质量体系文件。质量管理体系文件一般由以下内容构成：

（1）形成文件的质量方针和质量目标。

（2）质量手册。

（3）质量管理标准所要求的各种生产、工作和管理的程序性文件。

（4）质量管理标准所要求的质量记录。

以上各类文件的详略程度无统一规定，以适于企业使用为目的，以过程受控为准则。

3. 质量管理体系文件的要求

（1）质量方针和质量目标

一般都以简明的文字来表述，是企业质量管理的方向目标，应反映用户及社会对工程质量的要求及企业相应的质量水平和服务承诺，也是企业质量经营理念的反映。

（2）质量手册的要求

质量手册是规定企业组织建立质量管理体系的文件，质量手册对企业质量体系作系统、完整和概要的描述。其内容一般包括：企业的质量方针、质量目标、组织机构及质量职责；体系要素或基本控制程序；质量手册的评审、修改和控制的管理办法。

质量手册作为企业质量管理系统的纲领性文件，应具备指令性、系统性、协调性、先进性可行性和可检查性。

（3）程序文件的要求

质量体系程序文件是质量手册的支撑性文件，是企业各职能部门为落实质量手册要求而规定的细则，企业为落实质量管理工作而建立的各项管理标准、规章制度都属于程序文件范畴。各企业程序文件的内容及详略可视企业情况而定。一般有以下六个方面的程序为通用性管理程序，各类企业都应在程序文件中制订下列程序：

①文件控制程序。

②质量记录管理程序。

③内部审核程序。

④不合格品控制程序。

⑤纠正措施控制程序。

⑥预防措施控制程序。

除以上六个程序外，涉及产品质量形成过程各环节控制的程序文件，如生产过程、服务过程、管理过程、监督过程等管理程序，不作统一规定，可视企业质量控制的需要而制订。为确保工程的有效运行和控制，在程序文件的指导下，尚可按管理需要编制相关文件，如作业指导书、具体工程的质量计划等。

（4）质量记录的要求

质量记录是产品质量水平和质量体系中各项质量活动进行及结果的客观反映。对质量体系程序文件所规定的运行过程及控制测量检查的内容如实加以记录，用以表明产品质量达到合同要求及质量保证的满足程度。如在控制体系中出现偏差，则质量记录不仅要反映偏差情况，而且应反映出针对不足之处所采取的纠正措施及纠正效果。

质量记录应完整地反映质量活动实施、验证和评审的情况，并记载关键活动的过程参数，具有可追溯性的特点。质量记录以规定的形式和程序进行，并有实施、验证、审核等签署意见。

三、企业质量管理体系的建立和运行

1.企业质量管理体系的建立

（1）企业质量管理体系的建立，是在满足市场及顾客需求的前提下，按照八项质量管理原则制订企业质量管理体系文件，并将质量目标分解落实到相关层次、相关岗位的职能和职责中，形成企业质量管理体系的执行系统。

（2）企业质量管理体系的建立还包含组织企业不同层次的员工进行培训，使体系的工作内容和执行要求为员工所了解，为形成全员参与的企业质量管理体系运行创造条件。

（3）企业质量管理体系的建立需识别并提供实现质量目标和持续改进所需的资源，包括人员、基础设施、环境、信息等。

2.企业质量管理体系的运行

（1）运行

按质量管理体系文件所制订的程序、标准、工作要求及目标分解的岗位职责进行运作。

（2）记录

按各类体系文件的要求，监视、测量和分析过程的有效性和效率性，做好文件规定的质量记录。

（3）考核评价

按文件规定的办法进行质量管理评审和考核。

（4）落实内部审核

落实质量体系的内部审核程序，有组织有计划地开展内部质量审核活动，其主要目的是：

①评价质量管理程序的执行情况及适用性。

②揭露过程中存在的问题，为质量改进提供依据。

③检查质量体系运行的信息。

④向外部审核单位提供体系内有效的证据。

四、企业质量管理体系的认证与监督

1.企业质量管理体系认证的意义

质量认证制度是由公正的第三方认证机构对企业的产品及质量体系作出正确可靠的评价。

2.企业质量管理体系认证的程序

（1）申请和受理：具有法人资格，申请单位须按要求填写申请书，接受或不接受均予发出书面通知书。

（2）审核：包括文件审查、现场审核，并提出审核报告。

（3）审批与注册发证：符合标准者批准并予以注册，发放认证证书。

3.获准认证后的维持与监督管理

企业质量管理体系获准认证的有效期为3年。获准认证后的质量管理体系，维持与监督管理内容如下：

（1）企业通报：认证合格的企业质量管理体系在运行中出现较大变化时，需向认证机构通报。

（2）监督检查：包括定期和不定期的监督检查。

（3）认证注销：注销是企业的自愿行为。

（4）认证暂停：认证暂停期间，企业不得使用质量管理体系认证证书做宣传。

（5）认证撤销：撤销认证的企业一年后可重新提出认证申请。

（6）复评：认证合格有效期满前，如企业愿继续延长，可向认证机构提出复评申请。

（7）重新换证：在认证证书有效期内，出现体系认证标准变更、体系认证范围变更、体系认证证书持有者变更，可按规定重新换证。

第七节　工程质量统计方法

一、分层法

1.分层法的基本原理

由于工程质量形成的影响因素诸多，因此对工程质量状况的调查和质量问题的分析，必须分门别类地进行，以便准确快速地找出问题及其原因，这就是分层法的基本思想。

2.分层法的实际应用

调查分析的层次划分，根据管理需要和统计目的，通常可按照以下分层方法取得原始数据：

（1）按时间分：月、日、上午、下午、白天、晚间、季节。

（2）按地点分：地域、城市、乡村、楼层、外墙、内墙。

（3）按材料分：产地、厂商、规格、品种。

（4）按测定分：方法、仪器、测定人、取样方式。

（5）按作业分：工法、班组、工长、工人、分包商。

（6）按工程分：住宅、办公楼、道路、桥梁、隧道。

（7）按合同分：总承包、专业分包、劳务分包。

二、因果分析图法

1.因果分析图法的基本原理

因果分析图法，也称为质量特性要因分析法，其基本原理是对每一个质量特性或问题，逐层深入排查可能原因，然后确定其中最主要原因，进行有的放矢的处置和管理。

2.因果分析图法应用时的注意事项：

（1）一个质量特性或一个质量问题单独使用一张图分析。

（2）通常采用 QC 小组活动的方式进行，集思广益，共同分析。

（3）必要时可以邀请小组以外的有关人员参与，广泛听取意见。

（4）分析时要充分发表意见，层层深入，列出所有可能的原因。

（5）在充分分析的基础上，由各参与人员采用投票或其他方式，从中选择 1~5 项多数人达成共识的最主要原因。

三、排列图法

1.排列图定义

排列图法：是利用排列图寻找影响质量主次因素的一种有效方法。排列图又叫帕累托图或主次因素分析图。

2.组成

它由两个纵坐标、一个横坐标、几个相连的直方形和一条曲线所组成。实际应用中，通常按累计频率划分为 0~80%、80%~90%、90%~100% 三部分，与其对应的影响因素分别为 A、B、C 三类。A 类为主要因素，B 类为次要因素，C 类为一般因素。

四、直方图法

1. 直方图的用途

（1）定义

直方图法即频数分布直方图法，它是将收集到的质量数据进行分组整理，绘制成频数分布直方图，用以描述质量分布状态的一种分析方法，所以又称质量分布图法。

（2）作用

①通过对直方图的观察与分析，可了解产品质量的波动情况，掌握质量特性的分布规律，以便对质量状况进行分析判断。

②可通过质量数据特征值的计算，估算施工生产过程总体的不合格品率，评价过程能力等。

2. 控制图法

（1）控制图的定义及其用途

①控制图的定义

控制图又称管理图。它是在直角坐标系内画有控制界限，描述生产过程中产品质量波动状态的图形。利用控制图区分质量波动原因，判断生产过程是否处于稳定状态的方法称为控制图法。

②控制图的用途

控制图是用样本数据来分析判断生产过程是否处于稳定状态的有效工具。它的用途主要有两个：

A. 过程分析，即分析生产过程是否稳定。为此，应随机连续、收集数据，绘制控制图，观察数据点分布情况并判定生产过程状态。

B. 过程控制，即控制生产过程质量状态。为此，要定时抽样取得数据，将其变为点描在图上，发现并及时消除生产过程中的失调现象，预防不合格品的产生。

（2）控制图的种类

①按用途分析

A. 分析用控制图。分析生产过程是否处于控制状态，连续抽样。

B. 管理（或控制）用控制图。用来控制生产过程，使之经常保持在稳定状态下，等距抽样。

②按质量数据特点分类

A. 计量值控制图。

B. 计数值控制图。

（3）控制图的观察与分析

当控制图同时满足以下两个条件：一是点几乎全部落在控制界限之内，二是控制界限内的点排列没有缺陷，就可以认为生产过程基本上处于稳定状态。如果点的分布不满，足其中任何一条，都应判断生产过程为异常。

第八节　建设工程项目总体规划和设计质量控制

1. 建设工程项目总体规划编制

（1）建设工程项目总体规划过程

从广义上来说，包括建设方案的策划、决策过程和总体规划的制订过程。建设工程项目的策划与决策过程主要包括建设方案策划、项目可行性研究论证和建设工程项目决策。建设工程项目总体规划的制订是具体编制建设工程项目规划设计文件，对建设工程项目的决策意图进行直观的描述。

（2）建设工程项目总体规划的内容

建设工程项目总体规划的主要内容是解决平面空间布局、道路交通组织、场地竖向设计、总体配套方案、总体规划指标等问题。

2. 建设工程项目设计质量控制的方法

（1）建设工程项目设计质量控制的内容

主要从满足建设需求入手，包括法律法规、强制性标准和合同规定的明确需要以及潜在需要，以使用功能和安全可靠性为核心，做好功能性、可靠性、观感性和经济性质量的综合把控。

（2）建设工程项目设计质量控制的方法

设计质量的控制方法主要是通过设计任务的组织、设计过程控制和设计项目管理来实现。

第九节　水利工程施工质量控制的难题及解决措施

一、存在的问题

1. 质量意识普遍较低

施工过程中，不能重视施工质量控制，没有考虑到施工质量的重要性。当质量与进度发生矛盾，费用紧张时，就放弃了质量控制的中心和主导地位，变成了提前使用、节约投资。

2. 对设计和监理的行政干预多

在招标投标阶段或开工阶段，有些业主就提出提前投入使用、节约投资的要求。有的则是提出许多具体的设计优化方案，指令设计组执行。对于大型工程，重要的优化方案都须经咨询专家慎重研究后，正式向设计院提出，设计院接到建议，组织有关专家研究之后，才做出正式决策。个别领导提出的方案，只能作为设计院工作的提示。

优化方案可能是很好的，也可能是不成熟的。仓促决策，可能对质量控制造成重大影响。

3. 设计方案变更过多

水利工程的设计方案变更比较随便，有些达到了优化的目的，有的则把合理的方案改到了错误的道路上。设计方案变更将导致施工方案的调整和设备配置的变化，牵一发而动全身。没有严重的错误或者缺乏优化的可靠论证，不宜过多变更设计方案。

4. 设代组、监理部力量偏小

一方面是限于费用，另一方面是轻视水利工程，在设代组和监理部的人员配备上，往往偏少、偏弱。水利工程建设中的许多问题，都要由设代组或监理部在现场独立做出决定，更需要派驻专业性强、经验丰富的工程师到现场。

5. 费用较紧、工作条件较差

施工设备、试验设备大多破旧不全，交通、通信不便，安全保护、卫生医疗、防汛抗灾条件都较差。

二、解决措施

1. 监理工作一定要及早介入，要贯穿建设工作的全过程

开工令发布之前的质量控制工作相当重要。施工招标的过程、施工单位进场时的资质复核，施工准备阶段的若干重大决策的形成，都对施工质量起着至关重要的影响。开工伊始，就应形成一种严格的模式，坏习惯一旦养成，很难改正。工程上马时的第一件事，就是监理工作招标投标，随之组建监理部。

2. 要处理好监理工程师的质量控制体系与施工单位的质量保证体系之间的关系总的来说，监理工程师的质量控制体系是建立在施工承包商的质量保证体系上的。

后者是基础，没有一个健全的、运行良好的施工质量保证体系，监理工程师很难有所作为。因此，监理工程师质量控制的首要任务就是在开工令发布之前，检查施工承包商是否有一个健全的质量保证体系，没有肯定答复，不签发开工令。

3. 监理要在每个环节上实施监控

质量控制体系由多环节构成，任何一个环节松懈，都可能造成失控。不能把控制点仅仅设到验收这最后一关，而是要每个工序、每个环节实施监控。首先检查承包商的施工技术员、质检员，值班工程师是否在岗，施工记录是否真实、完整，质量保证机构是否正常运转。监理部一定要分工明确，各司其职，方能每个环节都有人监控。

4. 严禁转包

主体工程不能分包。对分包资质要严加审查，不允许多次分包。

水利工程的资质审查，通常只针对企业法人，对项目部的资质很少进行复核。项目部

是独立性很强的经济、技术实体,是对质量起保证作用的关键所在。一旦转包或多次分包,连责任都不明确了,从合同法来讲是企业法人负责,而在实际运作中是无人负责。

5. 监理部的责、权、利要均衡

按照国际惯例,监理工程师应当是责任重、权力大、利益高,监理费用一般略高于同一工程的设计费比率。监理工作是一种脑力与体力双能耗的高智能劳动,要求监理人员具有丰富的专业知识、管理经验,吃苦耐劳,廉洁奉公。

但是,目前的水利工程的监理,实际上是一种契约劳务。费用不是按工程费用的比率计算,而是按劳务费的计算方法或较低的工程费用的比率确定。责任是非常扩大化的(质量、进度、投资控制的一切责任),但是权利却集中在业主手上。

6. 正确处理业主、监理、施工三方及地方政府有关部门的关系

在建设管理中执行业主制、监理制和招标投标制,是一个巨大的进步。三方都有一个观念转变的过程。各自找准自己的位置是最重要的。"对号入座、进入角色"之后,三方的关系就易于处理好。三者不是上下级关系,也不是对立关系,而是合同双方平等互利关系,是社会主义企业之间互助协作的关系。

业主和监理虽然是管理工作的主动方,但是必须认清施工单位是建设的主体,质量控制的好坏,主要取决于施工企业。

与地方政府各部门关系是否正常,是关系到工程施工是否有个良好环境的重点。供水、供电、征地、移民,以及砂石料场等,将对质量的稳定产生很大的影响。

质量控制是监理工程师的首要任务。监理工程师的权威是在工作中建立起来的,也是在业主和施工单位支持下树立起来的。没有独立性、公正性与公平性,哪有威信可言,独立性是业主赋予的,公正性与公平性需要施工单位支持和信任,并且予以承认。

7. 重视监理工作,抓好监理队伍的建设

目前,我国水利工程的监理工作,有多种多样的形式:有业主自己组织、招聘精兵强将组建监理部;也有按正规途径招标投标,选择监理单位的。事实证明,业主制、监理制和招标投标制是一整套建设制度,缺一不可。施工企业最先进入竞争行列,其本身有一套适合市场机制的管理办法,愈是成熟,愈需要监理制配合,并对其行为进行规范。

监理工程师责任重大,首先要求监理人员有敬业精神,精通业务、清廉公正。但是一个监理单位不仅是一个劳务集体,也是一个技术密集型的企业。作为一个经济集体,除组织建设外,还必须有一定的经济投入,在软件和硬件方面都要有一定积累。这样才能在知识经验时代占有一席之地。

水利工程的质量控制工作极为重要,绝不可忽视。优良的施工质量要业主、监理和施工方共同努力去争取。监理工程师的质量控制体系是建立在施工企业的质量保证体系基础之上的,无论监理投入多大的人力、物力,都不应代替施工方自身的质量保证体系,业主和监理,应协力为其健全和正常运转创造条件。

第七章 水利工程施工进度控制

施工进度计划是工程项目施工时的时间规划，是在施工方案已经确定的基础上，对工程项目各组成部分的施工起止时间、施工顺序、衔接关系和总工期等作出的安排。在此基础上，可以编制劳动力计划、材料供应计划、成品及半成品计划、机械需用量及设备到货计划等。因此，施工进度计划是控制工期的有效工具。同时，它也是施工准备工作的基本依据，是施工组织设计的重要内容之一。

本章主要介绍横道进度计划和网络进度计划的基本知识和编制方法。

第一节　施工进度计划的作用和类型

一、施工进度计划的作用

施工进度计划具有以下作用：

1. 控制工程的施工进度，使之按期或提前竣工，并交付使用或投入运转；

2. 通过施工进度计划的安排，加强工程施工的计划性，使施工能均衡、连续、有节奏地进行；

3. 从施工顺序和施工进度等组织措施上保证工程质量和施工安全；

4. 合理使用建设资金、劳动力、材料和机械设备，达到多、快、好、省地进行工程建设的目的；

5. 确定各施工时段所需的各类资源的数量，为施工准备提供依据；

6. 施工进度计划是编制更细致的进度计划（如月、旬作业计划）的基础。

二、施工进度计划的类型

施工进度计划按编制对象的大小和范围不同可分为施工总进度计划、单项工程施工进度计划、单位工程施工进度计划、分部工程施工进度计划和施工作业计划。下面只对常见的几种进度计划作一概述。

1. 施工总进度计划

施工总进度计划是以整个水利水电枢纽工程为编制对象，拟定出其中各个单项工程和单位工程的施工顺序及建设进度，以及整个工程施工前的准备工作和完工后的结尾工作的项目与施工期限。因此，施工总进度计划属于轮廓性（或控制性）的进度计划，在施工过程中主要控制和协调各单项工程或单位工程的施工进度。

施工总进度计划的任务是：分析工程所在地区的自然条件、社会经济资源、影响施工质量与进度的关键因素，确定关键性工程的施工工期和施工程序，并协调安排其他工程的施工进度，使整个工程施工前后兼顾、互相衔接、均衡生产，从而最大限度地合理使用资金、劳动力、设备、材料，在保证工程质量和施工安全的前提下，按时或提前建成投产。

2. 单项工程施工进度计划

单项工程进度计划是以枢纽工程中的主要工程项目（如大坝、水电站等单项工程）为编制对象，并将单项工程划分成单位工程或分部分项工程，拟定出其中各项目的施工顺序和建设进度以及相应的施工准备工作内容与施工期限。它以施工总进度计划为基础，要求进一步从施工程序、施工方法和技术供应等条件上，论证施工进度的合理性和可靠性，尽可能组织流水作业，并研究加快施工进度和降低工程成本的具体措施。同时，又可根据单项工程进度计划对施工总进度计划进行局部微调或修正，并编制劳动力和各种物资的技术供应计划。

3. 单位工程施工进度计划

单位工程进度计划是以单位工程（如土坝的基础工程、防渗体工程、坝体填筑工程等）为编制对象，拟定出其中各分部、分项工程的施工顺序、建设进度以及相应的施工准备工作内容和施工期限。它以单项工程进度计划为基础进行编制，属于实施性进度计划。

4. 施工作业计划

施工作业计划是以某一施工作业过程（即分项工程）为编制对象，制定出该作业过程的施工起止日期以及相应的施工准备工作内容和施工期限。它是最具体的实施性进度计划。在施工过程中，为了加强计划管理工作，各施工作业班组都应在单位（单项）工程施工进度计划的要求下，编制出年度、季度或逐月（旬）的作业计划。

第二节　施工总进度计划的编制

施工总进度计划是项目工期控制的指挥棒，是项目实施的依据和向导。编制施工总进度计划必须遵循相关的原则，并准备翔实可靠的原始资料，最后按照一定的方法去编制。

一、施工总进度计划的编制原则

编制施工总进度计划应遵循以下原则：

认真贯彻执行党的方针政策、国家法令法规、上级主管部门对本工程建设的指示和要求。

　　加强与施工组织设计及其他各专业的密切联系，统筹考虑，以关键性工程的施工分期和施工程序为主导，协调安排其他各单项工程的施工进度。同时，进行必要的多方案比较，从中选择最优方案。

　　在充分掌握及认真分析基本资料的基础上，尽可能采用先进的施工技术和设备，最大限度地组织均衡施工，力争全年施工，加快施工进度。同时，应做到实事求是，留有余地，保证工程质量和施工安全。当施工情况发生变化时，要及时调整和落实施工总进度。充分重视和合理安排准备工程的施工进度。在主体工程开工前，相应各项准备工作应基本完成，为主体工程开工和顺利进行创造条件。

　　对高坝、大库容的工程，应研究分期建设或分期蓄水的可能性，尽可能减少第一批机组投产前的工程投资。

二、施工总进度计划的编制方法

　　1.基本资料的收集和分析

　　在编制施工总进度计划之前和编制过程中，要收集和不断完善编制施工总进度所需的基本资料。这些基本资料主要有：

　　（1）上级主管部门对工程建设的指示和要求，有关工程的合同协议。如设计任务书，工程开工竣工、投产的顺序和日期，对施工承建方式和施工单位的意见，工程施工机械化程度、技术供应等方面的指示，国民经济各部门对施工期间防洪灌溉、航运、供水、环保等要求。

　　（2）设计文件和有关的法规、技术规范、标准。

　　（3）工程勘测和技术经济调查资料。如地形、水文、气象资料，工程地质与水文地质资料，当地建筑材料资料，工程所在地区和库区的工矿企业、矿产资源、水库淹没和移民安置等资料。

　　（4）工程规划设计和概预算方面的资料。如工程规划设计的文件和图纸、主管部门的投资分配和定额资料等。

　　（5）施工组织设计其他部分对施工进度的限制和要求。如施工场地情况、交通运输能力、资金到位情况、原材料及工程设备供应情况、劳动力供应情况、技术供应条件、施工导流与分期、施工方法与施工强度限制以及供水、供电、供风和通信情况等。

　　（6）施工单位施工技术与管理方面的资料，已建类似工程的经验及施工组织设计资料等。

　　（7）征地及移民搬迁安置情况。

　　（8）其他有关资料。如环境保护、文物保护和野生动物保护等。

　　收集了以上资料后，应着手对各部分资料进行分析和比较，找出控制进度的关键因素。

尤其是施工导流与分期的划分，截流时段的确定，围堰挡水标准的拟定，大坝的施工程序及施工强度、加快施工进度的可能性，坝基开挖顺序及施工方法、基础处理方法和处理时间，各主要工程所采用的施工技术与施工方法、技术供应情况及各部分施工的衔接，现场布置、与劳动力设备、材料的供应与使用等。只有把这些基本情况搞清楚，并理顺它们之间的关系，才可能作出既符合客观实际又满足主管部门要求的施工总进度安排。

2. 施工总进度计划的编制步骤

（1）划分并列出工程项目

总进度计划的项目划分不宜过细。列项时，应根据施工部署中分期、分批开工的顺序和相互关联的密切程度依次进行，防止漏项，突出每一个系统的主要工程项目，分别列入工程名称栏内。对于一些次要的项目，则可合并到其他项目中去。例如河床中的水利水电工程，若按扩大单项工程列项，可以有准备工作、导流工程、拦河坝工程、溢洪道工程、引水工程、电站厂房、升压变电站、水库清理工程结束工作等。

（2）计算工程量

工程量的计算一般应根据设计图纸、工程量计算规则及有关定额手册或资料进行。其数值的准确性直接关系到项目持续时间的误差，进而影响工作进度计划的准确性。当然，设计深度不同，工程量的计算（估算）精度也不一样。在有设计图的情况下，还要考虑工程性质、工程分期、施工顺序等因素，分别按土方、石方、混凝土、水上、水下、开挖、回填等不同情况，分别计算工程量。有时，为了分期、分层或分段组织施工的需要，应分别计算不同高程（如对大坝）、不同桩号（如对渠道）的工程量，作出累计曲线，以便分期、分段组织施工。计算工程量常采用列表的方式进行。工程量的计量单位要与使用的定额单位相吻合。

在没有设计图或设计图不全、不详时，可参照类似工程或通过概算指标估算工程量。

常用的定额资料有：

①1万元、10万元投资工程量、劳动量及材料消耗扩大指标。

②概算指标和扩大结构定额。

③标准设计和已建成的类似建筑物、构筑物的资料。

（3）计算各项目的施工持续时间

确定进度计划中各项工作的作业时间是计算项目计划工期的基础。在工作项目的实物工程量一定的情况下，工作持续时间与安排在工程上的设备水平、人员技术水平、人员与设备数量、效率等有关。在现阶段，工作项目持续时间的确定方法主要有下述几种：

①按实物工程量和定额标准计算

根据计算出的实物工程量，应用相应的标准定额资料，就可以计算或估算各项目的施工持续时间 t：

$$t = \frac{Q}{\text{m} \, N}$$

式中

Q——项目的实物工程量；

m——日工作班制，m=1、2、3；

n——每班工作的人数或机械设备台数；

N——人工或机械台班产量定额（用概算定额或扩大指标）。

②套用工期定额法

对于，总进度计划中大"工序"的持续时间，通常采用国家制定的各类工程工期定额，并根据具体情况进行适当调整。水利水电工程工期定额可参照 1990 年印发的《水利水电枢纽工程项目建设工期定额》。

③三时估计法

有些工作任务没有确定的实物工程量，或不能用实物工程量来计算工时，也没有颁布的工期定额可套用，例如试验性工作或采用新工艺、新技术、新结构、新材料的工程。此时，可采用"三时估计法"计算该项目的施工持续时间 t：

$$t = \frac{t_n + 4t_m + t_b}{6}$$

式中 t_a——最乐观的估计时间，即最紧凑的估计时间；

t_b——最悲观的估计时间，即最松动的估计时间；

t_m——最可能的估计时间。

（4）分析确定项目之间的逻辑关系

项目之间的逻辑关系取决于工程项目的性质和轻重缓急施工组织、施工技术等许多因素，概括说来分为两大类。

工艺关系，即由施工工艺决定的施工顺序关系。在作业内容、施工技术方案确定的情况下，这种工作逻辑关系是确定的，不得随意更改。如一般土建工程项目，应按照先地下后地上、先基础后结构、先土建后安装再调试、先主体后围护（或装饰）的原则安排施工顺序。现浇柱子的工艺顺序为：扎柱筋→支柱模→浇筑混凝土→养护和拆模。土坝坝面作业的工艺顺序为：铺土→平土→晾晒或洒水→压实→刨毛。它们在施工工艺上，都有必须遵循的逻辑顺序，违反这种顺序将付出额外的代价甚至造成巨大损失。

组织关系，即由施工组织安排决定的施工顺序关系。如工艺上没有明确规定先后顺序关系的工作，由于考虑到其他因素（如工期、质量、安全、资源限制、场地限制等）的影响而人为安排的施工顺序关系，均属此类。例如，由导流方案所形成的导流程序，决定了各控制环节所控制的工程项目，从而也就决定了这些项目的衔接顺序。再如，采用全段围堰隧洞导流的导流方案时，通常要求在截流以前完成隧洞施工、围堰进占、库区清理、截流备料等工作，由此形成了相应的衔接关系。又如，由于劳动力的调配、施工机械的转移、建筑材料的供应和分配、机电设备进场等原因，安排一些项目在先，另一些项目进度稍缓，均属组织关系所决定的顺序关系。由组织关系所决定的衔接顺序，一般是可以改变的。只要改变相应的组织安排，有关项目的衔接顺序就会发生相应的变化。

项目之间的逻辑关系，是科学地安排施工进度的基础，应逐项研究，仔细确定。

（5）初拟施工总进度计划

通过对项目之间进行逻辑关系分析，掌握工程进度的特点，理清工程进度的脉络之后，就可以初步拟订出一个施工进度方案。在初拟进度时，一定要抓住关键，分清主次，理清关系，互相配合，合理安排。要特别注意把与洪水有关、受季节性限制较严施工技术比较复杂的控制性，工程的施工进度安排好。

对于堤坝式水利水电枢纽工程，其关键项目一般位于河床，故施工总进度的安排应以导流程序为主要线索。先将施工导流、围堰截流基坑排水、坝基开挖、基础处理施工度汛坝体拦洪、下闸蓄水、机组安装和引水发电等关键性控制进度安排好，其中应包括相应的准备、结束工作和配套辅助工程的进度。这样，构成的总的轮廓进度即进度计划的骨架。然后，再配合安排不受水文条件控制的其他工程项目，形成整个枢纽工程的施工总进度计划草案。

需要注意的是，在初拟控制性进度计划时，对于围堰截流、拦洪度汛、蓄水发电等这样一些关键项目，一定要进行充分论证，并落实相关措施。否则，如果延误了截流时机，影响了发电计划，对工期的影响和造成国民经济的损失往往是非常巨大的。

对于引水式水利水电工程，有时引水建筑物的施工期限成为控制总进度的关键，此时总进度计划应以引水建筑物为主来进行安排，其他项目的施工进度要与之相适应。

（6）调整和优化

进度计划初步形成以后，要配合施工组织设计其他部分的分析，对一些控制环节、关键项目的施工强度、资源需用量、投资过程等重大问题进行分析计算。若发现主要工程的施工强度过大或施工强度很不平衡（此时也必然引起资源使用的不均衡）时，就应进行调整和优化，使新的计划更加完善，更加切实可行。

必须强调的是，施工进度的调整和优化往往要反复进行，工作量大而枯燥。现阶段已普遍采用优化程序进行电算。

（7）编制正式施工总进度计划

经过调整优化后的施工进度计划，可以作为设计成果整理以后提交审核。施工进度计划的成果可以用横道进度表（又称横道图或甘特图）的形式表示，也可以用网络图（包括时标网络图）的形式表示。此外，还应提交有关主要工种工程施工强度、主要资源需用强度和投资费用动态过程等方面的成果。

第三节　网络进度计划

1. 网络计划技术的基本原理

网络图是网络计划的基础，它由箭线（用一端带有箭头的实线或虚线表示）和节点（用圆圈表示）组成，是用来表示一项工程或任务进行顺序的有向、有序的网状图。

网络计划：用网络图表达任务构成、工作顺序，并加注工作时间参数的进度计划。网络计划的时间参数可以帮我们找到工程中的关键因素和关键线路，方便我们在具体实施中对资源、费用等进行调整。

网络计划技术：利用网络计划对工作任务进行安排和控制，不断优化、控制、调整网络计划，以保证实现预定目标的计划管理技术。它应贯穿于网络计划执行的全过程。

2. 网络计划的基本类型

（1）按性质分类

①肯定型网络计划

各工作之间的逻辑关系以及工作持续时间都是肯定的网络计划称肯定型网络计划。肯定型网络计划包括关键线路法网络计划和搭接网络计划。

②非肯定型网络计划

各工作之间的逻辑关系和工作持续时间两者中任一项或多项不肯定的网络计划，称非肯定型网络计划。非肯定型网络计划包括计划评审技术、图示评审技术、决策网络计划和风险评审技术。

（2）按工作和事件在网络图中的表示方法分类

①单代号网络计划

单代号网络计划指以单代号网络图表示的网络计划。单代号网络图是以节点及其编号表示工作，以箭线表示工作之间的逻辑关系的网状图，也称节点式网络图。

②双代号网络计划

双代号网络计划指以双代号网络图表示的网络计划。双代号网络图以箭线及其两端节点的编号表示工作，以节点衔接表示工作之间的逻辑关系的网状图，也称箭线式网络图（见图 7-1 ）。

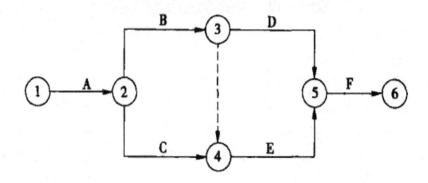

图 7-1　双代号网络图

3. 按有无时间坐标分类

（1）时标网络计划

时标网络计划指以时间坐标为尺度绘制的网络计划。在网络图中，工作箭线的水平投影长度与工作的持续时间长度成正比。

（2）非时标网络计划

非时标网络计划指不以时间坐标为尺度绘制的网络计划。在网络图中，工作箭线的长度与其持续时间的长度无关，可按需要绘制。

4. 按网络计划包含范围分类

（1）局部网络计划

局部网络计划指以一个建筑物或构筑物中的一部分，或以一个施工段为对象编制的网络计划。

（2）单位工程网络计划

单位工程网络计划指以一个单位工程为对象编制的网络计划。

（3）综合网络计划

综合网络计划指以一个单项工程或一个建设项目为对象编制的网络计划。

5. 按目标分类

（1）单目标网络计划

单目标网络计划指只有一个终点节点的网络计划，即网络计划只有一个最终目标。

（2）多目标网络计划

多目标网络计划指终点节点不止一个的网络计划，即网络计划有多个独立的最终目标。这两种网络计划都只有一个起始节点，即网络图的第一个节点。本书中只涉及单目标网络计划。

6.网络计划的优点

水利工程进度计划编制的方法主要有横道图和网络图两种，横道图计划的优点是编制容易、简单、明了、直观、易懂，缺点是不能明确反映出各项工作之间错综复杂的逻辑关系。随着计算机在水利工程中应用的不断扩大，网络计划得到进一步的普及和发展。网络计划技术与横道图计划相比较，具有明显优点，主要表现为以下几点：

（1）利用网络图模型，各工作项目之间关系清楚，明确表达出各项工作的逻辑关系；

（2）通过网络图时间参数计算，能确定出关键工作和关键线路，可以显示出各个工作的机动时间，从而可以进行合理的资源分配、降低成本、缩短工期；

（3）通过对网络计划的优化，可以从多个方案中找出最优方案；

（4）运用计算机辅助手段，方便网络计划的优化调整与控制等。

一、双代号网络计划

（一）双代号网络图

双代号网络图是应用较为普遍的一种网络计划形式。在双代号网络图中，用有向箭线表示工作，工作的名称写在箭线的上方，工作所持续的时间写在箭线的下方，箭尾表示工作的开始，箭头表示工作的结束。箭头和箭尾衔接的地方画上圆圈并编上号码，用箭头与箭尾的号码（i、j、k）作为工作的代号（见图7-2）。

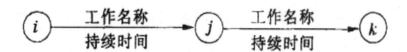

图7-2 双代号网络图的表示方法

1.基本要素

双代号网络图由箭线、节点和线路三个基本要素组成，其具体含义如下。

（1）箭线（工作）

①在双代号网络图中，一条箭线表示一项工作，工作也称活动，是指完成一项任务的过程。工作既可以是一个建设项目、一个单项工程，也可以是一个分项工程乃至一个工序。

②箭线有实箭线和虚箭线两种。实箭线表示该工作需要同时消耗的时间和资源（如支模板浇筑混凝土等），或者该工作仅消耗时间而不消耗资源（如混凝土养护、抹灰干燥等技术间歇）；虚箭线表示该工作是既不消耗时间也不消耗资源的工作——虚工作，用以反映一些工作与另外一些工作之间的逻辑制约关系。虚工作一般起着工作之间的联系、区分、断路三个作用。联系作用是指应用虚箭线正确表达工作之间相互依存的关系；区分作用是指双代号网络图中每一项工作必须用一条箭线和两个代号表示，若两项工作的代号相同，

应使用虚工作加以区分；断路作用是用虚箭线断掉多余联系（即在网络图中，若把无联系的工作联系上了，应加上虚工作将其断开）。

③在无时间坐标限制的网络图中，箭线长短不代表工作时间长短，可以任意画，箭线可以是直线、折线或斜线，但其进行方向均应从左向右；在有时间坐标限制的网络图中，箭线长度必须根据工作持续时间按照坐标比例绘制。

④双代号网络图中，工作之间的相互关系有以下几种：

紧前工作：相对于某工作而言，紧排其前的工作称为该工作的紧前工作，工作与其紧前工作之间可能会有虚工作存在；

紧后工作：相对于某工作而言，紧排其后的工作称为该工作的紧后工作，工作与其紧后工作之间也可能会有虚工作存在；

平行工作：相对于某工作而言，可以与该工作同时进行的工作即为该工作的平行工作；

先行工作：自起始工作至本工作之前各条线路上所有工作；

后续工作：自本工作至结束工作之后各条线路上所有工作。

（2）节点

节点也称事件或接点，指表示工作的开始、结束或连接关系的圆圈。任何工作都可以用其箭线前、后的两个节点的编码来表示，起点节点编码在前，终点节点编码在后。

节点只是前后工作的交接点，表示一个"瞬间"，既不消耗时间，也不消耗资源。

箭线的箭尾节点表示该工作的开始，箭线的箭头节点表示该工作的结束。

①节点类型

起始节点：网络图的第一个节点为整个网络图的起始节点，也称开始节点或源节点，意味着一项工程的开始，它只有外向箭线；

终点节点：网络图的最后一个节点叫终点节点或结束节点，意味着一项工程的完成，它只有内向箭线；

中间节点：网络图除起点节点和终点节点外的节点均称为中间节点，意味着前项工作的结束和后项工作的开始，它既有内向箭线，又有外向箭线。

②节点编号的顺序

从起始节点开始，依次向终点节点进行。编号原则：每一条箭线的箭头节点必须大于箭尾节点编号，并且所有节点的编号不能重复出现。

（3）线路

从起始节点出发，沿着箭头方向直至终点节点，中间由一系列节点和箭线构成的若干条"通道"，即称为线路。完成某条线路的全部工作所需的总持续时间，即该条线路上全部工作的工作历时之和，称为线路时间或线路长度。根据线路时间的不同，线路又分为关键线路和非关键线路。

关键线路指在网络图中线路时间最长的线路（注：肯定型网络），或自始至终全部由关键工作组成的线路。关键线路至少有一条，也可能有多条。关键线路上的工作称为关键工作，关键工作的机动时间最少，它们完成的快慢直接影响整个工程的工期。

非关键线路指网络图中线路时间短于关键线路的任何线路。除关键工作外其余均为非关键工作。非关键工作有机动时间可利用，若某些非关键工作的持续时间被拖延，非关键线路有可能转化为关键线路。同样，缩短某些关键工作持续时间，关键线路有可能转化为非关键线路。

如图 7-3 中，共有 3 条线路：1-2-3-4、1-2-4、1-3-4，根据各工作持续时间可知，线路 1-2-4 持续时间最长，为关键线路，这条线路上的各项工作均为关键工作。

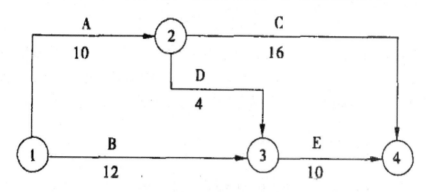

图 7-3 某工程双代号网络计划

2.逻辑关系

网络图中的逻辑关系是指表示一项工作与其他有关工作之间相互联系与制约的关系，即各个工作在工艺上、组织管理上所要求的先后顺序关系。项目之间的逻辑关系取决于工程项目的性质和轻重缓急、施工组织、施工技术等许多因素。逻辑关系包括工艺关系和组织关系。

（1）工艺关系

工艺关系即由施工工艺决定的施工顺序关系。这种关系是确定的，不能随意更改的，如土坝坝面作业的工艺顺序为铺土、平土晾晒或洒水、压实、刨毛等。这些在施工工艺上都有必须遵循的逻辑关系，不能违反。

（2）组织关系

组织关系即由施工组织安排决定的施工顺序关系。这种关系是施工工艺没有明确规定先后顺序关系的工作，考虑到其他因素的影响而人为安排的施工顺序关系。例如，采用全段围堰明渠导流时，要求在截流以前完成明渠施工、截流备料、戗堤进占等工作。由组织关系所决定的衔接顺序一般是可以改变的。

（二）双代号网络图的绘制

1.绘制原则

（1）双代号网络图必须正确表示已定的逻辑关系。

（2）在双代号网络图中，严禁出现循环回路。

所谓循环回路是指从网络图中的某一节点出发，顺着箭线方向又回到了原来出发点的线路。绘制时尽量避免逆向箭线，逆向箭线容易造成循环回路，如图 7-4 所示。

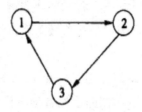

图 7-4　循环回路

（3）网络图中不允许出现双向箭线和无箭头箭线（见图 7-5）。进度计划是有向图，沿着方向进行施工，箭线的方向表示工作的进行方向，箭尾表示工作的开始，箭头表示工作的结束。双向箭头或无箭头的连线将使逻辑关系变得混乱。

图 7-5　双向箭线和无箭头箭线

（4）在双代号网络图中，严禁出现没有箭头节点或没有箭尾节点的箭线。没有箭尾节点的箭线，无法表示它所代表的工作在何时开始；没有箭头节点的箭线，无法表示它所代表的工作何时完成，如图 7-6 所示。

图 7-6　没有箭头节点或没有箭尾节点的箭线

（5）在双代号网络图中，严禁出现节点代号相同的箭线，如图 7-7 所示。

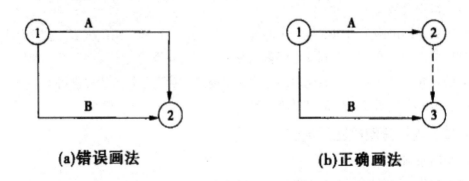

(a)错误画法　　　　　　　　(b)正确画法

图 7-7　重复编号

2. 绘制方法和步骤

（1）绘制方法

为使双代号网络图绘制简洁、美观，宜用水平箭线和垂直箭线表示。在绘制之前，应先确定出各个节点的位置号，再按照节点位置及逻辑关系绘制网络图。

节点位置号确定方法如下：

①无紧前工作的工作，起始节点位置号为 0；

②有紧前工作的工作，起始节点位置号等于其紧前工作的起始节点位置号的最大值加 1；

③有紧后工作的工作，终点节点位置号等于其紧后工作的起始节点位置号的最小值；

④无紧后工作的工作，终点节点位置号等于网络图中除无紧后工作的工作外，其他工作的终点节点位置号最大值加 1。

（2）绘制步骤

①根据已知的紧前工作确定紧后工作；

②确定出各工作的起始节点位置号和终点节点位置号；

③根据节点位置号和逻辑关系绘出网络图。

在绘制时，若工作之间没有出现相同的紧后工作或者工作之间只有相同的紧后工作，则肯定没有虚箭线；若工作之间既有相同的紧后工作，又有不同的紧后工作，则肯定有虚箭线；到相同的紧后工作用虚箭线，到不同的紧后工作则无虚箭线。

二、单代号网络计划

单代号网络计划是在单代号网络图中标注时间参数的进度计划。单代号网络图又称节点式网络图，也称单代号对接网络图。它用节点及编号表示工作，用箭线表示工作之间的逻辑关系。对一个节点只表示一项工作，且只编一个代号的，称为"单代号"。

（一）单代号网络图的绘制

1. 单代号网络图的构成与基本符号

单代号网络图是网络计划的另一种表达方法，包括节点和箭线两个要素。

（1）节点

单代号网络图的节点表示工作，可以用圆圈或者方框表示。节点表示的工作名称、持续时间和工作编号等应标注在节点内。

节点可连续编号或间断编号，但不允许重复编号。一个工作只能有唯一的一个节点和编号。

（2）箭线

在单代号网络图中，箭线表示工作之间的逻辑关系。箭线的形状和方向可根据绘图的需要设置，可画成水平直线、折线或斜线等。单代号网络图中不设虚箭线，箭线的箭尾节点的编号应小于箭头节点的编号，水平投影的方向应自左至右，表示工作的进行方向。

2. 单代号网络图的绘制规则

单代号网络图的绘制必须遵循一定的逻辑规则，当违背了这些规则，可能出现逻辑混乱，无法判别工作之间的关系和进行参数计算，这些规则与双代号网络图的规则基本相似。

（1）在单代号网络图中必须正确表述已定的逻辑关系；

（2）在单代号网络图中严禁出现循环回路；

（3）在单代号网络图中严禁出现双向箭线和无箭线的连线；

（4）工作编号不允许重复，任何一个编号只能表示唯一的工作；

（5）不允许出现无箭头节点的箭线和无箭尾节点的箭线；

（6）绘制网络图时，箭线不宜交叉，当交叉不可避免时，可采用过桥法、指向法或断线法来表示；

（7）单代号网络图中应只有一个起始节点和终点节点，当网络图中有多项起始节点和多项终点节点时，应在网络图两端分别设置一项虚工作，作为网络图的起始节点和终点节点。

3. 单代号网络图绘制的方法和步骤

（1）根据已知的紧前工作确定出其紧后工作；

（2）确定出各工作的节点位置号。令无紧前工作的工作节点位置号为 0，其他工作的节点位置号等于其紧前工作的节点位置号最大值加 1；

（3）根据节点位置号和逻辑关系绘制出网络图。

（二）单代号网络图关键工作与关键线路的确定

1. 利用关键工作确定关键线路。

总时差最小的工作为关键工作。这些关键工作相连，并保证相邻两项工作之间的时间间隔为零而构成的线路就是关键线路。

2. 利用相邻两项工作之间的时间间隔确定关键线路。

3. 利用总持续时间确定关键线路，线路上工作总持续时间最长的线路为关键线路。

三、网络计划的优化

编制网络进度计划时，先编制一个初始方案，然后检查计划是否满足工期控制要求，是否满足人力、物力、财力等资源控制条件，以及能否以最小的消耗取得最大的经济效益。这就要对初始方案进行优化调整。

网络计划优化，就是在满足既定的约束条件下，按某一目标，通过不断调整寻求最优网络计划方案的过程，包括工期优化、费用优化和资源优化。

（一）工期优化

网络计划的计算工期与计划工期若相差太大，为了满足计划工期，则需要对计算工期进行调整：当计划工期大于计算工期时，应放缓关键线路上各项目的延续时间，以减少资源消耗强度；当计划工期小于计算工期时，应减少关键线路上各项目的延续时间。

工期优化的步骤如下：

1. 找出网络计划中的关键工作和关键线路（如采用标号法），并计算工期。

2. 按计划工期计算应压缩的时间 ΔT。

3. 选择被压缩的关键工作，在确定优先压缩的关键工作时，应考虑以下几个因素：

（1）缩短工作持续时间后，对质量和安全影响不大的关键工作；

（2）有充足资源的关键工作；

（3）缩短工作的持续时间所需增加的费用最少。

4. 将优先压缩的关键工作缩短到最短的工作持续时间，并找出关键线路和计算出网络计划的工期；如果被压缩的工作变成了非关键工作，则应将其工作持续时间延长，使之仍然是关键工作。

5. 若已达到工期要求，则优化完成。若计算工期仍超过计划工期，则按上述步骤依次压缩其他关键工作，直到满足工期要求或工期已不能再压缩为止。

6. 当所有关键工作的工作持续时间均已经达到最短工期仍不能满足要求时，应对计划的技术、组织方案进行调整，或对计划工期重新审定。

（二）费用优化

费用优化又称工期成本优化，是指寻求工程费用最低时对应的总工期，或按要求工期寻求成本最低的计划安排过程。

工程总费用由直接费和间接费组成。直接费由人工费、材料费、机械费、措施费等组成。直接费一般与工作时间成反比关系，即增加直接费，如采用技术先进的设备、增加设备和人员、提高材料质量等都能缩短工作时间；相反，减少直接费，则会使工作时间延长。间接费包括与工程相关的管理费、占用资金应付的利息，机动车辆费等。间接费一般与工作时间成正比，即工期越长，间接费越高；工期越短，间接费越低。

对于一个施工项目而言，工期的长短与该项目的工程量、施工条件有关，并取决于关键线路上各项作业时间之和，关键线路由许多持续时间和费用各不相同的作业组成。当缩短工期到某一极限时，无论费用增加多少，工期都不能再缩短，这个极限对应的时间称为强化工期，强化工期对应的费用称为极限费用，此时的费用最高。反之，若延长工期，则直接费减少，但将时间延长至某一极限时，无论怎样增加工期，直接费都不会减少，此时的极限对应的时间叫作正常工期，对应的费用叫作正常费用。将正常工期对应的费用和强化工期对应的费用连成一条曲线，称为费用曲线或 ATC 曲线。在中 ATC 曲线为一直线，这样单位时间内费用的变化就是一常数，把这条直线的斜率（即缩短单位时间所需的直接费）称为直接费率。不同作业的费率是不同的，费率越大，意味着作业时间缩短一天，所增加的费用越大，或作业时间增加一天，所减少的费用越多。

第八章 水利工程施工成本控制

随着市场经济的不断发展，水利工程施工行业间的竞争也日趋激烈，施工企业的利润空间越来越小，这就要求施工企业不断提高项目管理水平。其中，抓好成本管理和成本控制，优化配置资源，最大限度地挖掘企业潜力，是企业在水利工程行业中制胜的关键所在。

随着市场经济体制的逐步完善和国企改革的深入，强化企业管理能力，提高科学管理水平则是水利施工企业转换经营机制、实现扭亏为盈的重要途径之一。但是水利施工企业由于进入市场比较晚，同国内外其他行业相比成本管理还较为滞后。因此，有必要以成本管理控制理论为依据，提出水利施工企业加强项目成本管理的措施。

第一节 施工成本管理的任务与措施

一、施工成本管理的任务

施工成本是指在建设工程项目的施工过程中所发生的全部生产费用的总和，包括消耗的原材料、辅助材料、构配件等费用，周转材料的摊销费或租赁费，施工机械的使用费或租赁费，支付给生产工人的工资、资金、工资性质的津贴等，以及进行施工组织与管理所发生的全部费用支出。建设工程项目施工成本由直接成本和间接成本组成。

直接成本是指施工过程中耗费的构成、工程实体或有助于工程实体形成的各项费用支出，是可以直接计入工程对象的费用，包括人工费、材料费、施工机械使用费和施工措施费等。间接成本是指为施工准备、组织和管理施工生产的全部费用的支出，是非直接用于也无法直接计入工程对象，但为进行工程施工所必须发生的费用，包括管理人员工资、办公费、差旅交通费等。

施工成本管理就是要在保证工期和质量要求的前提下，采取相应管理措施（包括组织措施、经济措施、技术措施、合同措施），把成本控制在计划范围内，并进一步寻求最大限度地成本节约。

1.施工成本预测

施工成本预测是根据成本信息和施工项目的具体情况，运用一定的专门方法，对未来的成本水平及其可能发展趋势作出科学的估计，其是在工程施工以前对成本进行的估算。

通过成本预测，满足业主和企业要求的前提下，选择成本低、效益好的最佳方案，加强成本控制，克服盲目性，提高预见性。

2.施工成本计划

施工成本计划是以货币形式编制施工项目在计划期内的生产费用、成本水平、成本降低率，以及为降低成本所采取的主要措施和规划的书面方案，它是建立施工项目成本管理责任制，开展成本控制和核算的基础上，它是该项目降低成本的指导性文件，是设立目标成本的依据。可以说，施工成本计划是目标成本的一种形式。

3.施工成本控制

施工成本控制是指在施工过程中，对影响施工成本的各种因素加强管理，并采取各种有效措施，将施工中实际发生的各种消耗和支出严格控制在成本计划范围内，随时揭示并及时反馈，严格审查各项费用是否符合标准，计算实际成本和计划成本之间的差异并进行分析，进而采取多种措施，消除施工中的损失浪费现象。

建设工程项目施工成本控制应贯穿于项目从投标阶段开始直至竣工验收的全过程，它是企业全面成本管理的重要环节。施工成本控制可分为事先控制、事中控制（过程控制）和事后控制。在项目的施工过程中，需按动态控制原理对实际施工成本的发生过程进行有效控制。

4.施工成本核算

施工成本核算包括两个基本环节：一是在规定的成本开支范围内，对施工费用进行归集和分配，计算出施工费用的实际发生额；二是根据成本核算对象，采用适当的方法，计算出该施工项目的总成本和单位成本。施工成本管理需要正确及时地核算施工过程中发生的各项费用，计算施工项目的实际成本。施工项目成本核算所提供的各种成本信息，是成本预测、成本计划、成本控制、成本分析和成本考核等各个环节的依据。

5.施工成本分析

施工成本分析是在施工成本核算的基础上，对成本的形成过程和影响成本升降的因素进行分析，以寻求进一步降低成本的途径，包括有利偏差的挖掘和不利偏差的纠正。施工成本分析贯穿于施工成本管理的全过程，是在成本的形成过程中，利用施工项目的成本核算资料（成本信息），与目标成本、预算成本以及类似的施工项目的实际成本等进行比较，了解成本的变动情况，同时也要分析主要技术经济指标对成本的影响，系统地研究成本变动的因素，检查成本计划的合理性，并通过成本分析，深入揭示成本变动规律，寻找降低施工项目成本的途径，以便有效地进行成本控制。成本偏差的控制，分析是关键，纠偏是核心，要针对分析得出的偏差发生原因，采取切实措施，加以纠正。

成本偏差分为局部成本偏差和累计成本偏差。局部成本偏差包括项目的月度（或周、天等）核算成本偏差、专业核算成本偏差以及分部分项作业成本偏差等；累计成本偏差是指已完工程在某一时间点上实际总成本与相应的计划总成本的差异。分析成本偏差的原因，应采取定性和定量相结合的方法。

6.施工成本考核

施工成本考核是指在施工项目完成后，对施工项目成本形成中的各责任者，按施工项目成本目标责任制的相关规定，将成本的实际情况与计划、定额、预算进行对比和考核，评定施工项目成本计划的完成情况和各责任者的业绩，并以此给予相应的奖励和处罚。通过成本考核，做到有奖有惩，赏罚分明，才能有效地调动每一位员工在各自的施工岗位上努力完成目标成本的积极性，为降低施工项目成本和增加企业的积累，做出自己的贡献。施工成本管理的每一个环节都是相互联系和相互作用的。成本预测是成本决策的前提，成本计划是成本决策所确定目标的具体化。成本计划控制则是对成本计划的实施进行控制和监测，保证决策的成本目标的实现，而成本核算又是对成本计划是否实现的最后检验，它所提供的成本信息又对下一个施工项目成本预测和决策提供基础资料。成本考核是实现成本目标责任制的保证和实现决策目标的重要手段。

二、施工成本管理的措施

为了取得施工成本管理的理想成效，应当从多方面采取措施实施管理，通常可以将这些措施归纳为组织措施、技术措施、经济措施、合同措施。

1.组织措施是从施工成本管理的组织方面采取的措施。施工成本控制是全员的活动，如实行项目经理责任制，落实施工成本管理的组织机构和人员，明确各级施工成本管理人员的任务和职能分工、权利和责任。施工成本管理不仅是专业成本管理人员的工作，各级项目管理人员都负有成本控制责任。

组织措施的另一方面是编制施工成本控制工作计划、确定合理详细的工作流程。要做好施工采购规划，通过生产要素的优化配置、合理使用、动态管理、有效控制实际成本；加强施工定额管理和任务单管理，控制好劳动和物化劳动的消耗；加强施工调度，避免因施工计划不周和盲目调度造成窝工损失、机械利用率降低物料积压等而使施工成本增加；成本控制工作只有建立在科学管理的基础之上，具备合理的管理体制，完善的规章制度，稳定的作业秩序，完整准确的信息传递，才能取得成效。组织措施是其他各类措施的前提和保证，而且一般不需要增加什么费用，使用得当可以收到良好的效果。

2.技术措施不仅对解决施工成本管理过程中的技术问题是不可缺少的，而且对纠正施工成本管理目标偏差也有相当重要的作用。运用技术纠偏措施的关键，一是要能提出多个不同的技术方案，二是要对不同的技术方案进行技术经济分析。

施工过程中降低成本的技术措施，包括进行技术经济分析，确定最佳的施工方案。结合施工方法，进行材料使用的比选，在满足功能要求的前提下通过迭代、改变配合比、使用添加剂等方法降低材料消耗的费用。确定最合适的施工机械设备的使用方案。结合项目的施工组织设计及自然地理条件，降低材料的库存成本和运输成本。先进的施工技术的应用，新材料的运用，新开发机械设备的使用等。在实践中，也要避免仅从技术角度选定方案而忽略对其经济效果的分析论证。

3. 经济措施是最易为人们所接受和采取的措施。管理人员应编制资金使用计划,确定、分解施工成本管理目标。对施工成本管理目标进行风险分析,并制定防范性对策。对各项支出,应认真做好资金的使用计划,并在施工中严格控制各项开支,及时准确地记录、收集整理、核算实际发生的成本。对各种变更,及时做好增减账,及时落实业主签证,及时结算工资款。通过偏差分析和未完工工程预测,可发现一些潜在问题将引起未完工程施工成本的增加,对这些问题应以主动控制为出发点,及时采取预防措施。由此可见,经济措施的运用绝不仅仅是财务人员的事情。

4. 采取合同措施控制施工成本,应贯穿整个合同周期,包括从合同谈判开始到合同终止的全过程。首先是选用合适的合同结构,对各种合同结果模式进行分析、比较,在合同谈判时,要争取选择适合于工程规模、性质和特点的合同结构模式;其次,在合同条款中应仔细考虑一切影响成本和效益的因素,特别是潜在的风险因素。通过对引起成本变动的风险因素的识别和分析,采取必要的风险对策,如通过合理的方式,增加承担风险的个体数量,降低损失发生的比例,并最终使这些策略反映在合同的具体条款中。在合同执行期间,合同管理的措施既要密切关注对方合同执行情况,与寻求合同索赔的机会、同时也要密切关注自己合同履行的情况,以避免被对方索赔。

第二节　施工成本计划

一、施工成本计划的类型

对于一个施工项目而言,其成本计划的编制是一个不断优化的过程。在这一过程的不同阶段形成深度和作用不同的成本计划,按其作用可分为三类。

1. 竞争性成本计划

竞争性成本计划即工程项目投标及签订合同阶段的估算成本计划。这类成本计划是以招标文件中的合同条件、投标者须知、技术规程、设计图纸或工程量清单等为依据,以有关价格条件说明为基础,结合调研和现场考察获得的情况,根据本企业的工料消耗标准、水平、价格资料和费用指标,对本企业完成招标工程所需要支出的全部费用的估算。在投标报价过程中,虽也着力考虑降低成本的途径和措施,但总体上较为粗略。

2. 指导性成本计划

指导性成本计划即选派项目经理阶段的预算成本计划,是项目经理的责任成本目标。它是以合同标书为依据,按照企业的预算定额标准制订的设计预算成本计划且一般情况下只是确定责任总成本指标。

3. 实施性计划成本

实施性计划成本即项目施工准备阶段的施工预算成本计划，它以项目实施方案为依据，落实项目经理责任目标为出发点，采用企业的施工定额通过施工预算的编制而形成的实施性施工成本计划。

施工预算和施工图预算虽仅一字之差，但截然不同。

（1）编制的依据不同

施工预算的编制以施工定额为主要依据，施工图预算的编制以预算定额为主要依据，而施工定额比预算定额划分得更详细、更具体，并对其中所包括的内容，如质量要求、施工方法以及所需劳动工日、材料品种、规格型号等均有较详细的规定或要求。

（2）适用的范围不同

施工预算是施工企业内部管理用的一种文件，与建设单位无直接关系；而施工图预算既适用于建设单位，又适用于施工单位。

（3）发挥的作用不同

施工预算是施工企业组织生产、编制施工计划、准备现场材料、签发任务书、考核功效、进行经济核算的依据，它也是施工企业改善经营管理降低生产成本和推行内部经营承包责任制的重要手段；而施工图预算则是投标报价的主要依据。

二、施工成本计划的编制依据

施工成本计划是施工项目成本控制的一个重要因素，是实现降低施工成本任务的指导性文件。如果针对施工项目所编制的成本计划达不到目标成本要求，就必须组织施工项目管理班子的有关人员重新研究寻找降低成本的途径，重新进行编制。同时，编制成本计划的过程，也是动员全体施工项目管理人员的过程，是挖掘降低成本潜力的过程，是检验施工技术质量管理、工期管理、物资消耗和劳动力消耗管理等是否落实的过程。编制施工成本计划，需要广泛收集相关资料并进行整理，以作为施工成本计划编制的依据。在此基础上，根据有关设计文件、工程承包合同、施工组织设计、施工成本预测资料等，按照施工项目应投入的生产要素，结合各种因素的变化和拟采取的各种措施，估算施工项目生产费用支出的总水平，进而提出施工项目的成本计划控制指标，确定目标总成本。目标成本确定后，应将总目标分解落实到各个机构、班组，便于进行控制的子项目或工序。最后，通过综合平衡，编制完成施工成本计划。

施工成本计划的编制依据包括：

1. 投标报价文件；

2. 企业定额、施工预算；

3. 施工组织设计或施工方案；

4. 人工、材料、机械台班的市场价；

5. 企业颁布的材料指导价、企业内部机械台班价格、劳动力内部挂牌价格；

6. 周转设备内部租赁价格、摊销损耗标准；

7. 已签订的工程合同、分包含同（或估价书）；

8. 结构件外加工计划和合同；

9. 有关财务成本核算制度和财务历史资料；

10. 施工成本预测资料；

11. 拟采取的降低施工成本的措施；

12. 其他相关资料。

三、施工成本计划的编制方法

施工成本计划的编制方法有以下三种：

1. 按施工成本组成编制

建筑安装工程费用项目由分部分项工程费、措施项目费、其他项目费、规费和税金组成。

施工成本可以按成本构成分解为人工费、材料费、施工机械使用费、措施项目费和企业管理费等。

2. 按施工项目组成编制

大中型工程项目通常是由若干单项工程构成，每个单项工程又包含若干单位工程，每个单位工程下面又包含了若干分部分项工程。因此，在编制过程中首先把项目总施工成本分解到单项工程和单位工程中，再进一步分解到分部工程和分项工程中。接下来就要具体地分配成本，编制分项工程的成本支出计划，从而得到详细的成本计划表。

在编制成本支出计划时，要在项目总的方面考虑总的预备费，也要在主要的分项工程中安排适当的不可预见费，避免在具体编制成本计划时，由于某项内容工程量计算有较大出入，使原来的成本预算失实。

3. 按施工进度编制

编制按工程进度的施工成本计划，通常可利用控制项目进度的网络图进一步扩充而得。即在建立网络图时，一方面确定完成各项工作所需花费的时间，另一方面确定完成这一工作的合适的施工成本支出计划。在实践中，将工程项目分解为既能方便地表示时间，又能方便地表示施工成本支出计划的工作是不容易的，通常如果项目分解程度对时间控制合适的话，则对施工成本支出计划可能分解过细，导致不可能对每项工作确定其施工成本支出计划。反之亦然。因此，在编制网络计划时，应充分考虑进度控制对项目划分要求的。同时，还要考虑确定施工成本支出计划对项目划分的要求，做到二者兼顾。通过对施工成本目标按时间进行分解，在网络计划基础上，可获得项目进度计划的横道图，并在此基础上编制成本计划。其表示方式有两种：一种是在时标网络图上按月编制的成本计划，另一种是利用时间—成本累积曲线（S形曲线）表示。

以上三种编制施工成本计划的方式并不是相互独立的。在实践中，往往是将这几种方式结合起来使用，可以取得扬长避短的效果。例如，将按项目分解总施工成本与按施工成本构成分解总施工成本两种方式相结合，横向按施工成本构成分解，纵向按项目分解，或相反。这种分解方式有助于检查各分部分项工程施工成本构成是否完整，有无重复计算或漏算；同时还有助于检查各项具体的施工成本支出的对象是否明确，并且可以从数字上检查分解的结果有无错误。或者还可将按子项目分解总施工成本规划与按时间分解，总施工成本计划结合起来，一般纵向按项目分解，横向按时间分解。

第三节　工程变更价款的确定

由于建设工程项目建设的周期长、涉及的关系复杂、受自然条件和客观因素的影响大，导致项目的实际施工情况与招标投标时的情况相比往往会有一些变化，出现工程变更。工程变更包括工程量变更、工程项目的变更（如发包人提出增加或者删减原项目内容）、进度计划的变更、施工条件的变更等。如果按照变更的起因划分，变更的种类有很多，如：发包人的变更指令（包括发包人对工程有了新的要求、发包人修改项目计划、发包人消减预算、发包人对项目进度有了新的要求等）；由于设计错误，必须对设计图纸做修改；工程环境变化；由于产生了新的技术和知识，有必要改变原设计、实施方案或实施计划；法律法规或者政府对建设工程项目有了新的要求等。

一、工程变更的控制原则

1. 工程变更无论是业主单位、施工单位或监理工程师提出，无论是何内容，工程变更指令均需由监理工程师发出，并确定工程变更的价格和条件。

2. 工程变更，要建立严格的审批制度，切实把投资控制在合理的范围以内。

3. 对设计修改与变更（包括施工单位、业主单位和监理单位对设计的修改意见），应通过现场设计单位代表与设计研究单位。设计变更必须进行工程量及造价增减分析，经设计单位同意，如突破总概算，必须经有关部门审批。严格控制施工中的设计变更，健全设计变更的审批程序，防止任意提高设计标准，改变工程规模，增加工程投资费用。设计变更经监理工程师会签后交施工单位施工。

4. 在一般的建设工程施工承包合同中均包括工程变更的条款，允许监理工程师有权向承包单位发布指令，要求对工程的项目、数量或质量工艺进行变更，对原标书的有关部分进行修改。

工程变更也包括监理工程师提出的"新增工程"，即原招标文件和工程量清单中没有包括的工程项目。承包单位对这些新增工程，也必须按监理工程师的指令组织施工，工期与单价由监理工程师与承包方协商确定。

5.由于工程变更所引起的工程量的变化，都有可能使项目投资超出原来的预算投资，必须予以严格控制，密切关注其对未完工程投资支出的影响以及对工期的影响。

6.对于施工条件的变更，往往是指未能预见的现场条件或不利的自然条件，即在施工中实际遇到的现场条件同招标文件中描述的现场条件有本质的差异，使施工单位向业主单位提出施工价款和工期的变化要求，由此引起索赔。

工程变更均会对工程质量、进度、投资产生影响，因此应做好工程变更的审批，合理确定变更工程的单价、价款和工期延长的期限，并由监理工程师下达变更指令。

二、工程变更程序

工程变更程序主要包括提出工程变更、审查工程变更、编制工程变更文件及下达变更指令。工程变更文件要求包括以下内容：

1.工程变更令。应按固定的格式填写，说明变更的理由、变更概况、变更估价及对合同价款的影响。

2.工程量清单。填写工程变更前、后的工程量、单价和金额，并对未在合同中规定的方法予以说明。

3.新的设计图纸及有关的技术标准。

4.涉及变更的其他有关文件或资料。

三、工程变更价款的确定

对于工程变更的项目，一种类型是不需确定新的单价，仍按原投标单价计付；另一种类型是需变更为新的单价，包括变更项目及数量超过合同规定的范围；虽属原工程量清单的项目，其数量超过规定范围。变更的单价及价款应由合同双方协商解决。

合同价款的变更价格是在双方协商的时间内，由承包单位提出变更价格，报监理工程师批准后调整合同价款和竣工日期。审核承包单位提出的变更价款是否合理，可考虑以下原则：

1.合同中有适用于变更工程的价格，按合同已有的价格计算变更合同价款；

2.合同中只有类似变更情况的价格，可以此作为基础，确定变更价格，变更合同价款；

3.合同中没有适用和类似的价格，由承包单位提出适当的变更价格，监理工程师批准执行。批准变更价格应与承包单位达成一致，否则应通过工程造价管理部门裁定。经双方协商同意的工程变更，应有书面材料，并由双方正式委托的代表签字；涉及设计变更的，还必须有设计部门的代表签字，均作为以后进行工程价款结算的依据。

第四节　建筑安装工程费用的结算

一、建筑安装工程费用的主要结算方式

建筑安装工程费用的结算可以根据不同情况采取多种方式。

1. 按月结算：先预付部分工程款，在施工过程中按月结算工程进度款，竣工后进行竣工结算。

2. 竣工后一次性结算：建设项目或单项工程全部建筑安装工程建设期在12个月以内，或者工程承包合同价值在100万元以下的，可以实行工程价款每月月中预支，竣工后一次性结算。

3. 分段结算：当年开工，当年不能竣工的单项工程或单位工程按照工程实施进度，划分不同阶段进行结算。分段结算可以按月预支工程款。

4. 结算双方约定的其他结算方式：实行竣工后一次结算和分段结算的工程，当年结算的工程款应与分年度的工作量一致，年终不另清算。

二、工程预付款

工程预付款是建设工程施工合同订立后由发包人按照合同约定，在正式开工前预先支付给承包人的工程款。它是施工准备和所需要材料、结构件等流动资金的主要来源，国内习惯上又称为预付备料款。工程预付款的具体事宜由发、承包双方根据建设行政主管部门的规定，结合工程款、建设工期和包工包料情况在合同中约定。在《建设工程施工合同（示范文本）》中，对有关工程预付款做如下约定：实行工程预付款的，双方应当在专用条款内约定发包人向承包人预付工程款的时间和数额，开工后按约定的时间和比例逐次扣回。预付时间应不迟于约定的开工日期前7天。发包人不按约定预付，承包人在约定预付时间；7天后向发包人发出要求预付的通知，发包人收到通知后仍不能按要求预付，承包人可在发出通知后7天停止施工，发包人应从约定应付之日起向承包人支付应付款的贷款利息，并承担违约责任。

工程预付款额度，各地区、各部门的规定不完全相同，主要是保证施工所需材料和构件的正常储备。一般根据施工工期的工作量、主要材料和构件费用占建安工作量的比例以及材料储备、周期等因素经测算来确定。发包人根据工程的特点、工期长短、市场行情、供求规律等因素，招标时在合同条件中约定工程预付款的百分比。

工程预付款的扣回，扣款的方法有两种：可以从未施工工程尚需的主要材料及构件的价值相当于工程预付款数额时起扣；从每次结算工程价款中，按材料比重扣抵工程价款，

竣工前全部扣清，基本公式为

$$T = P = M / N$$

式中 T——起扣点，工程预付款开始扣回时的累计完成工作量金额；

M——工程预付款限额；

N——主要材料的占比重；

p——工程的价款总额。

住房和城乡建设部招标文件范本中规定，在承包完成金额累计达到合同总价的10%后，由承包人开始向发包人还款；发包人从每次应付给承包人的金额中扣回工程预付款，发包人至少在合同规定的完工期前三个月将工程预付款的总计金额按逐次分摊的办法扣回。

三、工程进度款

1. 工程进度款的计算

工程进度款的计算，主要涉及两个方面：一是工程量的计量见《建设工程工程量清单计价规范》（GB 50500-2008）；二是单价的计算方法。单价的计算方法，主要根据由发包人和承包人事先约定的工程价格的计价方法决定。目前，我国工程价格的计价方法可以分为工料单价和综合单价两种方法。二者在选择时，既可采取可调价格的方式，即工程价格在实施期间可随价格变化而调整；也可采取固定价格的方式，即工程价格在实施期间不因价格变化而调整，在工程价格中已考虑价格风险因素并在合同中明确了固定价格所包括的内容和范围。

2. 工程进度款的支付

《建设工程施工合同（示范文本）》关于工程款的支付也作出了相应的约定：在确认计量结果后14天内，发包人应向承包人支付工程款（进度款）。发包人超过约定的支付时间不支付工程款，承包人可向发包人发出要求付款的通知，发包人接到承包人通知后仍不能按要求付款，可与承包人协商签订延期付款协议，经承包人同意后可延期支付。协议应明确延期支付的时间和从计量结果确认后第15天起计算应付款的贷款利息。发包人不按合同约定支付工程款，双方又未达成延期付款协议，导致施工无法进行，承包人可停止施工，由发包人承担违约责任。

四、竣工结算

工程竣工验收报告经发包人认可后28天内，承包人向发包人递交竣工结算报告及完整的结算材料，双方按照协议书约定的合同价款及专用条款约定的合同价款调整内容，进行工程竣工结算。专业监理工程师审核承包人报送的竣工结算报表；总监理工程师审定竣工结算报表；与发包人、承包人协商一致后，签发竣工结算文件和最终的工程款支付凭证。

发包人收到承包人递交的竣工结算报告及结算资料后28天内进行核实，给予确认或者提出修改意见。发包人确认竣工结算报告后通知经办银行向承包人支付竣工结算费用。承包人收到竣工结算价款后 14 天内将竣工工程交付发包人。

发包人收到竣工结算报告及结算资料后 28 天内无正当理由不支付工程竣工结算价款，从第 29 天起按承包人同期向银行贷款利率支付拖欠工程价款的利息，并承担违约责任。

发包人收到竣工结算报告及结算资料后 28 天内无正当理由不支付工程竣工结算价款，承包人可以催告发包人支付结算价款。发包人在收到竣工结算报告及结算资料后 56 天内仍不支付的，承包人可以与发包人协议将该工程折价，也可以由承包人申请人民法院将该工程依法拍卖，承包人就该工程折价或者拍卖的价款优先受偿。

工程竣工验收报告经发包人认可后 28 天内，承包人未能向发包人递交竣工结算报告及完整的结算资料，造成工程竣工结算不能正常进行或工程竣工结算价款不能及时支付，发包人要求交付工程的，承包人应当交付;发包人不要求交付工程的，承包人需承担保管责任。

第五节　施工成本控制

一、施工成本控制的依据

施工成本控制的依据包括以下内容：

1. 工程承包合同

施工成本控制要以工程承包合同为依据，围绕降低工程成本这个目标，从预算收入和实际成本两方面，努力挖掘成本控制潜力，以求获得最大的经济效益。

2. 施工成本计划

施工成本计划是根据施工项目的具体情况制订的施工成本控制方案，既包括预定的具体成本控制目标，又包括实现控制目标的措施和规划，是施工成本控制的指导性文件。

3. 进度报告

进度报告提供了每一时刻工程实际完成量、工程施工成本实际支付情况等重要信息。

施工成本控制工作正是通过实际情况与施工成本计划相比较，找出二者之间的差别，分析偏差，产生的原因，从而采取措施改进以后的工作。此外，进度报告还有助于管理者及时发现工程实施中存在的隐患，并在事态还未造成重大损失之前采取有效措施，尽量避免损失。

4. 工程变更

在项目的实施过程中，由于各方面的原因，工程变更是很难避免的。工程变更一般包括设计变更、进度计划变更、施工条件变更、技术规范与标准变更、施工次序变更、工程数量变更等。一旦出现变更，工程量、工期、成本都必将发生变化，从而使得施工成本控制工作变得更加复杂和困难。因此，施工成本管理人员应当通过对变更要求当中各类数据的计算、分析，随时掌握变更情况，包括已发生工程量、将要发生工程量、工期是否拖延、支付情况等重要信息，判断变更以及变更可能带来的影响等。

除上述几种施工成本控制工作的主要依据外，有关施工组织设计、分包合同等也都是施工成本控制的依据。

二、施工成本控制的步骤

在确定了施工成本计划之后，必须定期进行施工成本计划值与实际值的比较，当实际值偏离计划值时，分析产生偏差的原因，采取适当的纠偏措施，以确保施工成本控制目标的实现。其步骤如下：

1. 比较

按照某种确定的方式将施工成本的计划值和实际值逐项进行比较，判断施工成本是否超支。

2. 分析

在比较的基础上，对比较的结果进行分析，以确定偏差的严重性及偏差产生的原因。这一步是施工成本控制工作的核心，其主要目的在于找出产生偏差的原因，采取有针对性的措施，避免或减少相同原因的再次发生或减少由此造成的损失。

3. 预测

根据项目实施情况估算整个项目完成时的施工成本。预测的目的在于为决策提供支持。

4. 纠偏

当工程项目的实际施工成本出现了偏差，应当根据工程的具体情况、偏差分析和预测的结果，采用适当的措施，以期达到使施工成本偏差尽可能小的目的。纠偏是施工成本控制中最关键的一步。只有通过纠偏，才能最终达到有效控制施工成本的目的。

5. 检查

它是指对工程的进展进行跟踪和检查，及时了解工程进展状况以及纠偏措施的执行情况和效果，为今后的工作积累经验。

三、施工成本控制的方法

施工阶段是控制建设工程项目成本发生的主要阶段，它通过确定成本目标并按计划成本进行施工、资源配置，对施工现场发生的各种成本费用进行有效控制，其具体的控制方法如下。

1. 人工费的控制

人工费的控制实行"量价分离"的方法，将作业用工及零星用工按定额工日的一定比例综合确定用工数量与单价，通过劳务合同进行控制。

2. 材料费的控制

材料费控制同样按照"量价分离"原则，严格控制材料用量和材料价格。

（1）材料用量的控制

在保证符合设计要求和质量标准的前提下，合理使用材料，通过定额管理、计量管理等手段有效控制材料物资的消耗，具体方法如下：

①定额控制。对于有消耗定额的材料，以消耗定额为依据，实行限额发料制度。在规定限额内分期分批领用，超过限额领用的材料，必须先查明原因，经过一定审批手续方可领料。

②指标控制。对于没有消耗定额的材料，则实行计划管理和按指标控制的办法。根据以往项目的实际耗用情况，结合具体施工项目的内容和要求，制定领用材料指标，据以控制发料。超过指标的材料，必须经过一定的审批手续方可领用。

③计量控制。准确做好材料物资的收发计量检查和投料计量检查。

④包干控制。在材料使用过程中，对部分小型及零星材料（如钢钉、钢丝等）根据工程量计算出所需材料量，将其折算成费用，由作业者包干控制。

（2）材料价格的控制

材料价格主要由材料采购部门控制。由于材料价格由买价、运杂费、运输中的合理损耗等所组成，因此控制材料价格，主要是通过掌握市场信息、应用招标和询价等方式控制材料、设备的采购价格。

施工项目的材料物资，包括构成工程实体的主要材料和结构件，以及有助于工程实体形成的周转使用材料和低值易耗品。从价值角度看材料物资的价值，约占建筑安装工程造价的60%至70%以上，其重要程度自然是不言而喻的。由于材料物资的供应渠道和管理方式各不相同，所以控制的内容和所采取的控制方法也将有所不同。

3. 施工机械使用费的控制

合理选择施工机械设备，合理使用施工机械设备对成本控制具有重要意义，尤其是高层建筑施工。据某些工程实例统计，高层建筑地面以上部分的总费用中，垂直运输机械费用占6%~10%。由于不同的起重机械各有不同的用途和特点，因此在选择起重运输机械时，首先应根据工程特点和施工条件决定采取何种不同起重运输机械的组合方式。在确定采用何种组合方式时，首先应满足施工需要，同时要考虑到费用的高低和综合经济效益。

施工机械使用费主要由台班数量和台班单价两方面决定，为有效控制施工机械使用费支出，主要从以下几个方面进行控制：

（1）合理安排施工生产，加强设备租赁计划管理，减少因安排不当引起的设备闲置；

（2）加强机械设备的调度工作，尽量避免窝工，提高现场设备利用率；

（3）加强现场设备的维修保养，避免因不正确使用造成机械设备的停置；

（4）做好机上人员与辅助生产人员的协调与配合，提升施工机械台班产量。

5.施工分包费用的控制

分包工程价格的高低，必然对项目经理部的施工项目成本产生一定的影响。因此，施工项目成本控制的重要工作之一是对分包价格的控制。项目经理部应在确定施工方案的初期就确定需要分包的工程范围。确定分包范围的因素主要是施工项目的专业性和项目规模。对分包费用的控制，主要是要做好分包工程的询价、订立平等互利的分包合同、建立稳定的分包关系网络、加强施工验收和分包结算等工作。

第六节　施工成本分析

一、施工成本分析的依据

施工成本分析，就是根据会计核算、业务核算和统计核算提供的资料，对施工成本的形成过程和影响成本大小的因素进行分析，以寻求进一步降低成本的途径；另外，通过成本分析，可从账簿、报表反映的成本现象看清成本的实质，从而增强项目成本的透明度和可控性，为加强成本控制，实现项目成本目标创造条件。

1.会计核算

会计核算主要是价值核算。会计是对一定单位的经济业务进行计量、记录、分析和检查，做出预测，参与决策，实行监督，旨在实现最优经济效益的一种管理活动。它通过设置账户复式记账、填制和审核凭证、登记账簿成本计算、财产清查和编制会计报表等一系列有组织有系统的方法，来记录企业的一切生产经营活动，资产、负债、所有者权益、营业收入、成本、利润等会计六要素指标，主要是通过会计来核算。由于会计记录具有连续性、系统性、综合性等特点，所以它是施工成本分析的重要依据。

2.业务核算

业务核算是各业务部门根据业务工作的需要而建立的核算制度，它包括原始记录和计算登记表，如单位工程及分部分项工程进度登记，质量登记，工效、定额计算登记，物资消耗定额记录，测试记录等。业务核算的范围比会计、统计核算要广，会计和统计核算一般是对已经发生的经济活动进行核算，而业务核算，不但可以对已经发生的，而且可以对尚未发生或正在发生的经济活动进行核算，看是否可以做，是否有经济效果。它的特点是对个别的经济业务进行单项核算。例如各种技术措施、新工艺等项目，可以核算已经完成的项目是否达到原定的目的，取得预期的效果，也可以对准备采取措施的项目进行核算和审查，看是否有效果，值不值得实施，随时都可以进行。业务核算的目的，在于迅速取得计算结果，以便在经济活动中及时采取措施进行调整。

3.统计核算

统计核算是利用会计核算：资料和业务核算资料，把企业生产经营活动客观现状的大量数据，按统计方法加以系统整理，表明其规律性。它的计量尺度比会计宽，可以用货币计算，也可以用实物或劳动量计量。它通过全面调查和抽样调查等特有的方法，不仅能提供绝对数指标，还能提供相对数和平均数指标，可以计算当前的实际水平，确定变动速度，可以预测发展的趋势。

二、施工成本分析的方法

1.基本方法

施工成本分析的基本方法包括比较法、因素分析法、差额计算法、比率法等。

（1）比较法

比较法，又称指标对比分析法，就是通过技术经济指标的对比，检查目标的完成情况，分析产生差异的原因，进而挖掘内部潜力的方法。这种方法具有通俗易懂、简单易行、便于掌握的特点，因而得到了广泛的应用，但在应用时必须注意各技术经济指标的可比性。比较法的应用，通常有下列形式：

①将实际指标与目标指标对比。以此检查目标完成情况，分析影响目标完成的积极因素和消极因素，以便及时采取措施，保证成本目标实现。在进行实际指标与目标指标对比时，还应注意目标本身有无问题。如果目标本身出现问题，则应调整目标，重新客观评价实际工作的成绩。

②本期实际指标与上期实际指标对比。通过这种对比，可以看出各项技术经济指标的变动情况，反映施工管理水平的提升程度。

③与本行业平均水平，先进水平对比。通过这种对比，可以反映本项目的技术管理和经济管理与行业的平均水平和先进水平的差距，进而采取相应措施赶超先进水平。

（2）因素分析法

因素分析法又称连环置换法，这种方法可用来分析各种因素对成本的影响程度。在进行分析时，首先要假定众多因素中的一个因素发生了变化，而其他因素则不变，然后逐个替换，分别比较其计算结果，以确定各个因素的变化对成本的影响程度。因素分析法的计算步骤如下：

①确定分析对象，并计算出实际与目标数的差异；

②确定该指标是由哪几个因素组成的，并按其相互关系进行排序（排序规则是先实物量，后价值量；先绝对值，后相对值）；

③以目标数为基础，将各因素的目标数相乘，作为分析替代的基数；

④将各个因素的实际数按照上面的排列顺序进行替换计算，并将替换后的实际数保留下来；

⑤将每次替换计算所得的结果，与前一次的计算结果相比较，两者的差异即为该因素对成本的影响程度；

⑥各个因素的影响程度之和，应与分析对象的总差异相等。

（3）差额计算法

差额计算法是因素分析法的一种简化形式，它利用各个因素的目标值与实际值的差额来计算其对成本的影响程度。

（4）比率法

比率法是指用两个以上的指标的比例进行分析的方法。它的基本特点是：先把对比分析的数值变成相对数，再观察其相互之间的关系。常用的比率法有以下几种：

①相关比率法。由于项目经济活动的各个方面是相互联系相互依存，又相互影响的，因而可以将两个性质：不同而又相关的指标加以对比，求出比率，并以此来考察经营效果的好坏。例如，产值和工资是两个不同的概念，但它们的关系又是投入与产出的关系。在一般情况下，都希望以最少的工资支出完成最大的产值。因此，用产值工资率指标来考核人工费的支出水平，就很能说明问题。

②构成比率法。又称比重分析法或结构对比分析法。通过构成比率，可以考察成本总量的构成情况及各成本项目占成本总量的比重，同时可看出量、本、利的比例关系（即预算成本、实际成本和降低成本的比例关系），从而为寻求降低成本指明方向。

③动态比率法。动态比率法，就是将同类指标不同时期的数值进行对比，求出比率，以分析该项指标的发展方向和发展速度。动态比率的计算，通常采用基期指数和环比指数两种方法。

2.综合成本的分析方法

所谓综合成本，是指涉及多种生产要素，并受多种因素影响的成本费用，如分部分项工程成本，月（季）度成本、年度成本等。由于这些成本都是随着项目施工的进展而逐步增加的，与生产经营有着密切的关系。因此，做好上述成本的分析工作，无疑将促进项目的生产经营管理，提高项目的经济效益。

（1）分部分项工程成本分析

分部分项工程成本分析是施工项目成本分析的基础。分部分项工程成本分析的对象为已完成分部分项工程。分析的方法是：进行预算成本、目标成本和实际成本的"三算"对比，分别计算实际偏差和目标偏差，分析偏差产生的原因，为今后的分部分项工程成本寻求节约途径。

分部分项工程成本分析的资料来源是：预算成本来自投标报价成本，目标成本来自施工预算，实际成本来自施工任务单的实际工程量、实耗人工和限额领料单的实耗材料。

由于施工项目包括很多分部分项工程，不可能也没有必要对每一个分部分项工程都进行成本分析，特别是一些工程量小、成本费用微不足道的零星工程。但是，对于那些主要分部分项工程则必须进行成本分析，而且要做到从开工到竣工进行系统的成本分析。这是一项很有意义的工作，因为通过主要分部分项工程成本的系统分析，可以基本上了解项目成本形成的全过程，为竣工成本分析和今后的项目成本管理提供一份珍贵的参考资料。

（2）月（季）度成本分析

月（季）度成本分析，是施工项目定期的、经常性的中间成本分析。对于具有一次性特点的施工项目来说，有着特别重要的意义。因为通过月（季）度成本分析，可以及时发现问题，以便按照成本目标指定的方向进行监督和控制，保证项目成本目标的实现。月（季）度成本分析的依据是当月（季）的成本报表。分析的方法，通常有以下几个方面：

①通过实际成本与预算成本的对比，分析当月（季）的成本降低水平；通过累计实际成本与累计预算成本的对比，分析累计的成本降低水平，预测实现项目成本目标的前景。

②通过实际成本与目标成本的对比，分析目标成本的落实情况，以及目标管理中的问题和不足，进而采取措施，加强成本管理，保证成本目标的落实。

③通过对各成本项目的成本分析，可以了解成本总量的构成比例和成本管理的薄弱环节。例如，在成本分析中，发现人工费、机械费和间接费等项目大幅度超支，就应该对这些费用的收支配比关系核算，并采取对应的增收节支措施，防止今后再超支。如果是属于规定的"政策性"亏损，则应从控制支出着手，把超支额压缩到最低限度。

④通过主要技术经济指标的实际与目标对比，分析产量、工期、质量、"三材"节约率、机械利用率等对成本的影响。

⑤通过对技术组织措施实施效果的分析，寻求更加有效的节约途径。

⑥分析其他有利条件和不利条件对成本的影响。

（3）年度成本分析

企业成本要求一年结算一次，不得将本年成本转入下一年度。而项目成本则以项目的寿命周期为结算期，要求从开工到竣工到保修期结束连续计算，最后结算出成本总量及其盈亏。由于项目的施工周期一般较长，除进行月（季）度成本核算和分析外，还要进行年度成本的核算和分析。这不仅是为了满足企业汇编年度成本报表的需要，也是项目成本管理的需要。因为通过年度成本的综合分析，可以发现一年来成本管理的成绩和不足，为今后的成本管理提供经验和教训，从而可对项目成本进行更有效的管理。

年度成本分析的依据是年度成本报表。年度成本分析的内容，除了月（季）度成本分析的六个方面以外，重点是针对下一年度的施工进展情况规划切实可行的成本管理措施，以保证施工项目成本目标的实现。

（4）竣工成本的综合分析

凡是有几个单位工程而且是单独进行成本核算（即成本核算对象）的施工项目，其竣工成本分析应以各单位工程竣工成本分析资料为基础，再加上项目经理部的经营效益（如资金调度、对外分包等所产生的效益）进行综合分析。如果施工项目只有一个成本核算对象（单位工程），就以该成本核算对象的竣工成本资料作为成本分析的依据。单位工程竣工成本分析，应包括以下三方面内容：

①竣工成本分析；

②主要资源节超对比分析；

③主要技术节约措施及经济效果分析。

第七节　施工成本控制的特点重要性及措施

一、水利工程成本控制的特点

我国的水利工程建设管理体制自实行改革以来，在建立以项目法、人制、招标投标制和建设监理制为中心的建设管理体制上，成本控制是水利工程项目管理的核心。水利工程施工承包合同中的成本可分为两部分：施工成本（具体包括直接费、其他直接费和现场经费）和经营管理费用（具体包括企业管理费、财务费和其他费用），其中施工成本一般占合同总价的 70% 以上。但是水利工程大多施工周期长，投资规模大，技术条件复杂，产品单件性鲜明，不可能建立和其他制造业一样的标准成本控制系统，而且水利工程项目管理机构是临时组成的，施工人员中民工较多，施工区域地理和气候条件一般又不利，这使有效地对施工成本控制变得更加困难。

二、加强水利工程成本控制的重要性

企业为了实现利润的最大化，必须使产品成本合理化、最小化、最佳化，因此加强成本管理和成本控制是企业提高盈利水平的重要途径，也是企业管理的关键工作之一。加强水利工程施工管理也必须在成本管理、资金管理、质量管理等薄弱环节上狠下功夫，加大整改力度，加快改革的步伐，推进改革成功，从而提高企业的管理水平和经济效益。水利工程施工项目成本控制作为水利工程施工企业管理的基点效益的主体、信誉的窗口，只有对其强化管理，加强企业管理的各项基础工作，才能加快水利工程施工企业由生产经营型管理向技术密集型管理、国际化管理转变的进程。而强化项目管理，形成以成本管理为中心的运营环节，提高企业的经济效益和社会效益，加强成本管理是关键。

三、加强水利工程成本控制的措施

1. 增强市场竞争意识

水利工程项目具有投资大、工期长、施工环境复杂、质量要求高等特点，工程在施工中同时受地质、地形施工环境、施工方法、施工组织管理、材料与设备人员与素质等不确定因素的影响。在我国正式实行企业改革后，主客观条件都要求水利工程施工企业推广应用实物量分析法编制投标文件。

实物量分析法有别于定额法，定额法根据施工工艺套用定额，体现的是以行业水平为代表的社会平均水平；而实物量分析法则从项目整体角度全面反映工程的规模、进度、资源配置对成本的影响，比较接近于实际成本，这里的"成本"是指个别企业成本，即在特定时期特定企业为完成特定工程所消耗的物化劳动和活化劳动价值的货币反映。

2. 严格过程控制

承建一个水利工程项目，就必须从人、财、物的有效组合和使用全过程上综合考虑。例如，对施工组织机构的设立和人员、机械设备的配备，在满足施工需要的前提下，机构要精简直接，人员要精干高效，设备要充分有效利用。同时对材料消耗、配件更换及施工工序控制都要按规范化、制度化、科学化的方法进行，这样既可以避免或减少不可预见因素对施工的干扰，也可以降低自身生产经营状况对工程成本的影响，从而有效控制成本，提高效益。过程控制要全员参与、全过程控制。

3. 建立明确的责权利相结合的机制

责权利相结合的成本管理机制，应遵循民主集中制的原则和标准化、规范化的原则加以建立。施工项目经理部包括了项目经理、项目部全体管理人员及施工作业人员，应在这些人员之间建立一个以项目经理为中心的管理体制，使每个人的职责分工明确，赋予相应的权利，并在此基础上建立健全一套物质奖励、精神奖励和经济惩罚相结合的奖惩机制，使项目部每个人、每个岗位都人尽其才，爱岗敬业。

4. 控制质量成本

质量成本是反映项目组织为保证和提高产品质量而支出的一切费用，以及因未达到质量标准而产生的一切损失费用之和。在质量成本控制方面，要求项目内的施工质量人员把好质量关，做到"少返工，不重做"。比如在混凝土的浇捣过程中经常会发生跑模、漏浆，以及由于振捣不到位而产生的蜂窝、麻面等现象，而一旦出现这种现象，就不得不在日后的施工过程中进行修补，不仅浪费材料，而且浪费人力，更重要的是影响外观，对企业产生不良的社会影响。但是要注意产品质量并非越高越好，超过合理水平时则属于质量过盛。

5. 控制技术成本

首先是要制订技术先进、经济合理的施工方案，以达到缩短工期提高质量、保证安全、降低成本的目的。施工方案的主要内容是施工方法的确定、施工机具的选择、施工顺序的安排；和流水施工作业的组织。科学合理的施工方案是项目成功的根本保证，更是降低成本的关键所在。其次是在施工组织中努力寻求各种降低消耗、提高工效的新工艺、新技术、新设备和新材料，并在工程项目的施工过程中实施应用，也可以由技术人员与操作员工一起对一些传统的工艺流程和施工方法进行改革与创新，这将对降耗增效起到十分有效的积极作用。

6. 注重开源增收

上述所讲的是控制成本的常见措施，其实控制成本一个很重要的措施就是开源增收措施。水利工程开源增收的一个方面就是要合理利用承包合同中的有利条款。承包合同是项目实施的最重要依据，是规范业主和施工企业行为的准则，但在通常情况下更多体现了业主的利益。合同的基本原则是平等和公正，汉语语义有多重性和复杂性的特点，也造成了部分合同条款可多重理解或者表述模糊的问题，个别条款甚至有利于施工企业，这就为成本控制人员有效利用合同条款创造了条件。在合同条款基础上进行的变更索赔，依据充分，索赔成功的可能性也比较大。建筑招标投标制度的实行，使施工企业中标项目的利润已经很小，个别情况下甚至没有利润，因而项目实施过程中能否依据合同条款进行有效的变更和索赔，也就成为项目能否赢利的关键。

　　加强成本管理将是水利施工企业进入成本竞争时代的竞争利器，也是成本发展战略的基础。同时，施工项目成本控制是一个系统工程，它不仅需要突出重点，对工程项目的人工费、材料费、施工设备、周转材料租赁费等实行重点控制，而且需要对项目的质量、工期和安全等在施工全过程中进行全面控制，只有这样才能取得良好的经济效果。

第九章 现代水利工程治理

第一节 水利工程治理演变

水孕育了人类文明，并与人类社会的发展密切相关。无论是原始社会、农业社会，还是工业社会、现代社会，不管何种社会形态，人类对水的治理实践从未停止过，并建立了与各时代社会、经济、环境等条件相适应的治水思想体系。根据人类社会形态发展和治水思想的演变，水利工程治理的历史演变过程大致可划分为三个阶段。

一、水利工程治理的形成阶段

水是生命之源，是生命的最基础组成部分。人类的生存和发展都离不开水。远古的人们为了生存，一方面离不开河流湖泊，但同时又往往受河水泛滥之害，这个时期的人们主要从事渔猎生产，生产力比较低下，没有能力对河流进行整治，只能"择丘陵而处之"，躲避洪水灾害。大约在距今5 000多年前，我国古代社会进入了原始公社末期，农业开始成为社会的基本经济。人们为了生产和生活的方便，以氏族公社为单位，集体居住在河流和湖泊的两旁。人们临水而居虽然有着很大的便利，但也常常受到河水泛滥的危害。为防御洪水，人们修起了一个个围村堰，开始了我国古代的原始形态的防洪工程，此时也开始设立了专门管理工程事务的职官一"司空"。"司空"是古代中央政权机关中主管水土等工程的最高行政长官。禹即被部落联盟委以司空重任，主持治水工作（《尚书·尧典》记"禹作司空"，"平水土"），治水成功后，被推举为部落联盟领袖，成为全国共主。

从远古人的"居丘"，到禹治洪水后的"降丘宅土"，将广大平原进行开发，这是人们改造大自然的胜利。随着生产力的提高，人们防洪的手段也从简易的围村堰向筑堤防洪转变，并随着生产和生活需求，向引水用水工程发展。春秋战国时期，楚国修建的"芍陂"，被称为"天下第一塘"，可以灌田万顷；吴国开凿的胥河，是我国最早的人工运河；西门豹的引黄治邺和秦国的郑国渠，都是著名的引水灌溉工程。随着水利工程的大规模修筑，统治者开始意识到水事管理的重要性，建立了正式的水事管理机构，工程管理的相关制度也逐步开始形成。

《管子·度地》的记载表明，春秋时期已有细致的水利工程管理制度。其中规定：水利工程要由熟悉技术的专门官吏管理，水官在冬天负责检查各地工程，发现需要维修治理的，即向政府书面报告，经批准后实施。施工要安排在春季农闲时节，完工后要经常检查维护。水利修防队伍从老百姓中抽调，每年秋季按人口和土地面积摊派，并且服工役可代替服兵役。汛期堤坝如有损坏，要把责任落实到人，抓紧修治，官府组织人力实施。遇有大雨，要对堤防加以适当维护，在迎水冲刷的危险堤段要派人据守防护。这些制度说明我们的祖先在水利工程治理方面已经积累了丰富的实践经验。我国最早有历史记录的水利治理规章也是春秋时期制定的。春秋时诸侯林立，各不相统，各国为己私利修建工程而不顾他国的事件时有发生，所以在春秋时诸侯国之间的盟约中明令禁止这种以邻为壑的行为。其中最著名的是公元前651年在葵丘之会上订立的盟约，盟约中有"毋曲防"的条约，用以约束各方沿河筑堤，不许只顾自己不顾全局，损害别国。

二、水利工程治理的发展阶段

进入秦汉以后，我国历经由奴隶制到封建社会的制度大变革，特别是铁器的广泛使用，使生产力出现了巨大的进步。此外，秦汉政权的大一统和不断强盛的国力，对于需要大规模社会组织的水利建设来说，也具有重要的促进作用。不仅在治河防洪工程上，而且在灌溉、航运等方面也都有较大的发展，并有一批传统水利的大型精品问世，有的至今仍卓然于世。在水利建设的基础上，工程治理也得到了不断地发展和完善。

（一）管理组织不断完善

在我国，水利工程治理历来是政府的一项重要职能。因此，历朝历代对水利治理组织机构建设也极为重视，并在长期实践中逐渐形成了一套完整的体系。

中国古代水利管理机构分为两种情况：一类是在中央政府内的主管水利的机构，另一类是派驻地方或河道、运河的管理机构。几千年来，政府主管水利的机构和水利职官的名称虽多次变化，但始终有部门有专人来管理水利。并且在相当长的一个历史时期内，封建政府的工部有两大任务，一是管营造，二就是管水利，由此足见水利事业在封建国家经济生活中的地位。

1. 中央政府直管水利机构

我国水利职官的设立，可上溯至原始社会末期。"司空"是古代中央政权机关中主管水土等工程的最高行政长官。西汉末期设御史大夫为"大司空"，东汉将司空、司徒和司马并称为"三公"，是类似宰相的最高政务长官，虽负责水土工程，但不是专官。隋代以后设工部尚书，主管六部中的工部，工部以下具体负责中央水利行政的机构是"水部"。隋、唐、宋都在工部之下设水部，主管官员为水部郎中。明清工部下设都水清吏司，简称都水司，主管官员为郎中。

工部掌管工程行政，历代往往又设"都水监"与工部并行。都水监系统则是中央政权中主管水利工程计划、施工和管理等工作的专职技术机构。都水监与行政机构有联系，但无隶属关系。

2. 派驻地方水利管理机构

（1）河道管理机构

秦以前，无专职河官，多为兼职。西汉始有专职河官，称为"河堤都尉"或"河堤谒者"。宋代设"河堤使"，但多为兼职，下设"巡河主埽使臣"，是中级专职河官。金代设"都巡河官"，下辖"散巡河官"，其下管埽兵。

明代后期，河道管理机构改革，开始设总理河道一职，全权主持治河事宜，河防事权趋于集中。清代改为河道总督，虽然职权划分其间有所变化，但一直保持了治河事权专一，开了流域机构的先河。清代的河道总督是负责黄河、运河和海河水系有关事务的水利行政官员，权力极大。在河道总督之下分设文职、武职两套系统。文职系统管理铺老，武职系统管理河兵。

为加强堤防管理，明代开始设立铺夫，建立了铺夫制度。明代万恭治河时，已认识到"有堤无夫，与无堤同；有夫无铺，与无夫同"。因此，万恭提出"邳、徐之堤，为每里三铺，每铺三夫"。这样就把堤防修守管护的责任落实到具体人上了。铺夫，是管理堤防的夫役，又称堤夫。铺老，是一个铺或几个铺的负责人。这一套组织，类似于现代公路养护段的道班组织。铺夫制度为堤防修守建立了一支专业队伍，是保证堤防安全的重要举措。

（2）农田水利工程管理机构

农田水利在中央属水部或都水监管理，地方各级行政区一般都有专职或兼职官吏。唐代各道往往设农田水利使兼职，明代各省设按察司副使或金事管理屯田水利，清代则有专职或兼职的屯田水利道员。有重要农田水利工程的地方则设府州级官吏（如水利同知等）或县级官吏管理。例如都江堰在东汉时设都水长，蜀汉时也设有堰官，至清代则专设水利同知。

灌溉工程管理体系更加完善，一般分官堰和民堰两套机构。官堰系政府机构，民堰管理系统则大体相同。如都江堰民堰管理系统为：支渠级堰上面为总堰长（或称堰总），再下为堰长（或称散堰长），再下为沟长（或称小堰长）。总堰长负责组织全堰用水户对本堰进口枢纽段的工程进行维修、协调全堰灌溉用水等。各堰长、沟长主管各堰、沟范围的水利事务，以及应付上级堰工摊派的差事等。各级民用堰系统管理人员的产生，有选任制和轮换制两种。选任制是在全堰用水户中根据田产、资历选出堰（沟）长，多由用水户中有权势者主持，管理较为有效。轮选制则是由用水户中拥有一定产业的农户轮流担任，有的一年一换，更换频繁，管理效果一般较差。

（3）运河管理机构

我国的运河建设历史悠久，开凿于公元前 506 年（春秋时期）的胥河，是世界上最古老的人工运河，亦是我国现有记载的最早的运河。公元前 219 年，秦始皇为沟通湘江和漓江之间的航运而开挖了灵渠。主要建于中国隋朝的京杭大运河是世界上最长的运河，是我国古代劳动人民创造的一项伟大的水利建筑工程，元朝时取直疏浚，进一步通到北京，全长 1 794 千米，成为现今的京杭大运河。

运河是古代交通运输的动脉，特别是隋唐以后，漕运成为封建王朝的生命线。所以，历代对运河工程的管理十分重视。

京杭大运河的管理机构在古代运河管理史上是最完善的。京杭大运河开通之初，元代即设提举河渠司专事管理会通河和通惠河两个河段。后又在东阿设都水分监，掌管河渠闸坝。又在通惠河上设提领三员，负责闸坝管理和维修。同时，两段运河都设有专门管闸的闸官，其中"通惠河闸官二十又八，会通河闸官三十又三"。

明代的管理机构更加系统和严谨。明初曾设漕运使，永乐年间会通河重开以后，即设漕运总兵官。此后侍郎、都御使、少卿等许多官吏都负责过漕运事务。景泰二年（1451 年）设总督漕运，驻淮安。此后曾分设巡抚、总漕各一员，后来又多次反复合并或分置。嘉靖四十年（1561 年）改为总督漕运兼提督军务，至万历七年（1579 年）又加管河道。清代正式设漕运总督，驻淮安，全面负责漕运事务。直隶、山东、河南、江西、江南、浙江、湖广七省负责漕运的官员均听命于漕运总督。

除专门的运河管理机构外，元代开始还设置了管理运河的夫役。明代前期京杭运河沿河各州县卫所的夫役计有闸夫、溜夫、坝夫、浅夫、泉夫、湖夫、塘夫、洪夫、捞沙夫、挑港夫等，分工十分详细。自通州至仪真、瓜洲，各种夫役共 4.7 万人。

（二）管理法规不断健全

水利工程往往涉及多方利益，因此需要一个能够协调各方利益的规则，用以约束各方，使之共同遵守。这种规则最初表现为约定俗成的惯例，后来逐步加强其稳定性和权威性，形成了水利法规。随着社会和自然条件的演变以及实践经验的积累，水利法规体系和内容不断得到健全和完善，这也是水利工程治理发展和成熟的标志。我国古代水利法规大致可以分为三类：一是附属于国家大法中的有关条款，二是不同水利门类的单项法规，三是国家综合性水利法规。

1. 国家大法中的水利条款

我国古代的民法和刑法往往不分，国家大法或刑法中就有关于水利的条文。《秦律十八种》是秦代的国家大法，其《田律》中规定"春二月，毋敢伐材木山林及雍堤水"，并严格规定凡遇旱、涝、风、虫等灾情，地方政府必须按照所要求的时间向中央呈报灾情。

唐代的刑律被认为是比较完备的，《唐律疏议》中的杂律规定有水利条款。例如，不许垄断陂湖水利；堤防不修理或修理不及时者要受处罚；如因非常洪水而堤防失事，则不予追究；因取水灌溉而决堤，脊杖一百；因维修不及时而冲毁财物或淹毙人命者，按贪污罪或杀伤罪论处；如故意毁坏堤防，依后果严重程度，最轻的要判三年徒刑，重者罪比杀人。

明清间，除刑法中规定有水利条款外，关于典章制度的专书，更有详尽的水利条文，同样具有法律意义。最具代表性的当数光绪年间撰修的《清会典》100 卷，其中河工 19 卷、海塘 4 卷、水利 8 卷，共计 31 卷之多，条文规定得相当细致。以河工为例，内容包括河务机构、官吏设置、职责范围；各河工机构的河兵和河夫的种类数量及其待遇；各地维修抢险工程的经费数量及开支；木、草、土、石、绳索等河工物料的购置、数量、规格；堤坝、闸、涵洞、木龙等各种工程的施工规范和用料；不同季节堤防的修守；河道疏浚的规格和经费；施工用船只和土车的配备；埽工、坝工、砖工、石工、土工的做法和规格及用料；河工修建保险期限的规定和失事的赔修办法；河工种植苇柳的要求和奖励办法，以及河工和运河禁令等。

2. 不同水利门类的单项法规

按照不同的服务对象，水利分作防洪、农田灌溉、航运城市水利和水利施工组织管理等门类，虽然它们之间存在着密切的联系，但却有着各自不同的任务。比起综合性水利法规，它们出现得更早一些，并大多有本身适用的地区范围。这种不同门类的专项法规随着水利事业的发展而逐渐完善。

（1）防洪法规

防洪工程是水利工程中起源最早的。防洪堤防最晚在西周时期已经出现。春秋时期葵丘之会上订立的禁止随意修建堤防的"毋曲防"规定，也成为日后防洪法规的基本原则。

现在所能见到最早的系统的防洪法令是公元1202年金代颁发的《河防令》，内容是关于黄河和海河水系各河的河防修守法规，共11条。其主要内容包括河防机构、河防工程、河防管理等方面的规定，具体有：朝廷户部、工部每年要派出大员沿河视察，监督、检查都水监派出机构和地方政府落实防洪措施；水利部门必要时可以使用"驰驿"手段，通过驿站选择快马传递汛情；州县主管防洪的官员每年六月至八月上堤防汛，平时分管官员也要轮流上堤检查；沿河州县官吏防汛的功过都要上报；河防军夫有规定假期，医疗也有保障；堤防险工情况要每月向中央政府上报；情况紧急，防守人力不足时，可以随时征调丁夫及防汛物资等。此外，金代在黄河上设有专业的河防官兵。《河防令》规定，每年六月一日至八月终，为黄河涨水月，沿河州、县的河防官兵必须轮流进行防守，其他河流如发生险情，也要参与抢护。

（2）农田水利法规

最早见于记载农田水利法规始于西汉。公元前111年，左内史倪宽向汉武帝建议开凿六辅渠，灌溉郑国渠旁地势较高的农田。倪宽在领导兴修水利之际，还在六辅渠的管理运用方面有一项新的创造，即在我国首次制定了灌溉用水制度，"定水令，以广溉田"。因为制定了灌溉用水制度，促进了合理用水，因而扩大了灌溉面积。西汉末年，召信臣在任南阳郡太守期间，大兴水利，修建了六门陂、钳卢陂等著名蓄水灌溉工程，同时也"为民作均水约束，刻石立于田畔，以防纷争"。均水约束就是按需要分配用水的法规，用以约束各受益农户，以免无端争水。为此，这个法规还被刻作石碑立在灌区，以告诫人们合理用水。

现存具体的灌溉管理制度最早见于甘肃敦煌的甘泉水灌区。甘泉水灌区是一个长宽各数十里的大型灌区，制订有被称作《敦煌水渠》的灌溉用水制度，现存残卷2000余字。内容分两部分，一是记述渠道之间轮灌的先后次序。灌区内各干渠之间、干渠内各支渠之间都有轮灌的规定；二是对全年灌溉次数和各次灌水时间的规定。灌区全年共灌水5次，5次灌水时间又分别和节气相适应，并考虑到不同作物品种对灌水时间和次数的不同要求。《敦煌水渠》还记载着"承前已（以）来，故老相传，用为法则"。反映出它是在实践中，归纳总结了多年积累的经验，目前还在不断使用、完善。

（3）运河管理法规

运河是古代漕运的主要通道，除工程维修外，还有航运秩序的保障，都需要加强法制管理。北宋对运河通黄河河段规定：为了满足航深要求，"每岁自春及冬，常于河口均调水势，止深六尺，以通行重载为准"；由于黄河主流有时迁徙，因此每到春天就征调大批民工重开汴河口，当黄河主流顶冲时，汴河进水过多，又需通过泄水闸坝泄洪。当河水位增至七尺五寸时，即派禁兵三千上堤防洪。总之，为使其"浅深有度，置官以司之，都水监总察之"。

清代运河管理制度在前代基础上又有发展。例如，《大清会典》中记载，当年对山东运河段工程管理的主要规定有：①运河每年十一月初一日筑坝拦河疏浚，次年正月完工，每年一小浚，隔年一大浚；②疏浚弃土应于百丈之外，或就近堆在堤上，但需层层夯实；③可以在河中筑束水长坝逼溜冲刷，或用刮板、混江龙等工具疏浚；④两岸济运泉水每年十月以后由主管官吏逐一检查疏浚等。

3.综合性国家水利法规

随着水利事业的进一步发展，原本归属于国家大法中的水利条款，开始独立出来，形成综合性国家水利法规。

唐代的《水部式》是我国现存最早的由中央政府颁布的综合性水利法典。唐代是我国水利事业发展的重要阶段，盛唐经济的繁荣，显示了作为农业命脉的水利的巨大效益，反映出唐代水利治理的有效性。

现在我们所见到的《水部式》只是一个残卷，仅有29条，约2600余字，主要内容包括农田水利管理、碾磨设置及用水量的规定、运河船闸的管理和维护、桥梁的管理和维修、内河航运船只及水手的管理、海运管理、渔业管理以及城市水道管理等。可以看出，作为由中央政府颁布的综合性水利法规，《水部式》的内容十分丰富，同时它的法律条文规定又十分具体细致。例如关于灌溉管理，规定灌区设置渠长和斗门长，负责水量控制与分配；灌溉农田面积需要提前申请；渠道上设置引水闸门，闸门尺寸规格限制，并在官府监督下修建，不能私自建设；灌区维修出工和费用按亩均摊，损坏较大，灌区本身无力承担时，可以向地方政府申请帮助。为了解决不同行业之间用水需求矛盾，根据各行业的重要性，《水部式》对于用水顺序也进行了明确规定。唐代认为航运所关系的是整个国家运输动脉的畅通，牵扯政治和经济全局利益，而灌溉则只影响局部地区的农业收成，因此，当水源紧张时，首先要保证航运需求，其次是农田灌溉，在非灌溉季节才允许开动水碾和水磨等水力机械。

（三）管理经验不断丰富

我国古代水利事业的成就，不仅体现在水利科学技术的发展水平上，还体现在管理水平上。像郑白渠、都江堰、黄河堤防、京杭运河等一些大型水利工程能够沿用至今，就是因为历朝历代对其进行了有效的管理。实践证明，任何一项伟大的水利工程，如果没有一套严格而科学的运行管理措施，不可能长期发挥出应有的效益。我国在几千年的水利建设实践中，积累了丰富的水利工程施工和运行管理经验，形成了一套切合当时生产力发展水平的管理思想、管理制度和管理办法，许多经验至今仍值得借鉴。

在河防工程中，很早就有严密的施工组织形式，而且最迟在宋代就有严格的施工定额管理规范，对土方工程中各个工种劳动定额的计算方法都有明确规定。所以，古代的堤防工程施工虽然规模大，但组织严密。堤防竣工后，又有严格的岁修管理制度和防洪度汛的一系列制定，保障堤防的运行安全、有效。明代的岁修制度和"四防二守"制度就是古代堤防管理规范的代表。

农田水利方面的管理也有许多成功的经验。如工程岁修管理、渠道清淤管理。分水用水管理、工程维护管理等都有许多严格的制度和章程。有的经过历代的总结、深化、完善、提炼而形成了科学的原则。都江堰之所以两千多年仍然发挥作用，正是因为它有一套严格而科学的管理制度，特别是不断总结完善的岁修管理制度和岁修工程的规范要求，许多经验被编成口诀流传至今。宋代以后，都江堰总结出"深掏滩，低作堰"的岁修"六字诀"，被刻在宝瓶口上游的虎头岩下，成为岁修工程的准绳。到清代又总结出岁修"三字经"和"遇湾截角，逢正抽心"的治河"八字格言"。这些都是对都江堰工程长期运行管理中丰富经验的科学总结和高度概括。

灌溉用水的分配从来就是极难处理的棘手问题。古代为了解决水利纠纷，在合理分配用水方面也总结了轮灌等许多行之有效的办法。汉中山河堰为解决灌溉用水矛盾，订立了上下坝轮番灌溉的协定。上坝灌溉 19 680 亩，下坝灌溉 25143 亩。按照上下坝轮番灌溉的协定，每 10 日为一轮，按所管田地多少分配用水时间，上坝前 4 天用水，下坝后 4 天用水，由专人监督。第一轮完后，再灌第二轮。这样有效地保证了整个灌区的适时用水，解决了用水矛盾纠纷。

我国运河的发展规模经历了由小到大，由当地运河、跨水系运河，进而发展到横跨东西、纵贯南北的大运河网。从运河技术发展看，也经历了从平原运河发展到翻山越岭的闸河；从用清水源的运河到用浑水源的运河；从无闸运河到设陡、置闸、梯级船闸以及设置调节水库这样一个从简单到复杂的发展过程。运河管理的主要目的是保证航道畅通，因此，历代对运河闸门的启闭、船队过闸的顺序、河渠的维护以及对船只大小都有明确的要求，形成了一套系统的规定。会通河位于海河与黄河（明清时，黄河在江苏入黄海）之间，是京杭运河中地势最高的一段，水源缺乏，依靠汇集沿途泉水济运，其中以汶水汇集的最多。由埕城坝引水至济宁或由戴村坝引水至南旺分水济运。此外，还在兖州城东筑金口坝，壅泗水向西与埠城坝分来的洸水汇合至济宁入运河。为调节不同季节水量平衡的问题，利用运河沿岸的洼地蓄水，称水柜，涝时接纳洪水，旱时放水入运河。为节制用水和保持航行水深，在运河上进行了建闸通航，元代有 30 余座，明清有 40 余座，所以会通河又称闸漕。在船闸控制运用上，明代创造了调节水量的"制闸三法"，即"填漕""乘水""审浅"，其目的都是为了充分利用运河有限的水量。

三、水利工程治理的完善阶段

纵观我国水利发展史，长期以来我国在水利治理方面积累了丰富的经验，取得了光辉成就。但至公元 19 世纪中叶以后的晚清、民国时期，我国沦为半封建半殖民地，不仅水利建设停滞不前，而且前人留下来的一些水利工程也年久失修，残缺破坏，管理制度废弛，管理水平十分落后。直到 20 世纪初，我国才开始学习和引进西方先进的水利技术，但管理落后的局面并未完全改变。新中国成立后，我国水利建设迅速发展，但在大搞水利工程建设的同时，"重建设、轻管理"的苗头开始出现。1953 年召开全国水利会议发现并指出了这种倾向，要求加强工程管理，自此我国开始建立正规的水利工程管理制度，并得到不断发展，逐步向现代水利工程管理迈进。

（一）组织体系由单一管理向系统管理转变

1953 年全国水利会议要求加强工程管理后，我国加强了水利管理机构建设，水利部成立了工程管理局，地方也成立了工程管理机构，并且随着大中型水利工程和枢纽工程的建设完成，相应管理单位也随之建立以加强管理。经过几十年的发展，基本形成了水利部、地方水利管理机构、基层工程管理单位、乡镇水利站为主体的水利管理组织体系。随着现代水利发展的需求，水利管理体制也由区域管理向流域管理和区域管理相结合、单一工程管理向全面涉水事务管理转变。

1978 年以前，我国的大江大河只有长江、黄河、淮河三个流域管理机构，且其职责多偏重在流域规划，重点建设方面。从 1979 年开始，陆续增加了珠江、海河、松花江、辽河和太湖等流域管理机构。1994 年，流域机构被定性为国务院水行政主管部门的派出机构，在本流域内行使水行政管理职责，负责流域内水资源规划、协调开发和统一调度，具有调解省际及部门之间水利矛盾的任务；负责本流域防洪、兴利调度和主要河段、重点水利枢纽工程的管理工作。2002 年新修订施行的《中华人民共和国水法》，在管理体制上吸取了多年的经验教训，借鉴了国外行之有效的管理模式，强化流域管理和行政区域管理相结合的体制。《水法》颁布后，也基本上改变了我国水管理中"多龙治水"的局面，明确了水利部门是政府的水行政主管部门的地位，承担起了国家综合管理水的职能。

（二）管理技术由经验管理向现代技术转变

随着水利事业的发展和科学技术的进步，水利管理也从凭经验管理、靠手工劳动为主的年代，开始进入科学管理的新时期。我国在总结经验和学习借鉴的基础上，大力开展了工程管理技术标准和规范编制工作，陆续颁发了水库、水闸、河道堤防等管理制度和水利工程检查观测、养护修理等一系列技术标准、规范和规程，基本完善了工程管理的技术标准体系。同时，一些新的科学技术和现代化管理手段也在水利工程管理中逐步得到应用。例如，大坝安全自动化监测系统，实现了实时安全监测、监控，极大地提高了大坝安全管理水平；水库优化调度和水库群优化调度，既保证了工程安全，又提高了工程效益；此外，水工混凝土建筑物的病害修补技术、堤坝隐患探测技术、堤基管涌除险加固技术等新技术、新材料和新工艺的研制与应用也都取得了丰硕成果。水利工程管理在水利管理技术、工程安全管理、管理现代化和信息化方面取得的成效，已经形成具有我国特点的水利学科的一个分支——水利管理学科。

（三）管理手段由行政管理向依法管理转变

依法治国必然要求依法治水、依法管水。新中国成立后特别是改革开放后，我国水利法制步伐加快，水法规体系逐步得到完善。除制定了《水法》《防洪法》等水的基本法律外，还制定了《河道管理条例》《水库大坝安全管理条例》等专项的行政法规和规章。各级地方政府和水行政主管部门，还结合本地区的具体情况，制定了相应的地方性法规和规章。可以说，我国已经基本建立起了符合国情、水情的水管理法规体系，使水利管理做到有法可依。

依法行政，立法是基础，执法是关键。1988年《水法》颁布实施后，为保障水法规的贯彻实施，1989年水利部决定全面加强水行政执法工作。至1992年，全国水行政执法体系基本建成，形成了省、市、县、乡四级执法网络。1995年，为适应依法治国、依法行政的需要，水利部组织开展了以组建专职执法队伍、提高执法人员素质和加强执法队伍管理为核心内容的水政监察规范化建设。水行政执法队伍建设有力地促进了水行政执法工作，水行政执法力度不断加大，开展了大量卓有成效的执法活动，为各项法律制度的有效实施做出了重要贡献，有力地维护了正常的水事秩序。

依托立法和执法体系建设，水利部门在强化依法管理方面也做了大量的工作。1989年，依据《水法》《河道管理条例》等法律法规，水利部部署开展了水利工程管理和保护范围划定工作。至1996年，全国水利工程土地确权划界工作基本结束。水利工程确权划界工作的完成，进一步明确了工程的管理范围和保护范围，为依法保护和加强水利工程管理奠定了基础。1992年，水利部、国家计委联合颁发了《河道管理范围内建设项目管理的有关规定》，实施河道占用审批管理制度。河道管理范围内建设项目管理是法律赋予水行政主管部门的重要职责，实现了在保护中开发，在开发中保护，维护了河道正常工作秩序。

（四）管理目标由单一目标向综合目标转变

水是生命之源、生产之要、生态之基。随着经济社会的发展，水利在经济社会中的地位和作用也发生了转变。2011年中央一号文件指出，水利已成为现代农业建设不可或缺的首要条件，是经济社会发展不可替代的基础支撑，是生态环境改善不可分割的保障系统。

水利改革发展，不仅事关农业农村发展，而且事关经济社会发展全局；不仅关系到防洪安全、供水安全、粮食安全，而且关系到经济安全、生态安全、国家安全。这表明，现代治水理念已向资源水利、安全水利、民生水利和生态水利转变。这既是社会、国家对水利行业的要求，也是水利工程实现现代化管理的重要目标。对水利工程管理而言，必须顺应时代发展的需求，实行现代化管理，才能满足保护水资源、服务民生、改善生态环境等综合目标的需要。

第二节　水利工程治理内涵

水利工程是实现水资源优化配置、提高利用效率、保护生态环境、达到兴水利除水害目的的基本载体。建设是水利工程存在的基础，治理则是水利工程得以发挥作用、延续生命的关键。只有深入了解治理的重要性，并深入分析其概念内涵，才能进一步指导实践。

一、现代水利工程治理的概念

不同历史时期、不同经济发展水平、不同发展阶段对水利的要求不断地发生变化，水利工程治理的概念以及标准也在不断变化。由水利工程管理到水利工程治理，是理念的转变，也是社会发展到一定阶段的必然结果。

（一）水利工程管理的概念

水利工程是伴随着人类文明发展起来的，在整个发展过程中，人们对水利工程要进行管理的意识越来越强烈，但发展至今并没有一个明确的概念。近年来，随着对水利工程管理研究的不断深入，不少学者试图给水利工程管理下一个明确的定义。牛运光认为，水利工程管理实质上就是保护和合理运用已建成的水利工程设施，调节水资源，为社会经济发展和人民生活服务的工作，进而使水利工程能够很好地服务于防洪、排水、灌溉、发电、水运、水产、工业用水、生活用水和改善环境等方面；赵明认为，水利工程管理，就是在水利工程项目发展周期过程中，对水利工程所涉及的各项工作，进行的计划、组织、指挥、协调和控制，以达到确保水利工程质量和安全，节省时间和成本，充分发挥水利工程效益的目的。它分为两个层次，一是施工项目管理，通过一定的组织形式，用系统工程的观点、理论和方法，对施工项目管理生命周期内的所有工作，包括项目建议书、可行性研究、设计、设备采购、施工、验收等系统过程，进行计划、组织、指挥、协调和控制，以达到保证工程质量、缩短工期、提高投资的目的；二是水利工程运行管理：通过健全组织，建立制度，综合运用行政、经济、法律、技术等手段，对已投入运行的水利工程设施，进行保护、运用，以充分发挥工程的除害兴利效益；高玉琴认为，水利工程管理是运用、保护和经营已开发的水源、水域和水利工程设施的工作。段世霞认为，水利工程管理是从水利工程的长期经济效益出发，以水利工程为管理对象，对其各项活动进行全面、全过程的管理。完整的内容应该涵盖工程的规划、勘测设计、项目论证、立项决策、工程设计、制订实施计划、管理体制、组织框架、建设施工、监理监督、资金筹措、验收决算、生产运行、经营管理等内容。一个水利工程的完整管理可以分为三个阶段，即第一阶段，工程前期的决策管理；第二阶段，工程的实施管理；第三阶段，工程的运营管理。

在综合多位学者对水利工程管理概念理解的基础上，笔者认为，水利工程管理是指在深入了解已建水利工程性质和作用的基础上，为尽可能地趋利避害，保护和合理利用水利工程设施，充分发挥水利工程的社会和经济效益，所做出的必要管理。

（二）由水利工程管理向水利工程治理的发展

在中国，"治理"一词有着深远的历史，"大禹治水"的故事，实际上讲的就是一种治理活动。在中国历史上，治理包括四层含义：一是统治和管理，二是理政的成效，三是治理政务的道理，四是处理公共问题。在现代，治理是一个内容丰富、使用灵活的概念。从广义上看，治理是指人们通过一系列有目的活动，实现对对象的有效管控和推进，反映了主客体的关系。从内容上看，有国家治理、公司治理、社会治理、水利工程治理等，它不外乎三个要素：治理主体、治理方式和治理效果，这三者共同构成治理过程。

从水利工程管理到水利工程治理，虽然只有一字之差，但体现了治水理念的新跨越。"管理"与"治理"的差别，一是体现在主体上，"管理"的主体是政府，"治理"的主体不仅包括政府，也包括各种社会组织乃至个人；二是体现在方式上，由于"管理"的主体单一，权力运行单向，而且往往存在"我强你弱、我高你低、我说你听、我管你从"的现象，因此在管理方式上往往出现居高临下、简单生硬的人治作风，"治理"不再是简单的命令或完全行政化的管理，而是强调多元主体的相互协调，这就势必使法治成为协调各种关系的共同基础。因此，水利工程治理，体现了治理主体由一元到多元的转变，反映了治理方式由人治向法治的转化，折射了对治理能力和水平的新要求。

（三）现代水利工程治理的概念

党的十八届三中全会通过的《中共中央关于全面深化改革若干重大问题的决定》规定："全面深化改革的总目标是完善和发展中国特色社会主义制度，推进国家治理体系和治理能力现代化。"将推进国家治理体系和治理能力现代化作为全面深化改革的总目标，为下一步全面深化改革指明了发展方向。

水利是国民经济的命脉，水利工程更是地方经济建设和社会发展不可或缺的先决条件。因此，构建水利工程治理体系是构建国家治理体系的重要组成部分。水利工程治理现代化就是要适应时代发展需求，通过改革和完善体制机制、法律法规，推动各项制度日益科学完善，实现水利工程治理的制度化、规范化、程序化。它不仅是硬件的现代化，也是软件的现代化、人的思想观念及行为方式的现代化。主要包括与市场经济体制相适应的管理体制、科学合理的管理标准和管理机制、高标准的现代化管理设施和先进的调度监控手段、掌握先进管理理念和管理技术的管理队伍等。所实现的目标应为保障防洪安全、保护水资源、改善水生态、服务民生。

现代水利工程治理应具有与市场经济体制相适应的管理机制和系统健全、科学合理的规章制度；应采用先进技术及手段对水利工程进行科学控制运用；应突出各种社会组织乃至个人在治理过程中的主体地位；应创造水利工程治理良好的法制环境，在维修经费投入、工程设施保护、涉水事件维权等方面均能得到充分的法律保障；应具有掌握先进治理理念和治理技术的治理队伍；应注重和追求水利工程治理的工程效益、社会效益、生态效益和经济效益的"复合化"。

二、水利工程治理的思想渊源

水利工程是伴随着人类文明发展起来的，人类文明的进程从根本上讲是依附于对水的利用。水利工程治理作为一门学科，有其自身的基本理论，同时也有着其独特的基础思想和精神支柱。

（一）中国传统文化思想的传承

水，浮天载地，是构成自然界的物质基础。水作为生命之源和生活环境中普遍存在而丰富多彩的物象，自然会与文化结下不解之缘。华夏民族文明是大河文明，在文明发育的过程中，江河等水体不仅为先民提供了饮用、水产和舟楫……灌溉之利，而且还以各种特质和存在方式启迪和影响着华夏民族，并在精神生活、文化意识等方面打下了"水文化"的深刻烙印。

1. 阴阳五行说

从哲学发展的客观动力而论，我国文明来临时期的伟大治水斗争，长期的观象活动以及各民族的经济文化交流，使中国古代很早就萌芽了以研究阴阳、五行等矛盾关系为特征的原始唯物主义和朴素辩证法思想，并伴随着生产力的发展和社会的进步逐渐深化了人们对客观世界的认识。

阴阳，指世界上一切事物中都具有的两种既互相对立又互相联系的力量，它的产生和发展是伴随着春秋战国思想、经济的发展而发展的。《周易》最早明确阴阳二气产生宇宙万物，所谓"一阴一阳谓之道，是也"，即认为万物的产生和变化是阴阳合气作用的结果。老子在《道德经》中指出"万物负阴而抱阳"是指万物都是由阴阳二气相互冲荡、相互融合而成的。

庄子在其基础上发展了老子的思想，"至阴肃肃，至阳赫赫。肃肃出乎天，赫赫发乎地，两者交通成和，而物生焉"，以阴阳说明万物的生发。五行即由金、木、水、火、土五种基本物质的运行和变化所构成，它强调整体概念。最早系统提出五行概念的是《尚书·洪范》说："我闻在昔，鲧陻洪水，旧陈其……五行：一曰水，二曰火，三曰木，四曰金，五曰土。"旨在用五种不同的物质水、火、木、金、土来概括世间万物的本源。阴阳与五行两大学说的合流形成了中国传统思维的框架，对后来古代哲学的发展有着深远的影响。春秋战国时期，阴阳五行学说的思想被贯彻在农田水利，尤其是作物用水、土壤燥湿的理解中，对当时的田间作物合理用水的方法做了全面系统的总结。《吕氏春秋》"审时"篇根据农田合理用水的实践，把阴阳五行理论做了进一步的发展，把阴阳、五行、天文、律力、农事等组合成为一个大系统，使天地人的各个方面普遍联系，互相搭配，根据阴阳的消长而发展、变化。以华北地区的天象、物候和农事为参照系，以阴阳消长的理论为核心，构造出一个完整的世界运行图式，这是阴阳五行学说在农田水利实践基础上对理论体系的新发展。

2. 道法自然说

老子在《道德经》中写道"人法地，地法天，天法道，道法自然；道生一，一生二，二生三，三生万物；天长地久"。其所表达的中国古代传统文化的自然观，可以用四个字来概括，那就是"道法自然"，就是适应自然、遵循自然、顺应自然、效法自然。庄子在老子的基础上把人与自然的关系阐释得更为透彻，在《庄子·天道》一文中指出"则天地固有常矣，日月固有明矣，星辰固有列矣，禽兽固有群矣，树木固有立矣。夫子亦放德而行，循道而趋，已至矣"。就是说，天地原本就有自己的运动规律，日月原本就放射光明，星辰原本就各自有序，禽兽原本就各有群落，树木原本就林立于地面。遵循自然状态行事，顺从规律去进取是最好的。庄子的这段论述，更清晰地要求人们"循道而趋"，这里的"道"，明显是指自然界的运动规律。庄子告诫人们，宇宙万物，自然系统都在遵循自身的规律，山川河流，高山平原，繁衍着生物群落，覆盖着茂密植被，生生不息，周而复始。人们不要去驱使它，掠夺它；相反，应该尊重万物，顺应自然，谨慎地顺从自然规律行事，这才是真正的美好。人类社会的存在和发展是以丰富的自然资源和自然环境的存在和发展为前提和基础的，因此，正确处理人与自然、人与自身、人与社会的关系，就成为社会发展和人民幸福的基本条件之一。"道法自然"思想，为现代人正确处理人与自然的关系提供了新的哲学根据，引导人类把尊重、爱护自然转化为内心的道德律令，自觉地顺应自然、师法自然、亲近自然，真正实现人与自然的和谐统一，为解决当代生态环境危机提供了有益的思想启迪和历史借鉴，这就是"道法自然"生态思想的现代社会价值所在。

改造客观、适应自然，是人类生存发展的基本前提。兴修水利，保护环境，无疑是其中最具代表性的活动之一。在兴修水利方面，尊重自然就是尊重河湖的自然规律。经过数万年形成的自然河流和湖泊生态系统，其结构、功能和过程都遵循着一定的自然规律，在开发、改造河流湖泊的时候，应遵循其固有的规律，不能盲目地按照主观意志轻易改造，将人的意志凌驾于自然之上。

3. 天人合一说

《易经·序卦》中说"有天地，然后万物生焉。盈天地之间者唯万物"。《易经》把天作为八卦之一，与地相对应，一阳一阴，产生其余六卦及宇宙万物。后来，"天"的含义分别为儒道两家继承发展，形成了儒家的"天人合德"和道家的"天人一体"两种迥然不同的天人合一观念。以孔子为代表的儒家思想中的天人合一思想强调人应当顺应天命，将人的心性和天融为一体，顺其自然。"立天之道，曰阴曰阳；立地之道，曰柔曰刚；立人之道，曰仁曰义"即天、地、人三材之道在本质上是上下贯通的。人要充分实践自己的道德理性，将天赋的德性变成后天的德行，便达到了天人合德的圣人境界。道家天人合一思想代表以老子和庄子为主。老子的天人合一的思想有三个重要的概念：道、天道、人道。在老子看来，"道"是生成宇宙万物的本源，是事物存在发展的最普遍原则。"天道"即宇宙自然之道。"人道"即以道修之于身、修之于天下的真人之道、圣人之道，人道应当遵循天道。庄子继承发展了老子和道家思想，他在《庄子·大宗师》中明确提出了"天人合一"的观点，认为"自然的"和"人为的"本是合一的，即"天人合一"。

天人合一、物我一体的整体生态观念反映在处理人与自然的关系时，认为自然界存在自身的限度，人类在开发和利用自然时主张合理利用自然万物，人类作为大自然的产物应该对大自然怀有感激、热爱之情，尊重自然界的一切生命，尊重自然规律，保护生之养之的自然家园，回归到人与自然融洽无间的和谐状态。"天人合一"的思想反映在现代，是人类与自然关系的一种思考，它确立了人与自然和谐共生的前提条件和行为方式，在人与自然关系的处理上，要破除以人类为中心的观念，把人与天地万物视为彼此平等、互相影响的关系。大江大河的治理、水利工程的管理、水生态的修复和水利资源的利用，是人类与自然打交道最频繁、最直接的几大领域之一，河流是陆地生态系统的动脉，是一切生命的源泉。人与河流的关系集中反映了人与自然的关系，在治理、管理、修复、利用河流的过程中奉行"天人合一"的思想，是目前水利工作的基本思想。

（二）现代治水理念的创新

水利工程治理中存在的问题，是人与自然如何和谐相处的问题，是人类对可持续发展的认识问题。在治理过程中，融入人水和谐、可持续发展，生态文明、系统治理的思想理念是解决这些问题的根本出路。

1. 人水和谐的理念

"和谐"一词最早出现于《管子·兵法》中"畜之以道，则民和。养之以德，则民合。和合故能谐，谐故能辑。谐辑以悉，莫之能伤"。意思是有了和睦、团结，行动才能协调，才能达到整体的步调一致。而中国古代的和谐理念来源于《周易》一书中的阴阳和合思想。《周易·乾卦》中说"乾道变化，各正性命，保合太和，乃利贞"。意思是事物发展变化尽管错综复杂、千姿百态，但整体上却始终保持着平衡与和谐。"和谐"一词，《辞源》解释为"协调"，《现代汉语词典》解释为"配合得适当和匀称"。在汉语中，和顺、协调、一致、统一等词语均表达了"和谐"的意思，人与天合一，人与人和谐，构成了几千年中华民族源远流长的思想观念，和谐思想成为中国哲学与文化的显著特色。

古人将"和谐"作为处理人天（人与自然）、人际（人与人或社会）、身心（人的身体与人的精神）等关系的理想模式。在中国传统的管理哲学思想中，孔子所极力倡导的"仁"

实际上探讨的是人与人之间的和谐问题，而以老子为代表的道家学说，则探讨了人与自然的和谐关系，探讨了人对自然的管理所应遵循的方式。在西方管理哲学中，和谐理念也由来已久。柏拉图认为，人对自身的管理，就是保持心灵中的三个部分各司其职，即理智居支配和领导地位，激情服从理智并协助理智保卫心灵和身体不受外敌侵犯，欲望接受理智的统领和领导，三个部分互不干涉、互不僭越、彼此友好，就实现了对自身管理的和谐。亚里士多德认为，国家管理应实行轮流执政，全体公民都是平等的，都有参与政治、实施管理的权力，这样的管理才是和谐的管理。萨缪尔森认为只有"看不见的手"一市场和"看得见的手"一政府相互结合、都发挥作用的经济管理才是和谐的。

1999 年 11 月 16 日，水利部在中国水利报社通讯报道工作会议上第一次提出人与自然和谐相处，其包含两方面的含义：一是指人与人的和谐，即通过各种法律、法规来约束人类的行为，从而达到人类共享美好自然环境的目的；二是指人与自然的和谐，即人类如何适应自然、改造自然，协调人的需求与自然承载力之间的关系，从而实现人类社会与自然界均衡发展的目标。水是自然界的产物，是重要的基础性和战略性自然资源，人水和谐是人与自然和谐相处的一个缩影，2001 年被纳入了现代水利的内涵及体系中。2004 年，我国将"中国水周"活动主题定为"人水和谐"，人们对人水和谐的思想有了更深入的认识。2005 年 3 月，全国人大十届三次会议提出"实践科学发展观，构建和谐社会"的重大战略思想后，人水和谐成了人与自然和谐相处的关键因素，也成为我国治水、开发利用水的主导思想。

2. 可持续发展理念

"可持续发展"一词，最早出现于 1980 年国际自然与自然保护联盟，联合国环境规划署和世界野生生物基金会联合发表的《世界自然资源保护大纲》。大纲基于全球性环境污染和生态危机对人类生存与发展的严重威胁，提出必须研究自然的、社会的、生态的、经济的以及利用自然资源过程中的基本关系，以确保全球的可持续发展。1987 年，世界环境与发展委员会发表了《我们共同的未来》，该报告正式提出了可持续发展的概念，即可持续发展既是满足当代人的要求，同时又不对后代人的发展构成危害的发展。

可持续发展理论的研究方向可分为经济学方向、社会学方向及生态学方向。经济学方向，是以区域开发、生产力布局、经济结构优化、物质供需平衡等作为基本内容，力图将"科技进步贡献率抵消或克服投资的边际效益递减率"作为衡量可持续发展的重要指标和基本手段；社会学方向，是以社会发展、社会分配利益均衡等作为基本内容，力图将"经济效率与社会公正取得合理的平衡"作为可持续发展的重要判据和基本手段；生态学方向，是以生态平衡、自然保护、资源、环境的永续利用等作为基本内容，力图将"环境保护与经济发展之间取得合理的平衡"作为可持续发展的重要指标和基本原则。

自然资源的可持续发展是可持续发展理论生态学方向的一个重要组成部分，关系到人类的永续发展。自然资源是人类创造一切社会财富的源泉，是指在一定技术经济条件下，能用于生产和生活，提高人类福利、产生价值的自然物质，如土地、淡水、森林、草原、矿藏、能源等。自然资源的稀缺是相对的，是由于高速增长的需求超过了自然资源的承载负荷，资源无序无度的、不合理的开发利用，是产生资源、生态和灾害问题的直接原因，甚至也是引发贫困、战争等一系列社会问题的重要原因。自然资源的可持续发展是解决人类可持续发展问题的关键环节，它强调人与自然的协调性、代内与代际间不同人、不同区域之间在自然资源分配上的公平性以及自然资源动态发展能力等。自然资源可持续发展是一个发展的概念，从时间维度上看，涉及代际间不同人所需自然资源的状态与结构；从空间维度上看，涉及不同区域从开发利用、到保护自然资源的发展水平和趋势，是强调代际与区际自然资源公平分配的概念。自然资源可持续发展是一个协调的概念，这种协调是时间过程和空间分布的耦合，是发展数量和发展质量的综合，同时也是当代与后代对自然资源的共建共享。

水资源是基础自然资源，也是生态环境的控制性因素之一。目前，我国水资源存在时空分布不均、人均占有量低、污染严重等问题。实现水资源的可持续发展是一系列工程，它需要在水资源开发、保护、管理、应用等方面采用法律、管理、科学、技术等综合手段。水利工程是用于控制和调配自然界的地表水和地下水资源，开发利用水资源而修建的工程。它与其他工程相比，在环境影响方面有突出的特点，如影响地域范围广，影响人口多，对当地的社会、经济、生态影响大等，同样外部环境也对水利工程施以相同的影响。在水利工程建设和管理的过程中，要坚持可持续发展的理念，加强水土保持、水生态保护、水资源合理配置等工作，树立依法治水、依法管水的理念，既要保证水利事业的稳步发展，也要顾及子孙后代的利益，使水利事业走向可持续稳步发展的道路。

3. 水生态文明的理念

水生态文明是生态文明的重要组成部分，它把生态文明理念融入兴水利、除水害的各项治水活动中，按照人与自然和谐相处的原则、遵循自然生态平衡的法则，采取多种措施对自然界的水进行控制、调节、治理、开发、保护和管理，以防治水旱灾害、开发利用水资源、保护水生态环境，从而达到既支撑经济社会可持续发展，又保障水生态环境良性循环的目标。随着人类文明的不断发展，工业文明带来的环境污染、资源枯竭、极端气候、生物物种锐减等问题不断加剧，人们愈来愈清晰地认识到水作为生态系统控制性要素的重要地位。为贯彻落实党的十八大精神，加快推进水生态文明建设，水利部于 2013 年 1 月印发了《水利部关于加快推进水生态文明建设工作的意见》（水资源 [2013]1 号），提出把生态文明理念融入水资源开发、利用、配置、节约、保护以及水害防治的各方面和水利规划、建设、管理的各环节，加快推进水生态文明建设。

水利建设包括水害防治、水资源开发利用和水生态环境保护等各种人类活动，在满足人类生存和发展要求的同时，也会对自然生态系统造成一定的影响。在水利建设的各个环节，应遵循"在保护中促进开发、在开发中落实保护"的原则，高度重视生态环境保护，正确处理好治理开发与保护的关系，在努力减轻水利工程对自然生态系统影响的同时，充分发挥其生态环境效益。要在水利建设的各个环节中，注重水生态文明的建设，就要遵循以下几个原则：首先，科学布局治理开发工程。在系统调查水生态环境状况、全面复核和确定水生态环境优先保护对象与保护区域的基础上，制定治理开发与保护分区和控制性指标，科学规划水害防治和水资源开发利用工程布局，使治理开发等人类活动严格控制在水资源承载能力、水环境承载能力和水生态系统承受能力所允许的范围内，避免对水生态环境系统造成依靠其自组织功能无法恢复的损害。其次，全面落实水利工程生态环境保护措施。高度重视水利工程建设对生态环境的影响，在水利工程设计建设和运行各个环节采取综合措施，努力把对生态环境的影响降至最小。在工程设计阶段，要吸收生态学的原理，改进水利工程的设计方法：要重视水利工程与水生态环境保护的结合，发挥水利工程的生态环境效益；要充分考虑水生生物对水体理化条件的要求，合理选择水工结构设计方案；要针对所造成的生态环境影响，全面制定水生态环境保护舒缓措施。在工程建设阶段，要根据环评要求安排专项投资，全面落实各项水生态环境保护措施。在工程运行阶段，要科学调度，维系和改善水体理化条件，满足水生态环境保护的要求，努力将水利工程建设对生态环境的影响降低到最低程度；再次，充分发挥水利工程生态环境效益。水利工程建设应在有效发挥水利工程兴利除害功能的同时，充分发挥水利工程的生态环境效益。例如，水土保持工程应考虑发挥对面源污染的防治作用，中小河流治理工程应考虑结合景观营造和水环境改善，河道整治工程应考虑满足水生生物对其生境蜿蜒连续、断面多样的要求，护岸护坡工程应考虑采用生物技术，治涝工程应考虑结合湿地保护需要留足蓄涝水面，水资源配置工程应考虑结合河湖连通改善水环境，各类水工程应考虑满足人类对文化景观和娱乐休闲水环境的需要等。

4. 系统治理理念

系统一词最早源于古希腊，是一组相互联系和相互制约的要素按一定的方式形成的，具有特定功能的整体，即对自然界和社会的各种复杂事物要进行整体的综合研究和布置。战国末期著作《吕氏春秋》中对系统论思想做了小结和提高，认为：整个宇宙是一个由天、地、人三大要素有机结合而成的大系统。天、地、人又是三个各有其结构与功能，而又互相联系与配合的子系统。宇宙大系统的整体性，正是通过天、地、人各子系统之间的相互作用、相互联结而呈现出来的。《吕氏春秋》中还进一步认为，只有注意各子系统的稳定，才能保证整个大系统的稳定。但是，这种稳定性并非静止不动、凝固不变的，而是按照一定的节律运动变化，保持运动的一致与和谐。系统科学认为世界上万事万物是有着丰富层次的系统，系统要素之间存在着复杂的非线性关系。系统思维强调的是整体性、层次性、相关性、目的性、动态性和开放性，它着重从系统的整体、系统内部关系、系统与外部关系以及系统动态发展的角度去认识、研究系统。与其他系统一样，水利工程也是一个有机的整体，是由多个子系统相互影响、彼此联系结合而成，但又不是工程内单个要素的简单叠加。因此，要在水利工程的治理过程中，将系统论的理念融合进去，以达到整体统一。

2014年中央财经委员会第五次会议上，提出了"节水优先、空间均衡、系统治理、两手发力"的新时期治水方针，这种新的治水思路，赋予了新时期治水的新内涵、新要求和新任务。节水优先,是针对我国国情水情,总结世界各国发展教训,着眼中华民族永续发展作出的关键选择,是新时期治水工作必须始终遵循的根本方针。空间均衡,是从生态文明建设高度,审视人口经济与资源环境关系,在新型工业化、城镇化和农业现代化进程中做到人与自然和谐的科学路径,是新时期治水工作必须始终坚守的重大原则。系统治理,是立足山水林田湖生命共同体,统筹自然生态各要素,解决我国复杂水问题的根本出路,是新时期治水工作必须始终坚持的思想方法。两手发力,是从水的公共产品属性出发,充分发挥政府作用和市场机制,即使市场在水资源配置中发挥好作用,也可以更好地发挥政府在保障水安全方面的统筹规划、政策引导、制度保障作用。这是提高水治理能力的重要保障,是新时期治水工作必须始终把握的基本要求。

重要论述精辟阐述了治水兴水的重大意义,深入剖析了我国水安全新老问题交织的严峻形势,为我们强化水治理、保障水安全指明了方向。在今后,要注重以下几点工作:①全面建设节水型社会,着力提高水资源利用效率和效益。牢固树立节水和洁水观念,切实把节水贯穿于经济社会发展和群众生产生活全过程;②强化"三条红线"管理,着力落实,最严格水资源管理制度。坚持以水定需、量水而行、因水制宜,全面落实最严格水资源管理制度;③加强水源涵养和生态修复,着力推进水生态文明建设。牢固树立尊重自然、顺应自然保护自然的生态文明理念,着力打造山清水秀、河畅湖美的美好家园;④实施江河湖库水系连通,着力增强水资源水环境承载能力。坚持人工连通与恢复自然连通相结合,积极构建布局合理、生态良好,引排得当、循环通畅,蓄泄兼筹、丰枯调剂,多源互补、调控自如的江河湖库水系连通体系;⑤抓好重大水利工程建设,着力完善水利基础设施体系。按照确有需要、生态安全、可以持续的原则,推动水利工程建设。并在建设过程中综合考虑防洪、供水、航运、生态保护等要求,在继续抓好防洪薄弱环节建设的同时,加强大江大河大湖治理、控制性枢纽工程和重要蓄滞洪区建设,提高抵御洪涝灾害能力;⑥进一步深化改革创新,着力健全水利科学发展体制机制。加大水利重点领域改革攻坚力度,着力构建系统完备、科学规范、运行有效的水治理制度体系。在转变水行政职能方面,要理顺政府与市场、中央与地方的关系,强化水资源节约、保护和管理等工作,创新水利公共服务方式。

三、现代水利工程治理的基本特征

水利工程治理是一项非常繁杂的工作,既有业务管理工作,又有社会服务工作。要实现现代化,就必须以创新的治水理念、先进的治理手段、科学的管理制度为抓手,充分实现水利工程治理的智能化、法治化、规范化、多元化。

(一)治理手段智能化

智能化是指由现代通信与信息技术、计算机网络技术、行业技术、智能控制技术汇集而成的针对某一方面的应用。先进的智能化管理手段是现代水利工程治理区别于传统水利工程管理的一个显著标志，是水利工程治理现代化的重要表象。只有不断探索治理新技术；引进先进治理设施；增强治理工作科技含量，才能推进水利工程治理的现代化、信息化建设，提高水利工程治理的现代化水平。水库大坝自动化安全监测系统、水雨情自动化采集系统、水文预测预报信息化传输系统、运行调度和应急管理的集成化系统等智能化管理手段的应用，将使治理手段更强，保障水平更高。

（二）治理依据法治化

目前，我国已先后出台了《水法》《防洪法》《水土保持法》等水利方面的基本法律，国务院制订颁布了《河道管理条例》《水库大坝安全管理条例》等，各省（区）也先后制订了一系列实施办法和地方水利法规，初步构成了比较完善的水利法律法规体系。健全的水利法律法规体系、完善的相关规章制度规范的水行政执法体系、完善的水利规划体系是现代水利工程治理的重要保障。提升水利管理水平，实现行为规范、运转协调、公正透明、廉洁高效的水行政管理，增强水行政执法力度，提高水利管理制度的权威性和服务效果，都离不开制度的约束和法律的限制。严格执行河道管理范围内建设项目管理，抓好洪水影响评价报告的技术审查，健全水政监察执法队伍，防范控制违法水事案件的发生是现代水利工程治理的一个重要组成部分，同时也是未来水利工程管理的发展目标。

（三）治理制度规范化

治理制度的规范化是现代水利工程治理的重要基础，只有将各项制度制订详细且规范，单位职工都照章办事才能在此基础上将水利工程治理的现代化提上日程。管理单位分类定性准确，机构设置合理，维修经费落实到位，实施管养分离是规范化的基础。单位职工竞争上岗，职责明确到位，建立激励机制，实行绩效考核，落实培训机制，人事劳动制度、学习培训制度、岗位责任制度、请示报告制度、检查报告制度、事故处理报告制度、工作总结制度、工作大事记制度、档案管理制度等各项制度健全是规范化的保障。控制运用、检查观测、维修养护等制度以及启闭机械、电气系统和计算机控制等设备操作制度健全，单位各项工作开展有章可循、按章办事、有条不紊，井然有序是规范化的重要表现。

（四）治理目标多元化

水利工程治理的最基本的目标是在确保水利工程设施完好的基础上，保证工程能够长期安全运行，保障水利工程效益持续充分发挥。随着社会的进步，新时代赋予了水利工程治理的新目标，除了要保障水利工程安全运行外，还要追求水利工程的经济效益、社会效益和生态环境效益。水利工程的经济效益是指在有工程和无工程的情况下，相比较所增加的财富或减少的损失，它不仅仅指在运行过程中征收回来的水费、电费等，而是从国家或国民经济总体的角度分析，社会各方面能够获得的收入。水利工程的社会效益是指比无工程情况下，在保障社会安定、促进社会发展和提高人民福利方面的作用。水利工程的生态环境效益是指比无工程情况下，对改善水环境、气候及生态环境所获得的利益。

要使水利工程充分地发挥良好的综合效益，达到现代化治理的目标，首先，要树立现代治理观念，协调好人与自然、生态、水之间的关系，重视水利工程与经济社会、生态环境的协调发展；其次，要努力构筑适应社会主义市场经济要求、符合水利工程治理特点和发展规律的水利工程治理体系；最后，在采用先进治理手段的基础上，加强水利工程治理的标准化、制度化、规范化构建。

第三节　水利工程治理框架体系

水利工程治理的框架体系主要由工程管理的组织体系、制度体系、责任体系、评估体系构建而成，其中组织体系为工程治理提供人员和机构保障，制度体系发挥重要的规范作用，责任体系明确各部门的基本职责，评估体系则从整体上对前三个体系的运作成效进行系统性评价。

一、水利工程治理的组织体系

按照我国现行的水利工程治理模式，对为满足生活生产对水资源需求而兴建的水利工程，国家实行区域治理体系与流域治理体系相结合的工程治理组织体系。

（一）区域治理体系

水资源属于国家所有。水资源的所有权由国务院代表国家行使。国务院水行政主管部门负责全国水资源的统一管理和监督工作。国务院有关部门按照职责分工，负责水资源开发、利用、节约和保护的有关工作。水利部作为国务院的水行政主管部门，是国家统一的用水管理机构。

县级以上地方人民政府水行政主管部门按照规定的权限，负责本行政区域内水资源的统一管理和监督工作。县级以上地方人民政府有关部门按照职责分工，负责本行政区域内水资源开发、利用、节约和保护的有关工作。

地方水资源管理的监督工作按照职责分工，由县级以上各级地方人民政府的水利厅（局）负责。

（二）流域治理体系

2002 年修订的《水法》第十二条规定"国家对水资源实行流域管理与行政区域管理相结合的管理体制"。国务院水行政主管部门在国家确定的重要江河湖泊设立的流域管理机构，在所管辖的范围内行使法律、行政法规规定的和国务院水行政主管部门授予的水资源管理和监督职责。我国已按七大流域设立了流域管理机构，主要包含长江水利委员会、黄河水利委员会、海河水利委员会、淮河水利委员会、珠江水利委员会、松辽水利委员会、太湖流域管理局。七大江河湖泊的流域机构依照法律、行政法规的规定和水利部的授权，在所管辖的范围内对水资源进行管理与监督。

2002 年《水法》对流域管理机构的法定管理范围确定为：参与流域综合规划和区域综合规划的编制工作；审查并管理流域内水工程建设；参与拟订水功能区划，监测水功能区水质状况；审查流域内的排污设施；参与制订水量分配方案和旱情紧急情况下的水量调度预案；审批在边界河流上建设水资源开发、利用项目；制订年度水量分配方案和调度计划；参与取水许可管理；监督、检查、处理违法行为等。

新《水法》确立的"水资源流域管理与区域管理相结合，监督管理与具体管理相分离"的管理体制，一方面是对水资源流域自然属性的认识与尊重，体现了资源立法中生态观念的提升；另一方面是对政府管制中出现的部门利益驱动、代理人代理权异化、公共权力恶性竞争、设租与寻租等"政府失灵"问题的克服与纠正，体现了行政权力制约与管理科学化、民主化的公共治理理念。

（三）工程管理单位

具体管理单位内部组织结构是指水利工程管理单位内部各个有机组成要素相互作用的联系方式或形式，同时也可称为组织内部各要素相互连接的框架。单位组织结构设计最主要的内容是组织总体框架的设计。不同的单位、不同规模、不同的发展阶段，都应当根据各自面临的外部条件和内部特点来设计相应的组织结构。影响组织结构模式选择主要权变因素包括外部环境、单位规模、人员素质等。

2004 年 5 月水利部与财政部联合印发了《水利工程管理单位定岗标准》（试点），按照"因事设岗、以岗定责、以工作量定员"的原则，将大中型水库、水闸、灌区、泵站和 1~4 级河道堤防工程管理单位的岗位划分为单位负责、行政管理、技术管理、财务与资产管理、水政监察、运行、观测和辅助类等八个类别。将小型水库工程管理单位的岗位划分为单位负责、技术管理、财务与资产管理、运行维护和辅助类等五个类别。同时规定，水利工程管理单位可根据水行政主管部门的授权，设置水政监察岗位并履行水政监察职责。

二、水利工程治理的制度体系

现代水利工程治理制度涉及日常管理的各个方面，并在工作实践中不断健全完善，使工程治理工作不断科学化、规范化，其中，重点的制度主要包括组织人事制度、维修养护制度、运行调度制度。

（一）组织人事制度

人事制度是关于用人以治事的行动准则、办事规程和管理体制的总和。广义的人事制度包括工作人员的选拔、录用、培训、工资、考核、福利、退休与抚恤等各项具体制度。水利工程管理单位在日常组织人事管理工作中经常使用的制度，主要包括以下内容：

1. 选拔任用制度

（1）选拔原则

认真贯彻执行党的干部路线，规范执行干部选拔任用制度。坚持党管干部的原则，坚持公开、平等、竞争、择优的原则，注重实绩，坚持民主集中制，为适应科技事业改革与发展的需要，提供坚实的组织人事保障。

（2）选拔任用条件

①坚持四项基本原则，坚决贯彻党的基本路线，积极投身于科技事业，有强烈的进取精神和奉献精神。

②坚持实事求是，能够理论联系实际，讲真话、办实事、求实效，工作有实绩。

③具有较强的事业心和责任感，有实践经验，具有胜任工作的组织能力、文化水平和专业知识。

④遵纪守法、清正廉洁、勤政为民、团结同志。

（3）选拔任用程序

①民主推荐：选拔任用干部应按工作需要和职位设置，由领导班子确定工作方案并主持，人事干部实施。民主推荐包括个人自荐、群众推荐、部门推荐或领导成员推荐，推荐者应真实负责地写出推荐材料。

②组织考察：在民主推荐的基础上，集体研究确定考察对象。考察应坚持群众路线，充分发扬民主，全面准确地考察干部的德能勤绩廉，注重工作实绩。考察后由考察人员形成书面考察材料。

③集体决定：选拔任用干部由集体研究作出任免决定。集体研究前，书记可以与分管领导进行酝酿，充分交换意见；研究时应按照民主集中制原则充分发表意见，并实行无记名票决制。

④任前公示：经研究拟提拔任用的干部，通过公示函在内部予以公示，其内容包括拟任用职务及基本情况，公示期限为7天。公示期内实名反映举报的问题，及时予以调查，并向领导班子汇报，研究决定是否任用。公示无异议，按干部管理权限办理任职手续。

（4）选拔任用监督

对违反制度规定者，由纪检部门进行调查核实，按有关党纪政纪规定追究纪律责任。

2. 培训制度

（1）培训目的

通过对员工进行有组织、有计划的培训，提高员工技能水平，提升本部门整体绩效，最终实现单位与员工的共同发展。

（2）培训原则

结合本部门实际情况，在部门内部组织员工各岗位分阶段组织培训，以提高全员素质。

（3）培训的适用范围

本部门在岗员工。

（4）培训组织管理

①培训领导机构：

组长：单位主要负责人；副组长：分管人事部门负责人、人事部门负责人；成员：办公室、人事、党办、主要业务科室负责人。

②培训管理：单位主要负责人是培训的第一责任人，负责组织制订单位内部培训计划并组织实施，指派相关人员建立内部培训档案，保存培训资料，作为单位内部绩效考评的指标之一。

（5）培训内容

单位制度、部门制度、工作流程、岗位技能、岗位操作规程、安全规定、应急预案及相关业务的培训等。

（6）培训方法

组织系统内及本单位技术性强、业务素质高的专家、员工担任辅导老师，也可聘请专门培训机构的培训师培训，按照理论辅导与实际操作相结合的学习方法进行培训。

（7）培训计划制订

年初要根据实际要求，针对各岗位实际状况，结合员工培训需求，集中制订年度培训计划。

（8）培训实施

根据本部门培训计划，定期组织培训。

（9）培训考核与评估

年终单位主要负责人或委托他人对参训人员的培训效果、出勤率做出评估，作为内部员工绩效考核的指标之一。

3.绩效考核制度

（1）指导思想

①建立导向明确、标准科学，体系完善的绩效考核评价制度。

②奖优罚劣、奖勤罚懒、优绩优效。

③效率优先、兼顾公平、按劳取酬、多劳多得。

④充分调动干部职工的工作积极性、创造性，增强单位内部活力，推动全省水利工程管理事业全面、协调、可持续发展。

（2）绩效考核及绩效工资分配原则

①尊重规律，以人为本。尊重事业发展规律，尊重职工的主体地位，充分体现本岗位工作特点。

②奖罚分明、注重实绩、激励先进、促进发展。基础性绩效保公平，奖励性绩效促发展。

③客观公正，简便易行。坚持实事求是、民主公开，科学合理、程序规范，讲求实效、力戒繁琐。

④坚持多劳多得，优绩优酬。绩效工资分配以个人岗位职责、实际工作量、工作业绩为主要依据，适度向高层次人才以及有突出成绩的人员倾斜。

⑤坚持统筹兼顾、综合平衡、总量控制、内部搞活、与绩效考核挂钩。

（3）实施范围

在编在岗工作人员。

（4）岗位管理

①岗位设置：根据职责范围，将工作任务和目标分解到相应的岗位，按照"因事设岗"等原则进行岗位设置。在设置时一并明确对应的岗位职责、岗位目标、上岗条件、岗位聘期。按照人社部门批复岗位设置方案，聘任管理人员、专业技术人员和工勤人员。

②岗位竞聘：根据人社部门批复的岗位设置方案，按照"公开、公平、公正、择优"的原则，制定各岗位竞聘上岗实施方案，进行全员竞聘上岗。

③签订聘用合同：根据岗位竞聘结果，签订聘用合同，各岗位上岗人员在聘期内按照岗位要求履行相应的岗位职责。单位按年度对岗位职责履行情况、岗位目标完成情况进行绩效考核。

（5）绩效工资构成

绩效工资分为基础性绩效工资和奖励性绩效工资两部分。基础性绩效工资，根据地区经济发展水平、物价水平、岗位职责等因素，占绩效工资总量的70%；奖励性绩效工资，主要体现工作量和实际贡献等因素，与绩效考核成绩挂钩，占绩效工资总量的30%。绩效工资分配严格按照人社部门、财政部门核定的总量进行。

（6）绩效考核的组织实施

为保证绩效考核和绩效工资分配工作的顺利开展，成立绩效考核和绩效工资分配领导小组，由主要负责同志任组长，成员由领导班子成员和各部门负责人组成。领导小组下设办公室，负责绩效考核和绩效工资分配的具体工作。

（二）维修养护制度

水利工程的维修养护是指对投入运行的水利工程的经常性养护和损坏后的修理工作。各类工程建成投入运行后，应立即开展各项养护工作，同时进行经常性的养护，并尽量减少外界不利因素对工程的影响，做到防患于未然；如工程发生损坏一般是由小到大、由轻微到严重、由局部而逐渐扩大范围，故应抓紧时机，适时进行修理，不使损坏发展，以致造成严重破坏。养护和修理的主要任务是：确保工程完整、安全运行，巩固和提高工程质量，延长使用年限，为充分地发挥和扩大工程效益创造有利条件。

20世纪60年代，中国水利管理的主管部门编制了水库、水闸和河道堤防等三个管理通则，规定了养护修理的原则是经常养护、随时维修、养重于修、修重于抢，要求首先要做好养护工作；发现工程损坏，要及时进行修理，小坏小修，随坏随修，不使损坏发展扩大，还规定养护修理分为经常性的养护和岁修及大修等。1979年出版了《水工建筑物养护修理工作手册》等技术参考书籍，对工程的养护和修理提供了许多方法和行之有效的技术措施。水利工程养护范围包括工程本身及工程周围各种可能影响工程安全的地方。对土、石和混凝土建筑物要保持表面完整，严禁在工程附近爆破，并防止外来的各种破坏活动及不利因素对工程的损坏，经常通过检查，了解工程外部情况，通过监测手段了解工程内部的安全情况；闸坝的排水系统及其下游的减压排水设施要经常疏通、清理，保持通畅；泄水建筑物下游消能设施如有小的损坏，要立即修理好，以免汛期泄水和冬季结冰后加重破坏；闸门和拦污栅前经常清淤排沙；钢结构定期除锈保护；启闭设备经常加润滑剂以利启闭；河道和堤防严禁人为破坏和设障，并保持堤身完整。

各类水工建筑物产生的破坏情况各不相同。土、石和混凝土建筑物常出现裂缝、渗水和表面破损，此外土工建筑物还可能出现边坡失稳护坡破坏以及下游出现管涌、流土等渗透破坏问题；与建筑物有关的河岸、库岸和山坡有可能出现崩坍、滑坡，从而影响建筑物的安全与使用；输水、泄水及消能建筑物可能发生冲刷、空蚀和磨蚀破坏；金属闸、阀门及钢管经常出现锈蚀和止水失效等现象。管理单位应根据上述各种破坏情况，分别采取适宜、有效的修理措施。经常使用的日常维修养护制度主要包括以下几类：

1. 水库日常维修养护制度

（1）对建筑物、金属结构、闸门启闭设备、机电动力设备、通信、照明、集控装置及其他附属设备等，必须进行经常性养护，并定期检修，以保证工程完整，设备完好。

（2）养护修理应本着"经常养护、随时维修、养重于修、修重于抢"的原则进行。

（3）对大坝的养护维修，应按照《大坝管理条例》的规定，工程管理范围内不得任意挖坑、建鱼池、打井，维护大坝工程的完整；保护各种观测设施完好；排水沟要经常清淤，保证畅通；坝面及时排水，避免雨水侵蚀冲刷；维护坝体滤水设施的正常使用；发现渗漏、裂缝、滑坡时，采取适当措施并及时处理。

（4）溢洪道、放水洞的养护修理：洞内裂缝采取修补、补强等措施及时进行处理；溢洪道进口、陡坡、消力池以及挑流设施应保持整洁，杂物随时清除；溢流期间必须注意打捞上游的漂浮物，严禁木排、船只等靠近溢洪道进口；如有陡坡开裂、侧墙及消能设施损坏时，应立即停止过水，用速凝、快硬材料进行抢修；在纵断面突变处、高速流速区出现气蚀破坏时，及时用抗气蚀性能好的材料进行填补加固，并将可能改善和消除产生气蚀的原因；溢洪道挑流消能如引起两岸崩塌或冲刷坑恶化危及挑流鼻坎安全时，要及时予以保护；闸门必须及时做防锈、防老化的养护；闸门支铰、门轮和启闭设备必须定期清洗、加油、换油进行养护；部件及闸门止水损坏要及时更换；启闭机、配电要做好防潮、防雷等安全措施。

（5）冬季应视冰冻情况，及时对大坝护坡、放水洞、溢洪闸闸门及其附属结构采取破冰措施，防止冰冻压力对工程的破坏。

（6）融冰期过后，对损毁的部位及时采取措施进行修复。

2. 机电设备维修保养管理制度

（1）操作人员：①按规定维护保养设备。②准确判断故障，同时按操作人员应知、应会处理相应故障。③不能处理的故障要迅速报告主管领导，并通知相关人员，电气故障通知专职电气维修人员，机械故障通知技术人员。④负责修理现场的协调，并参与修理。⑤修理结束检查验收。⑥做好维修保养记录。

（2）管理人员：①承接维修任务后，迅速做好准备工作。②关键部位的修理，按照技术部门制订的修理方案执行，不得自作主张；一般修理按技术规范及工艺标准执行。③发现故障要及时报技术人员备案。④不能发现、判断故障，或发现故障隐瞒不报，要追究责任，情节严重的加倍处罚。

（3）主管领导：①修理工作实行主管领导负责制。②检查、监督维修管理制度的落实。③负责关键部位修理方案的审批。④协调解决与修理工作相关的人、机、材问题。⑤推广新材料、新工艺、新技术的应用。⑥主持对上述人员进行在岗培训。

3. 水库、河道工程养护制度

（1）保持坝（堤）顶的干净，无白色垃圾物，每天组织保洁人员清洁打扫、拣除，定时检查，使坝（堤）顶清洁干净。

（2）保持花草苗木无杂草、无乱枝，定期组织养护人员浇灌、修剪、拔除杂草，保证花草的成活率和美观性。

（3）对坝（堤）顶道路设置的限高标志、栏杆等工程设施，每日进行巡视、看护，防止新的损坏发生，发现情况应及时汇报，妥善处理。

（4）对种植的苗木、花草组织养护人员及时浇灌、修剪、拔除杂草，坝（堤）顶（坡）面清洁人员及时进行清扫、拣除垃圾，实行"三定"（定人、定岗、定任务）。"两查"（周查、月查）管理，全面提高养护质量水平，实现花草苗木养护的长效管理。

（5）对工程设施、花草苗木的现状及损坏情况及时做好拍照，存档。

（6）及时做好日常养护、清理人员的档案及花草苗木的照片等资料的归档与管理工作。

（三）运行调度制度

水利工程是调节、调配天然水资源的设施，而天然水资源来量在时空分布上极不均匀，具有随机性，影响效益的稳定性及连续性。水利工程在运行工程中，需要专门的水利调度技术、测报系统、指挥调度通信系统，以便根据自然条件的变化灵活调度运用。

许多水利工程是多目标开发综合利用的，一项工程往往兼有防洪、灌溉、发电、航运、工业、城市供水、水产养殖和改善环境等多方面的功能，各部门、各地区、上下游、左右岸之间对水的要求各不相同，彼此往往有利害冲突。因此，在工程运行管理中，特别需要加强法制和建立有权威的指挥调度系统，才能较好地解决地区之间、部门之间出现的矛盾，发挥水利工程最大的综合效益。水库效益是通过水库调度实现的。发挥水闸的作用是通过水闸调度实现的。堤防管理的中心任务就是防备出险和决口；其中，在水库调度中，尤其要坚持兴利服从安全的原则，其调度管理制度体系应包括以下内容：各类制度制定依据、适用工程范围、领导机构、审查机构、调度运用的原则和要求；各制度主要运用指标；防洪调度规则；兴利调度规则及绘制调度图；水文情报与预报规定；水库调度工作的规章制度、调度运用技术档案制度等。

1. 闸门操作规范制度

（1）操作前检查：①检查总控制盘电缆是否正常，三相电压是否平衡。②检查各控制保护回路是否相断，闸门预置启闭开度是否在零位。③检查溢洪闸及溢洪道内是否有人或其他物品，操作区域有无障碍物。

（2）操作规程：①当初始开闸或较大幅度增加流量时，应采取分次开启办法。②每次泄放的流量应根据"始流时闸下安全水位——流量关系曲线"确定，并根据"闸门开高—水位—流量关系曲线"确定闸门开高。③闸门开启顺序为先开中间孔，然后开两侧孔，关闭闸门时与开闸顺序相反。④无论开闸或关闸，都要使闸门处在不发生震动的位置上，按开启或关闭按钮。

（3）注意事项：①闸门开启或关闭过程中，应认真观察运行情况，一旦发生异常，必须立即停车进行检查，如有故障要抓紧处理。如现场处理有困难时，要立即报告领导，并组织有关技术人员进行检修处理。检修时要将闸门落实。②每次开闸前要通知水文站，便于水文站及时发报。③每次闸门启闭、检修、养护，必须做好记录，汇总整理存档。

2. 提闸放水工作制度

（1）标准洪水闸门启闭流程：①当雨前水位达到汛限水位，且雨后上游来水量比较大时，需提闸放水。②值班人员向主要领导或分管领导汇报情况，报有管辖权防办同意后准备提闸放水。③提闸放水前，需事先传真通知下游政府部门和沿河乡镇以及有关单位；同时值班人员需沿河巡查，确认无险情后，通知提闸放水。④根据来水情况进行提闸放水操作，每次操作必须有两人参加；闸门开启流量要由小到大，半小时后提到正常状态；闸门开启后向水文局发水情电报。⑤关闭闸门时，要根据来水情况进行计算，经领导同意后，关闭闸门，每次操作必须有两人参加，操作人员同上；关闭闸门后向水文局发水情电报。

（2）超标准洪水闸门启闭流程：如下游河道过水断面较大，可加大溢洪闸下泄流量；否则，向有管辖权防办请示，启用防洪库容，减少下游河道的过水压力，同时，向库区乡镇发出通知，按防洪预案，由当地政府组织群众安全转移。

3. 中控室安全管理制度

（1）中控室设备实行专人负责管理，无关人员不得随意出入该室，一般不允许外来人员参观，特殊情况必须经领导同意，并有指定人员陪同进入。

（2）工作人员要认真阅读使用说明，熟悉各设备的基本性能，掌握并严格遵守设备操作规程，注意电控设备的正确使用，保障人身安全。

（3）设备管理人员要定时检查设备运行情况（上午 8：40，下午 16：00），并做好设备维护日志记录工作。

（4）中控室操作人员对中控室内的全部电气设备不准擅自维修、拆卸，对技术性能了解不透彻的不得擅自操作。违规操作造成重大事故的，依法追究责任。

（5）中控室设备实行 24 小时运行制度，未经领导批准，不得擅自关闭主要通信网络和传输设备。因设备检测、维修或其他原因必须关闭的，应提出申请并经领导批准方能关闭；若因外部原因，如遇雷电天气及停电等情况工作人员将市电切断，其他设备应采取相应措施，停电时等待 1 小时确认停电才可关闭设备。

（6）管理人员应当定期对设备进行检修、保养，经常检查电源的插头、插座及接线是否牢固，电源线是否老化，随时消除事故隐患；如果发现设备故障，应及时地向领导报告。

（7）中控室内必须保持整洁，注意防火、防尘、防潮；温度、湿度应保持在设备正常工作环境的指标，保证设备清洁和安全。

（8）时刻注意安全用电，严禁带电维修或清扫。

（9）中控室内严禁吸烟、吃食物、乱扔垃圾、吐痰；不得利用专用设备进行与工作无关的事情，一经发现，视情节轻重，予以处分。

（10）中控室各设备因人为原因造成损坏的，个人必须进行赔偿。

4. 交接班制度

（1）交班工作内容：①交班人员在交接班前，由值班班长组织本班人员进行总结，并将交班事项填写在运行日志中。②设备运行方式、设备变更和异常情况及处理情况。③当班已完成和未完成工作及有关措施。④设备整洁状况、环境卫生情况、通信设备情况等。

（2）接班工作内容：①接班人员在接班前，要认真听取交班人员的介绍，并到现场进行各项检查。②检查设备缺陷，尤其是新发现的缺陷及处理情况。③了解设备修试工作情况及设备上的临时安全措施。④审查各种记录、图表、技术资料及工具、仪表、备品备件等。⑤了解内外联系事宜及有关通知、指示等。⑥检查设备及环境卫生。

三、水利工程治理的责任体系

明确水利工程治理的各类责任，对确保工程安全运行并发挥效益具有十分重要的意义。按照现行的管理模式划分，水利工程安全治理应包括由各级政府承担主要责任的行政责任、水利部门自身担负的行业责任、水利工程管护单位作为工程的直接管护主体担负的直接责任。

（一）水利工程治理的行政责任体系

按照"属地管理、分级管理"的原则，各级政府负责本行政区域内所有水利工程的防洪及安全管理工作。对由设区市人民政府负责市级管理的水利工程防洪及安全管理工作，由县（区、市）人民政府负责本行政区域内大中型及重点小型水利工程的防洪及安全管理工作，同时由乡镇人民政府负责其他水利工程防洪及安全管理工作。按照"谁主管、谁负责"的原则，各级水利、能源、建设、交通、农业等有关部门，作为其所管辖的水利工程主管部门，对其水利工程大坝安全实行行政领导负责制，对水利工程管护单位的防洪及安全管理工作进行监督、指导和协调，确保水利工程安全；同时，各级安监、监察、国土、气象财政、市政等有关部门也将视具体水利工程管理情况，作为职能部门充分发挥职能作用，共同做好水利工程防洪及安全管理工作。

各级政府主要负责人是本地区水利工程防洪及安全管理工作的第一责任人，承担着全面的领导责任，分管领导是本地区水利工程防洪及安全管理工作的直接责任人，按照"一岗双责"的原则承担直接领导责任。各级行政领导责任人主要负责贯彻落实水利工程防洪及安全管理工作的方针政策、法律法规和决策指令，统一领导和组织当地水利工程防洪及安全管理工作，协调解决水利工程防洪及安全管理工作中涉及的机构、人员、经费等重大问题，组织开展水利工程安全管理工作的全面检查，督促有关部门认真落实防洪及安全管理工作责任，研究制定和组织实施安全管理应急预案，建立健全安全管理应急保障体系。

（二）水利工程治理的行业责任体系

水行政主管部门在本级政府的领导下，负责本行政区域内水利工程防洪及安全管理工作的组织、协调、监督、指导等日常工作，会同有关主管部门对本行政区域内的水利工程防洪及安全管理工作实施有效监督。

各水利工程主管部门的主要负责人是本部门管理的水利工程防洪及安全管理工作的第一责任人，承担全面领导责任；分管领导是直接责任人，按照"一岗双责"的原则承担直接领导责任。各级主管部门责任人负责在本级政府的统一领导下抓好本部门所管辖水利工程的安全管理工作，建立健全工作制度，制定完善安全工作机制和应急预案并组织实施，负责组织开展本系统内水利工程安全隐患排查，督促和指导有关管护单位搞好工程除险工作，协调解决本系统内水利工程安全管理的困境和难题。

（三）水利工程治理的技术责任体系

水利工程管理单位是工程的直接管护主体，承担水利工程防洪及安全管理的具体工作，并根据有关管理规范落实和执行水利工程洪水调度计划、防洪抢险预案、安全管护范围、工程抢险或除险加固、用水调度计划等安全管理措施。

水利工程管理单位主要负责人是本工程防洪及安全管理工作的具体管护责任人，负责组织编制防汛抢险应急预案，建立健全以安全生产责任制为核心的安全生产规章制度，落实安全管理机构、人员、经费、物资等各项安全保障措施；负责组织开展日常安全检查，对发现的隐患及时整改除险；建立健全工程安全运行管理档案，落实值班值守、安全巡查、雨情水情等各项报告制度；组织编制水利工程防汛抢险物资储备方案和设备维修计划，妥善保管水利工程防汛储备物资、备用电源、防汛报讯等有关物资设备；对水利工程大坝、输洪设施、启闭设备、输水管道、通信设备等进行经常性观测和保养维护，确保工程安全运行；在水利工程出险时及时组织抢险，优先保证涉险群众的生命财产安全，并按照工程管理权限及时上报地方政府及有关部门；负责组织开展本单位从业人员的安全教育和培训，确保从业人员具备必要的安全生产知识。

第四节 水利工程治理技术手段

一、水利工程治理技术概述

（一）现代理念为引领

现代理念，概括为用现代化设备装备工程，用现代化技术监控工程和用现代化管理方法管理工程。加快水利管理现代化步伐，是适应由传统型水利向现代化水利及持续发展水利转变的重要环节。随着我国经济社会的快速发展，一方面，对水利工程管理技术有着极大促进作用；另一方面，对水利工程管理技术的现代化有着迫切的需要。今后水利工程管理技术将在现代化理念引领下，有一个新的更大的飞跃。今后一段时间的工程管理技术将会加强水利工程管理信息化建设工作，工程的监测手段会更加完善和先进，工程管理技术将基本实现自动化、信息化、高效化。

（二）现代知识为支撑

现代水利工程管理的技术手段，必须以现代知识为支撑。随着现代科学技术的发展，现代水利工程管理的技术手段得到长足发展，主要表现在工程安全监测、评估与维护技术手段得到加强和完善，建立开发相应的工程安全监测评估软件系统，并对各监测资料建立统计模型和灰色系统预测模型，对工程安全状态进行实时的监测和预警，实现工程维修养护的智能化处理，为工程维护决策提供信息支持，提高工程维护决策水平，实现资源的最优化配置。水利工程维修养护实用技术被进一步广泛应用，如工程隐患探测技术、维修养护机械设备的引进开发和除险加固新材料与新技术的应用，将使工程管理的科技含量逐步增加。

（三）经验提升为依托

我国有着几千年的水利工程管理历史，我们应该充分地借鉴古人的智慧和经验，对传统水利工程管理技术进行继承和发扬。中华人民共和国成立后，我国的水利工程管理模式也一直采用传统的人工管理模式，依靠长期的工程管理实践经验，主要通过以人工观测、操作，进行调度运用。近年来，随着现代技术的飞速发展，水利工程的现代化建设进程不断加快，为满足当代水利工程管理的需要，我们要对传统工程管理工作中所积累的经验进行提炼，并结合现代先进科学技术的应用，形成一个技术先进、性能稳定实用的现代化管理平台，这将成为现代水利工程管理的基本发展方向。

二、水工建筑物安全监测技术

（一）概述

1. 监测及监测工作的意义

监测即检查观测，是指直接或借专设的仪器对基础及其上的水工建筑物从施工开始到水库第一次蓄水整个过程中以及在运行期间所进行的监测量测与分析。

工程安全监测在中国水电事业中发挥着重要作用，已成为工程设计、施工、运行管理中不可缺少的组成部分。概括起来，工程监测具有如下几个方面的作用：

（1）了解建筑物在荷载和各类因素作用下的工作状态和变化情况，据以对建筑物质量和安全程度做出正确判断和评价，为施工控制和安全运行提供依据。

（2）及时发现不正常的现象，分析原因，以便进行有效的处理，以确保工程安全。

（3）检查设计和施工水平是发展工程技术的重要手段。

2. 工作内容

工程安全监测一般有两种方式，包括现场检查和仪器监（观）测。

现场检查是指对水工建筑物及周边环境的外表现象进行巡视检查的工作，可分为巡视检查和现场检测两项工作。巡视检查一般是靠人的感觉直觉并采用简单的量具进行定期和不定期的现场检查；现场检测主要是用临时安装的仪器设备在建筑物及其周边进行定期或不定期的一种检查工作。现场检查有定性的也有定量的，以了解建筑物有无缺陷、隐患或异常现象。现场检查的项目一般多为凭人的直观或辅以必要的工具可直接的发现或测量的物理因素，如水文要素侵蚀、淤积；变形要素的开裂、塌坑、滑坡、隆起；渗流方面的渗漏、排水、管涌；应力方面的风化、剥落、松动；水流方面的冲刷、振动等。

仪器监（观）测是借助固定安装在建筑物相关位置上的各类仪器，对水工建筑物的运行状态及其变化进行的观察测量工作，主要包括仪器观测和资料分析两项工作。

仪器观测的项目主要有变形观测、渗流观测、应力应变观测等，是对作用于建筑物的某些物理量进行长期、连续、系统定量的测量，水工建筑物的观测应按有关技术标准进行。

现场检查和仪器监测属于同一个目的两种不同技术表现，两者密切联系，互为补充，不可分割。世界各国在努力提高观测技术的同时，仍然十分重视检查工作。

（二）巡视检查

1. 一般规定

巡视检查分为日常巡视检查、年度巡视检查和特别巡视检查三类。从施工期开始至运行期均应进行巡视检查。

（1）日常巡视检查

管理单位应根据水库工程的具体情况和特点，具体规定检查的时间、部位、内容和要求，确定巡回检查路线和检查顺序。检查次数应符合下列要求：

①施工期，宜每周2次，但每月不少于4次。

②初蓄水期或水位上升期，宜每天或每两天1次，具体次数视水位上升或下降速度而定。

③运行期，宜每周1次，或每月不少于2次。汛期、高水位及出现影响工程安全运行情况时，应增加观测次数，每天至少1次。

（2）年度巡视检查

每年汛前、汛后、用水期前后和冰冻严重时，应对水库工程进行全面或专门的检查，一般每年2~3次。

（3）特别巡视检查

当水库遭遇到强降雨、大洪水、有感地震，水位骤升骤降或持续高水位等情况，或发生比较严重的破坏现象和危险迹象时，应组织特别检查，必要时进行连续监视。水库放空时应进行全面巡查。

2. 检查项目和内容

（1）坝体

①坝顶有无裂缝、异常变形、积水或植物滋生等；防浪墙有无开裂、挤碎、架空、错断、倾斜等。

②迎水坡护坡有无裂缝、剥（脱）落、滑动、隆起、塌坑或植物滋生等；近坝水面有无变浑或漩涡等异常现象。

③背水坡及坝趾有无裂缝、剥（脱）落、滑动、隆起、塌坑、雨淋沟、散浸、积雪不均匀融化、渗水、流土、管涌等；排水系统是否通畅；草皮护坡植被是否完好；有无兽洞、蚁穴等；反滤排水设施是否正常。

（2）坝基和坝区

①坝基基础排水设施的渗水水量、颜色、气味及混浊度、酸碱度、温度有无变化。

②坝端与岸坡连接处有无裂缝、错动、渗水等；坝端岸坡有无裂缝、滑动、崩塌、溶蚀、塌坑、异常渗水及兽洞、蚁迹等；护坡有无隆起、塌陷等；绕坝渗水是否正常。

③坝趾近区有无阴湿、渗水、管涌、流土或隆起等；排水设施是否完好。

④有条件时应检查上游铺盖有无裂缝、塌坑。

（3）输、泄水洞（管）

①引水段有无堵塞、淤积、崩塌。

②进水塔（或竖井）有无裂缝、渗水、空蚀、混凝土碳化等。

③洞（管）身有无裂缝、空蚀、渗水、混凝土碳化等；伸缩缝、沉陷缝、排水孔是否正常。

④出口段放水期水流形态是否正常；停水期是否渗漏。

⑤消能工有无冲刷损坏或沙石、杂物堆积等。

⑥工作桥、交通桥是否有不均匀沉陷，裂缝、断裂等。

（4）溢洪闸（道）

①进水段（引渠）有无坍塌、崩岸、淤堵或其他阻水障碍；流态是否正常。

②堰顶或闸室、闸墩、胸墙、边墙、溢流面、底板有无裂缝、渗水、剥落、碳化、露筋、磨损、空蚀等；伸缩缝、沉陷缝、排水孔是否完好。

③消能工有无冲刷损坏或沙石、杂物堆积等，工作桥、交通桥是否有不均匀沉陷、裂缝、断裂等。

④溢洪河道河床有无冲刷、淤积、采沙、行洪障碍等；河道护坡是否完好。

（5）闸门及启闭机

①闸门有无表面涂层剥落，门体有无变形、锈蚀、焊缝开裂或螺栓、铆钉松动；支承行走机构是否运转灵活；止水装置是否完好等。

②启闭机是否运转灵活、制动准确可靠，有无腐蚀和异常声响；钢丝绳有无断丝、磨损、锈蚀、接头松动、变形；零部件有无缺损、裂纹、磨损及螺杆有无弯曲变形；油路是否通畅，油量、油质是否符合规定要求等。

③机电设备、线路是否正常，接头是否牢固，安全保护装置是否可靠，指示仪表是否指示正确，接地是否可靠，绝缘电阻值是否符合规定，备用电源是否完好；自动监控系统是否正常、可靠，精度是否满足要求；启闭机房是否完好等。

（6）库区

①有无爆破、打井、采石（矿）、采沙、取土、修坟、埋设管道（线）等活动。

②有无兴建房屋、码头或其他建（构）筑物等违章行为。

③有无排放有毒物质或污染物等行为。

④有无非法取水的行为。

（7）观测、照明、通信、安全防护、防雷设施及警示标志、防汛道路等是否完好。

（三）水工建筑物变形观测

变形观测项目主要有表面变形、裂缝及伸缩缝观测。

1.表面变形观测

表面变形观测包括竖向位移和水平位移。水平位移主要包括垂直于坝轴线的横向水平位移和平行于坝轴线的纵向水平位移。

（1）基本要求

①表面竖向位移和水平位移观测一般共用一个观测点，竖向和水平位移观测应配合进行。

②观测基点应设置在稳定区域内，每隔3~5年校测一次；测点应与坝体或岸坡牢固结合；基点和测点应有可靠的保护装置。

③变形观测的正负号规定：

A.水平位移：向下游为正，向左岸为正；反之为负。

B.竖向位移：向下为正，向上为负。

C.裂缝和伸缩缝三向位移：对开合，张开为正，闭合为负；对沉陷，同竖向位移；对滑移，向坡下为正，向左岸为正，反之为负。

（2）观测断面选择和测点布置

①观测横断面一般不少于3个，通常选在最大坝高或原河床处、合龙段、地形突变处、地质条件复杂处、坝内埋管及运行有异常反应处。

②观测纵断面一般不少于4个，通常在坝顶的上、下游两侧布设1~2个；在上游坝坡正常蓄水位以上可视需要设临时测点；下游坝坡半坝高以上1~3个，半坝高以下1~2个（含坡脚一个）。对建在软基上的坝，应在下游坝趾外侧增设1~2个。

③测点的间距：坝长小于300米时，宜取20~50米；坝长大于300米时，宜取50~100米。

④视准线应旁离障碍物1.0米以上。

（3）基点布设

①各种基点均应布设在两岸岩石或坚实土基上，便于起（引）测，避免自然和人为影响。

②起测基点可在每一纵排测点两端的岸坡上各布设一个，其高程宜与测点高程相近。

③采用视准线法进行横向水平位移观测的工作基点，应在两岸每一纵排测点的延长线上各布设一个；当坝轴线为折线或坝长超过500米时，可在坝身每一纵排测点中增设工作基点（可用测点代替），工作基点的距离保持在250米左右；当坝长超过1 000米时，一般可用三角网法观测增设工作基点的水平位移，有条件的，宜用倒垂线法。

④水准基点一般在坝体下游0.5~3.0千米处布设2~3个。

⑤采用视准线法观测的校核基点，应在两岸同排工作基点延长线上各设1~2个。

（4）观测设施及安装

①测点和基点的结构应坚固可靠，且不易变形。

②测点可采用柱式或墩式。兼作竖向位移和横向水平位移观测的测点，其立柱应高出地面0.6~1.0米，立柱顶部应设有强制对中底盘，其对中误差均应小于0.2毫米。

③在土基上的起测基点，可采用墩式混凝土结构。在岩基上的起测基点，可凿坑就地浇注混凝土。在坚硬基岩埋深5~20米情况下，可采用深埋双金属管作为起测基点。

④工作基点和校核基点一般采用整体钢筋混凝土结构，立柱高度以司镜者操作方便为准，但应大于1.2米。立柱顶部强制对中底盘的对中误差应小于0.1毫米。

⑤水平位移观测的觇标，可采用觇标杆、觇牌或电光灯标。

⑥测点和土基上基点的底座埋入土层的深度不小于0.5米，并采取防护措施。埋设时，应保持立柱铅直，仪器基座水平。各测点强制对中底盘中心位于视准线上，其偏差不得大于10毫米，底盘倾斜度不得大于4°。

（5）观测方法及要求

①表面竖向位移观测，一般用水准法。采用水准仪观测时，可参照国家三等水准测量（GB12898-91）方法进行，但闭合误差不得大于 $\pm 1.4\sqrt{N}$ 毫米（N为测站数）。

②横向水平位移观测，一般用视准线法。在采用视准线观测时，可用经纬仪或视准线

仪。当视准线长度大于 500 米时，应采用 J1 级经纬仪。视准线的观测方法，可选用活动觇标法，宜在视准线两端各设固定测站，观测其靠近的位移测点的偏离值。

③纵向水平位移观测，一般用钢钢尺，同时也可用普通钢尺加修正系数，其误差不得大于 0.2 毫米。有条件时可用光电测距仪测量。

2. 裂缝及伸缩缝监测

坝体表面裂缝的缝宽大于 5 毫米的，缝长大于 5 米的，缝深大于 2 米的纵、横向缝以及输（泄）水建筑物的裂缝、伸缩缝都应进行监测。观测方法和要求如下：

（1）坝体表面裂缝，可采用皮尺、钢尺等简单工具及设置简易测点。对 2 米以内的浅缝，可用坑槽探法检查裂缝深度、宽度及产状等。

（2）坝体表面裂缝的长度和可见深度的测量，应精确到 1 厘米；裂缝宽度宜采用在缝两边设置简易测点来确定，应精确到 0.2 毫米；对深层裂缝，宜采用探坑或竖井检查，并测定裂缝走向，应精确到 0.5°。

（3）对输（泄）水建筑物重要位置的裂缝及伸缩缝，可在裂缝两侧的浆砌块石、混凝土表面各埋设 1~2 个金属标志。采用游标卡尺测量金属标志两点间的宽度变化值，精度可量至 0.1 毫米；采用金属丝或超声波探伤仪测定裂缝深度，精度可量至 1 厘米。

（4）裂缝发生初期，宜每天观测一次；当裂缝发展缓慢后，可适当减少观测次数。在气温和上、下游水位变化较大或裂缝有显著发展时，均应增加测量次数。

（四）水工建筑物渗流观测

渗流监测项目主要有坝体渗流压力、坝基渗流压力、绕坝渗流及渗流量等观测。凡不宜在工程竣工后补设的仪器、设施，均应在工程施工期适时安排。当运用期补设测压管或开挖集渗沟时，应确保渗流安全。

1. 坝体渗流压力观测

坝体渗流压力观测，包括观测断面上的压力分布和浸润线位置的确定。

（1）观测横断面的选择与测点布置

①观测横断面宜选在最大坝高处、原河床段、合龙段、地形或地质条件复杂的地段，一般不少于 3 个，并尽量与变形观测断面相结合。

②根据坝型结构、断面大小和渗流场特征，应设 3~5 条观测铅直线。一般位置是：上游坝肩、下游排水体前缘各 1 条，其间部位至少 1 条。

③测点布设：横断面中部每条铅直线上可只设 1 个观测点，高程应在预计最低浸润线以下；渗流进、出口段及浸润线变幅较大处，应根据预计浸润线的最大变幅，沿不同高程布设测点，每条直线上的测点数不少于 2 个。

（2）观测仪器的选用

①作用水头小于 20 米、渗透系数大于或等于 10-4 厘米／秒的土中、渗压力变幅小的部位、监视防渗体裂缝等，宜采用测压管。

②作用水头大于 20 米、渗透系数小于 10^{-4} 厘米／秒的土中、观测不稳定渗流过程以及不适宜埋设测压管的部位，宜采用振弦式孔隙水压力计，其量程应与测点实有压力相适应。

（3）观测方法和要求

①测压管水位的观测，宜采用电测水位计。有条件的可采用示数水位计、遥测水位计或自记水位计等。测压管水位两次测读误差应不大于 2 厘米；电测水位计的测绳长度标记，应每隔 1~3 个月用钢尺校正一次；测压管的管口高程，在施工期和初蓄期应每隔 1~3 个月校测一次，在运行期至少每年校测一次。

②振弦式孔隙水压力计的压力观测，应采用频率接收仪。两次测读误差应不大于 1 赫兹，测值物理量用测压管水位来表示。

2. 坝基渗流压力观测

坝基渗流压力观测主要包括坝基天然岩石层、人工防渗和排水设施等关键部位渗流压力分布情况的观测。

（1）观测横断面的选择与测点布置

①观测横断面数一般不少于 3 个，并宜顺流线方向布置或与坝体渗流压力观测断面相重合。

②测点布设：每个断面上的测点不少于 3 个。均质透水坝基，渗流出口内侧必设一个测点；有铺盖的，应在铺盖末端底部设一测点，其余部位适当插补。层状透水坝基，一般在强透水层的中下游段和渗流出口附近布置。岩石坝基有贯穿上下游的断层、破碎带或软弱带时，应沿其走向在与坝体的接触面、截渗墙的上下游侧或深层所需监视的部位布置。

（2）观测仪器的选用

与坝体渗流压力观测相同。但当接触面处的测点选用测压管时，其透水段和回填反滤料的长度宜小于 0.5 米。

（3）观测方法和要求与坝体渗流压力观测相同。

3. 绕坝渗流观测

绕坝渗流观测包括两岸坝端及部分山体、坝体与岸坡或与混凝土建筑物接触面，以及防渗齿墙或灌浆帷幕与坝体或两岸接合部等关键部位。

（1）观测断面的选择与测点布置

①坝体两端的绕坝观测宜沿流线方向或渗流较集中的透水层（带）设 2~3 个观测断面，每个断面上设 3~4 条观测铅直线（含渗流出口）。

②坝体与建筑物接合部的绕坝渗流观测，应在接触轮廓线的控制处设置观测铅直线，沿接触面不同高程布设观测点。

③岸坡防渗齿槽和灌浆帷幕的上、下游侧各设一个观测点。

（2）观测仪器的选用及观测方法和要求同坝体渗流压力观测。

4. 渗流量观测

渗流量观测主要包括渗漏水的流量及其水质观测。水质观测中包括渗漏水的温度、透明度观测和化学成分分析。

（1）观测系统的布置

①渗流量观测系统应根据坝型和坝基地质条件、渗漏水的出流和汇集条件以及所采用的测量方法等分段布置。所有集水和量水设施均应避免客水干扰。

②当下游有渗漏水出逸时，应在下游坝趾附近设导渗沟，在导渗沟出口设置量水设施测其出逸流量。

③当透水层深厚、地下水位低于地面时，可在坝下游河床中顺水流方向设两根测压管，间距 20~30 米，通过观测地下水坡降计算渗流量。

④渗漏水的温度观测以及用于透明度观测和化学分析水样的采集均应在相对固定的渗流出口处进行。

（2）渗流量的测量方法

①当渗流量小于 1 升/秒时，宜采用容积法。

②当渗流量在 1~300 升/秒时，宜采用量水堰法。

③当渗流量大于 300 升/秒时或受落差限制不能设置量水堰时，应将渗漏水引入排水沟中采用测流速法。

（3）观测方法及要求

①渗流量及渗水温度、透明度的观测次数与渗流压力观测相同。化学成分分析次数可依据实际需要确定。

②量水堰堰口高程及水尺，测针零点应定期校测，每年至少一次。

③用容积法时，充水时间不少于 10 秒。二次测量的流量误差不应大于均值的 5%。

④用量水堰观测渗流量时，水尺的水位读数应精确到 1 毫米，测针的水位读数应精确到 0.1 毫米，堰上水头两次观测值之差不大于 1 毫米。

⑤测流速法的流速测量，可采用流速仪法。两次流量测值之差不大于均值的 10%。

⑥观测渗流量时，应测记相应渗漏水的温度。透明度和气温。温度应精确到 0.1℃，透明度观测的两次测值之差不大于 1 厘米。出现浑水时，应测出相应的含沙量。

⑦渗水化学成分分析可按水质分析要求进行，并同时取水库水样做相同项目的对比分析。

三、水利工程养护与修理技术

（一）工程养护技术

1. 概述

（1）工程养护应做到及时消除表面的缺陷和局部工程问题，防护可能发生的损坏，保持工程设施的安全、完整、正常运用。

（2）管理单位应依据水利部、财政部《水利工程维修养护定额标准（试点）》（水办 [2004]307 号）编制次年度养护计划，并按规定报主管部门。

（3）养护计划批准下达后，应尽快组织实施。

2. 大坝养护

（1）坝顶养护应达到坝顶平整，无积水，无杂草，无弃物；防浪墙、坝肩、踏步完整，轮廓鲜明；坝端无裂缝，无坑凹，无堆积物。

（2）坝顶出现坑洼和雨淋沟缺，应及时用相同材料填平补齐，并应保持一定的排水坡度；坝顶路面如有损坏，应及时修复；坝顶的杂草、弃物应及时清除。

（3）防浪墙、坝肩和踏步出现局部破损，应及时修补。

（4）坝端出现局部裂缝、坑凹，应及时填补，发现堆积物应及时清除。

（5）坝坡养护应达到坡面平整，无雨淋沟缺，无荆棘杂草滋生；护坡砌块应完好，砌缝紧密，填料密实，无松动、塌陷、脱落、风化、冻毁或架空现象。

（6）干砌块石护坡的养护应符合下列要求：

①及时填补、楔紧脱落或松动的护坡石料。

②及时更换风化或冻损的块石，并嵌砌紧密。

③块石塌陷、垫层被淘刷时，应先翻出块石，恢复坝体和垫层后，再将块石嵌砌紧密。

（7）混凝土或浆砌块石护坡的养护应符合下列要求：

①清除伸缩缝内杂物、杂草，及时填补流失的填料。

②护坡局部发生侵蚀剥落、裂缝或破碎时，应及时地采用水泥砂浆表面抹补、喷浆或填塞处理。

③排水孔如有不畅，应及时进行疏通或补设。

（8）堆石或碎石护坡石料如有滚动，造成厚薄不均时，应及时进行平整。

（9）草皮护坡的养护应符合下列要求：

①经常修整草皮、清除杂草、洒水养护，保持完整美观。

②出现雨淋沟缺时，应及时还原坝坡，补植草皮。

（10）对无护坡土坝，如发现有凹凸不平，应进行填补整平；如有冲刷沟，应及时修复，并改善排水系统；如遇风浪淘刷，应进行填补，必要时放缓边坡。

3. 排水设施养护

（1）排水、导渗设施应达到无断裂、损坏、阻塞、失效现象，排水畅通。

（2）排水沟（管）内的淤泥、杂物及冰塞，应及时清除。

（3）排水沟（管）局部的松动、裂缝和损坏，应及时用水泥砂浆修补。

（4）排水沟（管）的基础如被冲刷破坏，应先恢复基础，后修复排水沟（管）；修复时，应使用与基础同样的土料，恢复至原断面，并夯实；排水沟（管）如设有反滤层时，应按设计标准恢复。

（5）随时检查修补滤水坝趾或导渗设施周边山坡的截水沟，以防山坡浑水淤塞坝趾导渗排水设施。

（6）减压井应经常进行清理疏通，保持排水畅通；周围如有积水渗入井内，应将积水排干，填平坑洼。

4. 输、泄水建筑物养护

（1）输、泄水建筑物表面应保持清洁完好，及时排除积水、积雪、苔藓、蚧贝、污垢及淤积的沙石、杂物等。

（2）建筑物各部位的排水孔、进水孔、通气孔等均应保持畅通；墙后填土区发生塌坑、沉陷时应及时填补夯实；空箱岸（翼）墙内淤积物应适时清除。

（3）钢筋混凝土构件的表面出现涂料老化，局部损坏、脱落、起皮等，应及时修补或重新封闭。

（4）上下游的护坡、护底、陡坡、侧墙、消能设施出现局部松动、塌陷、隆起、淘空、垫层散失等，应及时按原状修复。

（5）闸门外观应保持整洁，梁格、臂杆内无积水，及时清除闸门吊耳、门槽、弧形门支铰及结构夹缝处等部位的杂物。钢闸门出现局部锈蚀、涂层脱落时应及时修补；闸门滚轮、弧形门支铰等运转部位的加油设施应保持完好、畅通，并定期加油。

（6）启闭机的养护应符合下列要求：

①防护罩、机体表面应保持清洁、完整。

②机架不得有明显变形、损伤或裂缝，底脚连接应牢固可靠；启闭机连接件应保持紧固。

③注油设施、油泵、油管系统保持完好，油路畅通，无漏油现象，减速箱、液压油缸内油位保持在上、下限之间，定期过滤或更换，保持油质合格。

④制动装置应经常维护，适时调整，确保灵活可靠。

⑤钢丝绳、螺杆有齿部位应经常清洗、抹油，有条件的可设置防尘设施；启闭螺杆如有弯曲，应及时校正。

⑥闸门开度指示器应定期校验，确保运转灵活、指示准确。

（7）机电设备的养护应符合下列要求：

①电动机的外壳应保持无尘、无污、无锈；接线盒应防潮，压线螺栓紧固；轴承内润滑脂油质合格，并保持填满空腔内 1/2~1/3。

②电动机绕组的绝缘电阻应定期检测，小于 0.5 兆欧时，应进行干燥处理。

③操作系统的动力柜、照明柜、操作箱、各种开关、继电保护装置、检修电源箱等应定期清洁、保持干净；所有电气设备外壳均应可靠接地，并定期检测接地电阻值。

④电气仪表应按规定定期检验，保证指示正确灵敏。

⑤输电线路、备用发电机组等输变电设施按有关规定定期养护。

（8）防雷设施的养护应符合下列规定：

①避雷针（线带）及引下线如锈蚀量超过截面 30% 时，应予以更换。

②导电部件的焊接点或螺栓接头如脱焊、松动应子补焊或旋紧。

③接地装置的接地电阻值应不大于 10 欧，超过规定值时应增设接地极。

④电器设备的防雷设施应按相关规定定期检验。

⑤防雷设施的构架上，严禁架设低压线、广播线及通信线。

5. 观测设施养护

（1）观测设施应保持完整，无变形、损坏、堵塞。

（2）观测设施的保护装置应保持完好，标志明显，随时清除观测障碍物；观测设施如有损坏，应及时修复，并重新校正。

（3）测压管口应随时加盖上锁。

（4）水位尺损坏时，应及时修复，并重新校正。

（5）量水堰板上的附着物和堰槽内的淤泥或堵塞物，应及时清除。

6. 自动监控设施养护

（1）自动监控设施的养护应符合下列要求：

①定期对监控设施的传感器、控制器、指示仪表、保护设备、视频系统、通信系统、计算机及网络系统等进行维护和清洁除尘。

②定期对传感器、接收及输出信号设备进行率定和精度校验。对不符合要求的，应及时检修、校正或更换。

③定期对保护设备进行灵敏度检查、调整，对云台、雨刮器等转动部分加注润滑油。

（2）自动监控系统软件系统的养护应遵守下列规定：

①制定计算机控制操作规程并严格执行。

②加强对计算机和网络的安全管理，配备必要的防火墙。

③定期对系统软件和数据库进行备份，技术文档应妥善保管。

④修改或设置软件前后，均应进行备份，并做好记录。

⑤未经无病毒确认的软件不得在监控系统上使用。

（3）自动监控系统发生故障或显示警告信息时，应查明原因，及时排除，并详细记录。

（4）自动监控系统及防雷设施等，应按有关规定做好养护工作。

7. 管理设施养护

（1）管理范围内的树木、草皮，应及时浇水、施肥、除害、修剪。

（2）管理办公用房、生活用房应整洁、完好。

（3）防汛道路及管理区内道路、供排水、通信及照明设施应完好无损。

（4）工程标牌（包括界桩、界牌、安全警示牌、宣传牌）应保持完好、醒目、美观。

（二）工程修理技术

1. 概述

（1）工程修理分为岁修、大修和抢修，其划分界限应符合下列规定：

①岁修：水库运行中所发生的和巡视检查所发现的工程损坏问题，每年必须进行必要的修理和局部改善。

②大修：发生较大损坏或设备老化、修复工作量大、技术较复杂的工程问题，有计划进行整修或设备更新。

③抢修：当发生危及工程安全或影响正常运用的各种险情时，应立即进行抢修。

（2）水库工程修理应积极推广应用新技术、新材料、新设备、新工艺。

（3）修理施工项目管理应符合下列规定：

①管理单位根据检查和监测结果，依据水利部、财政部《水利工程维修养护定额标准（试点）》（水办 [2004]307 号）编制次年度修理计划，并按规定报主管部门。

②岁修工程应由具有相应技术力量的施工单位承担，并明确项目负责人，建立质量保证体系，严格执行质量标准。

③大修工程应由具有相应资质的施工单位承担，并按有关规定实行建设管理。

④岁修工程完成后，由工程审批部门组织或委托验收；大修工程完成后，由工程项目审批部门按水利部《水利水电建设工程验收规程》（SL223-2008）主持验收。

⑤凡影响安全度汛的修理工程，应在汛前完成；汛前不能完成的，应采取临时安全度汛措施。

⑥管理单位不得随意变更批准下达的修理计划。确需调整的，应提出申请，报原审批部门批准。

（4）工程修理完成后，应及时地做好技术资料的整理、归档工作。

2. 护坡修理

（1）砌石护坡修理应符合下列要求：.

①修理前，先清除翻修部位的块石和垫层，并保护好未损坏的砌体。

②根据护坡损坏的轻重程度，可按以下方法进行修理：

在局部松动、塌陷、隆起、底部淘空、垫层流失时，可采用填补翻筑；局部破坏淘空，导致上部护坡滑动坍塌时，可增设阻滑齿墙；护坡石块较小，不能抗御风浪冲刷的干砌石护坡，可采用细石混凝土灌缝和浆砌或混凝土框格结构；厚度不足、强度不够的干砌石护坡或浆砌石护坡，可在原砌体上部浇筑混凝土盖面，增强抗冲能力。

③垫层铺设应符合以下要求：

垫层厚度应根据反滤层设计原则确定，一般为 0.15~0.25 米；根据坝坡土料的粒径和性质，按碾压式土石坝设计规范确定垫层的层数及各层的粒径，由小到大逐层均匀铺设。

④采用浆砌框格或增建阻滑齿墙时，应符合以下要求：

浆砌框格护坡一般采用菱形或正方形，框格用浆砌石或混凝土筑成，宽度一般不小于 0.5 米，深度不小于 0.6 米；阻滑齿墙应沿坝坡每隔 3~5 米设置一道，平行坝轴线嵌入坝体；齿墙尺寸，一般宽 0.5 米、深 1 米（含垫层厚度）；沿齿墙长度方向每隔 3~5 米应留排水孔。

⑤采用细石混凝土灌缝时，应符合以下要求：

灌缝前，应清除块石缝隙内的泥沙、杂物，并用水冲洗干净；灌缝时，缝内应灌满捣实，抹平缝口；每隔适当距离，应设置排水孔。

⑥采用混凝土盖面修理时，应符合以下要求：

护坡表面及缝隙内泥沙、杂物应刷洗干净；混凝土盖面厚度根据风浪大小确定；混凝土标号一般不低于 C20；应自下而上浇筑，振捣密实，每隔 3~5 米纵横均应分缝；原护坡垫层遭破坏时，应补做垫层，修复护坡，再加盖混凝土；修整坡面时，应保持坡面密实平顺；如有坑凹，应采用与坝体相同的材料回填夯实，并与原坝体结合紧密、平顺。

（2）混凝土护坡（包括现浇和预制混凝土）修理应符合下列要求：

①根据护坡损坏情况，可采用局部填补、翻修加厚、增设阻滑齿墙和更换预制块等方法进行修理。

②当护坡发生局部断裂破碎时，可采用现浇混凝土局部填补。填补修理时，应符合以下要求：

凿除破损护坡时，应保护好完好的部分；新旧混凝土结合处，应凿毛清洗干净；新填补的混凝土标号应不低于原护坡混凝土的标号；严格按照混凝土施工规范拌制混凝土；结合处先铺 1~2 厘米厚砂浆，再填筑混凝土；填补面积大的混凝土应自下而上浇筑，振捣密实；新浇混凝土表面应收浆抹光，洒水养护；处理好修理部位的伸缩缝和排水孔；垫层遭受淘刷，致使护坡损坏的，修补前应按设计要求先修补好垫层。

③当护坡破碎面积较大、护坡混凝土厚度不足、抗风浪能力差时，可采用翻修加厚混凝土护坡的方法进行修理，并应符合以下要求：

按满足承受风浪和冰推力的要求，重新设计确定护坡尺寸和厚度；加厚混凝土护坡时，应将原混凝土板面凿毛清洗干净，先铺一层 1~2 厘米厚的水泥砂浆，再浇筑混凝土盖面。

④当护坡出现滑移或基础淘空、上部混凝土板坍塌下滑时，可采用增设阻滑齿墙的方法修理，应符合以下要求：

阻滑齿墙应平行坝轴线布置，并嵌入坝体；齿墙两侧应按原坡面平整夯实，铺设垫层后，重新浇筑混凝土，并处理好与原护坡板的接缝。

⑤更换预制混凝土板时，应符合以下要求：

拆除破损预制板时，应保护好完好部分。垫层应按防冲刷的要求铺设。更换的预制混凝土板应铺设平稳、接缝紧密。

（3）草皮护坡修理应符合下列要求：

①草皮遭雨水冲刷流失和干枯坏死时，可采用填补、更换的方法进行修理。

②护坡的草皮中有杂草或灌木时，可采用人工挖除或化学药剂清除杂草。

3. 坝体裂缝修理

（1）坝体发生裂缝时，应根据裂缝的特征，按以下原则进行修理：

①对表面干缩、冰冻裂缝以及深度小于 1 米的裂缝，可只进行缝口封闭处理。

②对深度不大于 3 米的沉陷裂缝，待裂缝发展稳定后，可采用开挖回填方法修理。

③对非滑动性质的深层裂缝，可采用充填式黏土灌浆或采用上部开挖回填与下部灌浆相结合的方法处理。

④对土体与建筑物间的接触缝，可采用灌浆处理。

（2）采用开挖回填方法处理裂缝时，应符合下列要求：

①裂缝的开挖长度应超过裂缝两端1米、深度超过裂缝尽头0.5米；开挖坑槽底部的宽度至少0.5米，边坡应满足稳定要求，且通常开挖成台阶型，保证新旧填土紧密结合。

②坑槽开挖应做好安全防护工作；防止坑槽进水、土壤干裂或冻裂；挖出的土料要远离坑口堆放。

③回填的土料应符合坝体土料的设计要求；对沉陷裂缝应选择塑性较大的土料，并控制含水量大于最优含水量的1%~2%。

④回填时应分层夯实，特别注意坑槽边角处的夯实质量，压实厚度为填土厚度的2/3。

⑤对贯穿坝体的横向裂缝，应沿裂缝方向，每隔5米挖"十"字形结合槽一个，开挖的宽度、深度与裂缝开挖的要求一致。

（3）采用充填式黏土灌浆处理裂缝时，应符合下列要求：

①根据隐患探测和坝体土质钻探资料分析成果做好灌浆设计。

②布孔时，应在较长裂缝两端和转弯处及缝宽突变处布孔；灌浆孔与导渗、观测设施的距离不少于3米。

③灌浆孔深度应超过隐患1~2米。

④造孔应采用干钻、套管跟进的方式按序进行。造孔应保证铅直，偏斜度不大于孔深的2%。

⑤配制浆液的土料应选择具有失水性快、体积收缩小的中等黏性土料。浆液各项技术指标应按设计要求控制。在灌浆过程中，浆液容重和灌浆量每小时测定一次并记录。

⑥灌浆压力应通过试验确定，施灌时应逐步由小到大。在灌浆过程中，应保持压力稳定，波动范围不超过5%。

⑦施灌应采用"由外到里、分序灌浆"和"由稀到稠、少灌多复"的方式进行，在设计压力下，灌浆孔段经连续3次复灌不再吸浆时，灌浆即可结束。

⑧封孔应在浆液初凝后（一般为12小时）进行。封孔时，先扫孔到底，分层填入直径2~3厘米的干黏土泥球，每层厚度一般为0.5~1.0米，或灌注最优含水量的制浆土料，填灌后均应捣实；也可向孔内灌注浓泥浆。

⑨裂缝灌浆处理后，应按《土坝坝体灌浆技术规范》（SD266-88）的要求，进行灌浆质量检查。

⑩雨季及库水位较高时，不宜进行灌浆。

4.坝体渗漏修理

（1）坝体渗漏修理应遵循"上截下排"的原则。上游截渗通常采用抽槽回填、铺设土工膜、坝体劈裂灌浆等方法，有条件时，也可采用混凝土防渗墙方法；下游导渗排水可采用导渗沟、反滤层等方法。

（2）采用抽槽回填截渗处理渗漏时，应符合下列要求：

①库水位应降至渗漏通道高程1米以下。

②抽槽范围应超过渗漏通道高程以下1米和渗漏通道两侧各2米，槽底宽度不小于0.5米，边坡应满足稳定及新旧填土结合的要求，必要时应加支撑，以确保施工安全。

③回填土料应与坝体土料一致；回填土应分层夯实，每层厚度10~15厘米，压实厚度为填土厚度的2/3；回填土夯实后的干容重不低于原坝体设计值。

（3）采用土工膜截渗时，应符合下列要求：

①土工膜厚度应根据承受水压大小确定。承受30米以下水头的，可选用非加筋聚合物土工膜，铺膜总厚度0.3~0.6毫米。

②土工膜铺设范围，应超过渗漏范围四周各2~5米。

③土工膜的连接，一般采用焊接，热合宽度不小于0.1米；采用胶合剂黏结时，黏结宽度不小于0.15米；黏结可用胶合剂或双面胶布，连接处应均匀、牢固、可靠。

④铺设前应先拆除护坡，挖除表层土30~50厘米，清除树根杂草，坡面修整平顺、密实，再沿坝坡每隔5~10米挖防滑槽一道，槽深1.0米，底宽0.5米。

⑤土工膜铺设时应沿坝坡自下而上纵向铺放，周边用"V"形槽埋固好；铺膜时不能拉得太紧，以免受压破坏；施工人员不允许穿带钉鞋进入现场。

⑥保护层可采用沙壤土或沙，施工要与土工膜铺设同步进行，厚度不小于0.5米；施工顺序，应先回填防滑槽，再填坡面，边回填边压实。

（4）采用劈裂灌浆截渗时，应符合下列要求：

①根据隐患探测和坝体土质钻探资料分析成果做好灌浆设计。

②灌浆后形成的防渗泥墙厚度，一般为5~20厘米。

③灌浆孔一般沿坝轴线（或略偏上游）位置单排布孔，填筑质量差、渗漏水严重的坝段，可双排或三排布置；孔距、排距根据灌浆设计确定。

④灌浆孔深度应大于隐患深度2~3米。

⑤造孔、浆液配制及灌浆压力同本章"坝体裂缝修理"要求的内容保持一致。

⑥灌浆应先灌河槽段，后灌岸坡段和弯曲段，采用"孔底注浆、全孔灌注"和"先稀后稠、少灌多复"的方式进行。每孔灌浆次数应在5次以上，两次灌浆间隔时间不少于5天。当浆液升至孔口，经连续复灌3次不再吃浆时，即可终止灌浆。

⑦有特殊要求时，浆液中可掺入占干土重的0.5%~1%水玻璃或15%左右的水泥，最佳用量可通过试验确定。

⑧雨季及库水位较高时，不宜进行灌浆。

（5）采用导渗沟处理渗漏时，应符合下列要求：

①导渗沟的形状可采用"Y""W""I"等形状，但不允许采用平行于坝轴线的纵向沟。

②导渗沟的长度以坝坡渗水出逸点至排水设施为准，深度为0.8~1.0米，宽度为0.5~0.8

米，间距视渗漏情况而定，一般为 3~5 米。

③沟内按滤层要求回填沙砾石料，填筑顺序按粒径由小到大、由周边到内部，分层填筑成封闭的棱柱体，也可用无纺布包裹砾石或沙卵石料，填成封闭的棱柱体。

④导渗沟的顶面应铺砌块石或回填黏土保护层，厚度为 0.2~0.3 米。

（6）采用贴坡式沙石反滤层处理渗漏时，应符合下列要求：

①铺设范围应超过渗漏部位四周各 1 米。

②铺设前应清除坡面的草皮杂物，清除深度为 0.1~0.2 米。

③滤料按沙、小石子、大石子、块石的次序由下至上逐层铺设；沙、小石子、大石子各层厚度为 0.15~0.20 米，块石保护层厚度为 0.2~0.3 米。

④经反滤层导出的渗水应引入集水沟或滤水坝趾内排出。

（7）采用土工织物反滤层导渗处理渗漏时，应符合下列要求：

①铺设前应清除坡面的草皮杂物，清除深度为 0.1~0.2 米。

②在清理好的坡面上满铺土工织物。铺设时，沿水平方向每隔 5~10 米做一道"V"形防滑槽加以固定，以防滑动；再满铺一层透水沙砾料，厚度为 0.4~0.5 米，上压 0.2~0.3 米厚的块石保护层。铺设时，严禁施工人员穿带钉鞋进入现场。

③土工织物连接可采用缝接、搭接或黏结。缝接时，土工织物重压宽度 0.1 米，用各种化纤线手工缝合 1~2 道；搭接时，搭接面宽度 0.5 米；黏结时，黏结面宽度 0.1~0.2 米。

④导出的渗水应引入集水沟或滤水坝趾内排出。

5. 坝基渗漏和绕坝渗漏修理

（1）根据地基工程地质和水文地质、渗漏、当地沙石、土料资源等情况，进行渗流复核计算后，选择采用加固、上游黏土防渗铺盖、建造混凝土防渗墙、灌浆帷幕、下游导渗及压渗等方法进行修理。

（2）采用加固上游黏土防渗铺盖时，应符合下列要求：

①水库具有放空条件，当地有做防渗铺盖的土料资源。

②黏土铺盖的长度应满足渗流稳定的要求，根据地基允许的平均水力坡降确定，一般大于 5~10 倍的水头。

③黏土铺盖的厚度应保证不致因受渗透压力而破坏，一般铺盖前端厚度 0.5~1.0 米；与坝体相接处为 1/6~1/10 水头，一般不小于 3 米。

④对于沙料含量少、层间系数不合乎反滤要求、透水性较大的地基，必须先铺筑滤水过渡层，再回填铺盖土料。

（3）采用混凝土防渗墙处理坝基渗漏时，应符合下列要求：

①防渗墙的施工应在水库放空或低水位条件下进行。

②防渗应与坝体防渗体连成整体。

③防渗墙的设计和施工应符合有关规范规定。

（4）采用灌浆帷幕防渗时，除应进行灌浆帷幕设计外，还应符合下列要求：

①非岩性的沙砾石坝基和基岩破碎的岩基可采用此法。

②灌浆帷幕的位置应与坝身防渗体相接合。

③帷幕深度应根据地质条件和防渗要求确定，一般应落到不透水层。

④浆液材料应通过试验确定。一般可灌比 M≥10，地基渗透系数为 $4.6 \times 10^{-3} \sim 5.8 \times 10^{-3}$ 厘米／秒时，可灌注黏土水泥浆，浆液中水泥用量占干料的 20%~40%；可灌比 M≥15，渗透系数为 $6.8 \times 10^{-3} \sim 9.2 \times 10^{-3}$ 厘米／秒时，可灌注水泥浆。

⑤坝体部分应采用干钻、套管跟进方法造孔；在坝体与坝基接触面，没有混凝土盖板时，坝体与基岩接触面先用水泥砂浆封固套管管脚，待砂浆凝固后再进行钻孔灌浆工序。

（5）采用导渗、压渗方法时，应符合下列要求：

①坝基为双层结构，坝后地基湿软，可开挖排水明沟导渗或打减压井；坝后土层较薄、有明显翻水冒沙以及隆起现象时，应采用压渗方法处理。

②导渗明沟可采用平行坝轴线或垂直坝轴线布置，并与坝趾排水体连接；垂直坝轴线的导渗沟的间距一般为 5~10 米，在沟的尾端设横向排水干沟，将各导渗沟的水集中排走；导渗沟的底部和边坡，均应采用滤层保护。

③压渗平台的范围和厚度应根据渗水范围和渗水压力确定，其填筑材料可采用土料或石料。在填筑时，应先铺设滤料垫层，再铺填石料或土料。

第五节　水利工程治理保障措施

水利工程治理工作是一项复杂的系统工程，并且易受到多类内外界因素的干扰。本节在水利工程治理内涵和框架体系研究的基础上，从工程、投入、依法管理等多个方面展开深入的研究和探讨，提出了水利工程治理的保障措施，确保水利工程充分发挥综合效益。

一、水利工程治理的工程保障

对水利工程而言，工程质量的优劣直接关系到日后的运行管理工作。因此，必须以现代水利工程治理理念为引领建设新工程，以现代水利工程治理的标准提升已有工程，以现代水利工程治理的需要完善相关工程，不断地提升工程的质量和标准，为水利工程治理工作提供良好的工程基础。

（一）以现代水利工程治理理念为引领建设新工程

工程运行管理单位要以现代水利工程治理理念为指导，全过程参与项目的建设，实现"建管结合，无缝对接"。

1. 规划阶段

水利规划是为防治水旱灾害、合理开发利用水王资源而制定的总体安排，其基本任务是根据国家规定的建设方针和水利规划基本目标，并考虑各方面对水利的要求，研究水利工程的现状、特点，探索自然规律和经济规律，提出治理开发方向、任务、主要措施和实施步骤，安排水利建设计划，并指导水利工程设计和管理。因此，在规划阶段就要运用现代水利工程治理的理念，着眼全局，注重后期运行管理，使建成后的水利工程充分地发挥效益。

（1）着眼全局、适度超前

水利规划要根据经济社会发展对水利的需求，兼顾全面和重点、当前和长远、需要和可能，着眼全局，统筹考虑，依托流域重点水利工程建设、区域重大基础设施建设，因势利导，适度超前，实行防洪除涝抗旱并举、开源节流保护并重、建设管理改革并进，促进流域与区域、农村与城市水利协调发展，实现经济效益、社会效益和生态效益有机统一，充分地发挥水利综合效益。

（2）科学治水、注重生态

水是生态环境的灵魂，水利工程则是这一灵魂的载体。水利规划要遵循水的自然规律和经济社会发展规律，正确处理人与自然、人和水的关系，合理开发、优化配置、全面节约、有效保护、高效利用水资源。要准确把握现代水网内涵，实现库库、库河、河河联合调度，注重生态湿地建设与塌陷地治理和蓄滞洪区建设相结合，注重防洪、雨洪水资源利用与水网建设相结合，注重洼地治理与河道治理和小水系调整相结合，形成一个大的防洪系统、调水系统和生态循环系统，综合发挥各类水利工程的整体作用。

（3）因地制宜、突出重点

水利规划应依据各地经济社会状况、自然地理条件和水利发展特点，因地制宜，分地区、分领域合理确定现代化建设目标、任务和措施，充分考虑与防洪安全、供水安全和生态环境安全等与民生密切相关的发展任务，科学安排水利现代化建设进程，保证建成一处；有效管理一处；充分发挥效益一处。

2. 可行性研究阶段

可行性研究是项目前期工作的重要内容，它从项目建设和生产经营的全过程考察分析项目的可行性，是投资者进行决策的依据。因此，根据建设项目的整体性特点，在项目可行性研究阶段，既要对建设方案进行论证，同时也要对运行管理进行方案论证。

（1）管理机构方面

在项目的可行性研究阶段要对水利工程的性质进行初步的确定，并明确运行管理体制以及管理机构的人员编制、隶属关系，以便通过相应的渠道落实经费来源。新建项目在确定管理机构的人员设置时可按照2004年发布的《水利工程管理单位定岗标准》进行，按照"因事设岗、以岗定责、以工作量定员"的原则定岗定员，这样可以在水利工程建设的前期控制水管单位人数，防止以后出现人员超编、机构臃肿现象。

（2）投资方面

新建水利工程在可行性研究阶段就应进行水利工程运行管理经费测算分析，对水利工程运行管理阶段可能发生的费用进行测算，与水利工程建设投资一起考虑，并且将运行管理资金与建设资金一起考虑筹资方案，从项目的前期就着手解决项目建成后运行经费来源不明、经费短缺的问题。

水利工程运行管理阶段的相关费用主要包括：人员事业经费、办公用品设置费、人员培训费以及水利工程维修养护费用，其中，水利工程维修养护费用可参照《水利工程维修养护定额标准》（水办[2004]307号文）进行费用测算，筹措方法与现行项目建设投资一样，按照现价年物价指数进行项目的静态投资测算，其经济评价年限与建设投资经济评价年限一致，在建设项目投资计划中考虑运行费用的投资计划。

在水利工程运行管理经费测算的基础上，可以进一步对水利工程管理单位进行分类定性，对于纯公益性水管单位和经营性水管单位，因其承担的任务不同，分别定性为事业单位和企业单位；对于准公益性水管单位，测算其收益状况进行定性，不具备自收自支条件的定性为事业单位，具备自收自支条件的定性为企业单位。

（3）风险分析方面

任何项目都存在风险，水利工程也不例外，不仅建设期间存在风险，而且在运行管理期间同样存在风险，应对水利工程运行管理阶段进行风险分析，制定规避风险的措施，与水利工程建设阶段风险分析结合考虑。水利工程运行管理阶段可能存在的风险主要有：产品销售价格和物价波动、管理不善、政府不利干扰、自然灾害等。

产品销售价格、物价波动：水利工程的经济收入一般是销售水利产品，如出售水和电。在可行性研究阶段要考虑水价、电价发生严重变化的情况，并预测发生的可能原因，加以分析，做好风险防范措施。

管理不善：管理是一门科学，管理出效益，对于任何单位，管理带来的风险和效益都是存在的。水利工程管理单位要充分地考虑由于管理不善产生的风险，必要时可设置一定的风险基金。

政府不利干扰：在市场经济条件下政府对企业单位的管理主要是从宏观的角度进行的，但是并非政府的干扰都是有利的。防范此类风险的措施首先要经常与政府沟通、协调，力争做到政府支持单位正当的经营行为；其次密切关注政府有关政策的公布，提前采取措施做出应对。自然灾害：自然灾害主要是由于各种因素引起的天气变化，对于水利工程来说，主要是降水量的多少、天气干旱情况。应对措施可以采取在水量充足时存储一定的调节水量，并准确预测水量、水质变化趋势。

3.设计阶段

设计方案的优劣直接影响着工程造价和建成后的运行效果。目前项目管理注重设计方案的优化，在投资一定的情况下采用"限额设计"，既可以满足建设要求，同时又能满足资金的限制。管理单位是工程最终的使用者，因此要在设计阶段充分表达相关要求，设计单位要为管理单位的设计思想服务，达到用户满意。这一时期管理单位参与进来，运用丰富的经验进行指导，可以形成设计与实践的结合，及时修改完善设计方案，实现优化设计。

管理人员要全方位、全过程参与工程设计阶段的工作，从工程产品的初期就提出用户需求和完善化意见，尤其是参与主要设备的招标文件的编制，参与招标评标，站在使用者的角度在设计阶段检查产品的性能、条件、使用环境技术等与未来使用条件的一致性和合理性，查找设计疏漏，分析设计缺陷，及时提出优化意见，消除运行中的安全隐患，起到既方便运行管理，同时又节省部分技术改造投资的作用。

4.实施阶段

在工程实施阶段，管理单位应参与工程招标、合同执行、安装调试、检查验收等过程，实现生产设备与工程建设的顺利交接，在工程实施阶段完善、改进技术方案，并且应大力推行"代建制"，提高投资项目的专业化管理水平。

（1）工程施工过程

参与建设过程中的质量、进度、投资控制，对于设备的建造尽量参加设备选型、监造、出厂验收，协助控制设备质量。以最终用户的身份全方位地参与建设过程，在工程建成前就消除缺陷，既有利于控制质量，同时又减少了工程在运行阶段的工作量，减少运行管理费用，有利于工程项目的良性运行管理。

（2）验收过程

参与工程的竣工验收工作，尽量多地掌握工程技术信息和收集相关资料，不仅可以提前熟悉操作技能，而且为工程建成后顺利交付运行管理单位提供了便利条件，为以后设备的稳定运行打下良好基础。

（二）以现代水利工程治理的标准提升已有工程

我国水利工程建设主要经历了中华人民共和国成立初期、"大跃进"时期、"文革"时期和改革开放以来这四个时期，其中遍布全国的水库、水闸及河道工程，绝大部分修建于"大跃进"和"文革"时期。由于当时设计、施工条件落后，再加之20世纪末到21世纪初水利工程管理工作不到位，工程年久失修，老化严重，一些水库、水闸、河道、灌区等水利工程已达不到设计标准，防洪、灌溉等效益大打折扣。因此，做好现代水利工程治理工作，必须以现代水利工程治理的标准提升已有工程，通过实施病险水库除险加固、病险水闸除险加固、河道整治、灌区续建配套与节水改造等工程，改善水利工程面貌，使之恢复、提升原有防洪、灌溉、生态等功能，充分发挥效益。

1.病险水库除险加固

为加强水库大坝安全管理，规范大坝安全鉴定工作，保障大坝安全运行，根据《中华人民共和国水法》《中华人民共和国防洪法》和《水库大坝安全管理条例》的有关规定，水利部制订了《水库大坝安全鉴定办法》（水建管[2003]271号）。《水库大坝安全鉴定办法》规定，水库大坝要实行定期安全鉴定制度。鉴定的安全评价主要包括工程质量评价、大坝运行管理评价、防洪标准复核、大坝结构安全、稳定评价、渗流安全评价、抗震安全复核、金属结构安全评价和大坝安全综合评价等几个方面。根据安全鉴定，将大坝安全状况分为一类坝、二类坝和三类坝，对鉴定为三类坝、二类坝的水库，鉴定组织单位应当对可能出现的溃坝方式和对下游可能造成的损失进行评估，并采取除险加固、降等或报废等措施予以处理。在处理措施未落实或未完成之前，应制定保坝应急措施，并限制运用。

为做好全国病险水库除险加固工作，国家发改委、水利部制订了《病险水库除险加固工程项目建设管理办法》（发改办农经［2005］806号），对病险水库除险加固的前期工作、项目和计划申报、投资管理、建设管理、监督管理、建后管护等各个环节做了明确规定。《病险水库除险加固工程项目建设管理办法》规定，按照《水库大坝安全鉴定办法》通过规定程序确定为三类坝的水库为病险水库。病险水库除险加固项目应严格按照相关规定开展前期工作，要按照管理权限逐级申报，待批复立项后实施。工程建设实行项目法、人责任制、招标投标制、工程监理制和竣工验收等各项制度，严格执行《工程建设项目招标范围和规模标准规定》（国家计委主任令第3号）及有关规定，加强计划管理和财务审计。项目竣工验收后，要及时办理交接手续，完善各项工程管理措施，确保大坝安全。

2. 病险水闸除险加固

为加强水闸安全管理，根据《中华人民共和国水法》《中华人民共和国防洪法》及《中华人民共和国河道管理条例》等规定，水利部制定了《水闸安全鉴定管理办法》《水建管［2008］214号》，对水闸安全鉴定制度、基本程序及组织、工作内容等各方面都作出了明确规定。《水闸安全鉴定管理办法》规定，水闸实行定期安全鉴定制度。根据安全鉴定，将水闸安全类别分为一类闸、二类闸、三类闸和四类闸。水闸主管部门及管理单位对鉴定为三类、四类的水闸，应采取除险加固、降低标准运用或报废等相应处理措施，在此之前必须制定保闸安全应急措施，并限制运用，以确保工程安全。

为做好大中型病险水闸除险加固工作，规范项目建设管理，国家发改委、水利部制定了《大中型病险水库水闸除险加固项目建设管理办法》（发改农经［2014］1895号），对大中型病险水闸除险加固项目的前期工作、投资计划管理、资金管理、建设管理、监督管理及建后管护等各环节作出了明确要求。《大中型病险水库水闸除险加固项目建设管理办法》明确大中型病险水闸除险加固工程实行项目管理，前期工作分为安全鉴定和项目审批（核准）两个阶段，并对年度投资计划的申报下达等作出了具体要求。项目建设应按照规定实行项目法人责任制、招标投标制、建设监理制、合同管理制、竣工验收制等制度。项目竣工验收后应及时办理资产交接手续，完善管理措施，提高工程管理水平，同时要进一步深化管理体制改革，建立完善运行管理体制机制，以确保工程运行安全。

3. 河道整治工程

河道是天地的造化、水的顺势而为以及人类对自然的改造，是大自然生命系统的重要组成部分。河道整治分长河段的整治及局部河段的整治。在一般情况下，长河段的河道整治目的主要是为了防洪和航运，而局部河段的河道整治是为了防止河岸坍塌、稳定工农业引水口以及桥渡上下游的工程措施，其主要工程包括堤防加固和新建、河道清淤疏浚、护岸护坡等。新时期的河道整治工程要准确把握生态文明建设内涵，要尊重河流自然形态，保全河道功能，确保水生态体系完整，维护水生态环境优美，把每一条河道建成生态之河、安全之河、资源之河、幸福之河。

根据《中共中央、国务院关于加快水利改革发展的决定》(中发[2011]1号)和《国务院关于切实加强中小河流治理和山洪地质灾害防治的若干意见》(国发[2010]31号)精神，为加快中小河流治理，规范中小河流治理项目和资金管理，提高投资效益，财政部、水利部制定了《全国中小河流治理项目和资金管理办法》(财建[2011]156号)，对中小河流治理项目的前期工作、建设管理、工程验收、监督管理等环节进行了明确规定。《全国中小河流治理项目和资金管理办法》规定，中小河流治理项目要服从流域防洪规划，治理标准要与干流、区域防洪除涝标准相协调。要依据国家规划等相关要求抓紧开展项目初步设计等前期工作，经批准后组织实施。中小河流项目建设管理严格实行项目法人责任制、招标投标制、建设监理制和合同管理制。建设项目完工后要及时竣工验收，验收后要及时地办理交接手续，明确管理主体，建立长效管护机制，积极协调落实管护经费，已确保建设项目发挥效益。

4. 灌区续建配套与节水改造

灌区续建配套与节水改造是为了提高灌溉水有效利用率和灌溉保证率，缓解水源供需矛盾，减缓生态环境恶化趋势而实施的水利工程，其主要包括渠道衬砌、水源工程、田间工程、渠系建筑物等内容，对进一步改善农业生产条件，增强抗御水旱灾害能力，充分发挥灌区经济效益、生态效益与社会效益，促进农业和农村经济持续稳定发展具有重要意义。

为保证大型灌区续建配套与节水改造项目建设顺利进行，国家发改委、水利部制定了《大型灌区节水续建配套项目建设管理办法》，对项目的前期工作、建设管理、工程验收等环节进行了明确规定。《大型灌区节水续建配套项目建设管理办法》规定，大型灌区节水续建配套项目属基本建设项目，按国家规定的基本建设程序管理。应严格按照相关规定开展前期工作，要按照管理权限逐级申报，待批复立项后实施。项目建设要推行项目法人责任制、工程建设监理制和招标投标制。项目建设单位要严把质量关，建立健全质量管理和监督机制，实行质量终身负责制，确保工程质量和按期完工。项目完工后要及时竣工验收，验收后必须及时办理交接手续，明确管理主体，制定管理措施，确保工程充分发挥效益。

（三）以现代水利工程治理的需要完善相关工程

近年来，随着各级对水利工程管理工作重视程度的进一步提高，水利工程面貌大为改观，管理设施日趋完善，但与现代水利工程管理的要求还有很大差距。因此，在当前工作中，应以现代水利工程治理的需要完善相关工程，加强工程管理设施与先进技术手段相结合，运用互联网＋和云计算技术，开展监视系统建设、监控系统建设、监测系统建设、维修养护巡检系统建设、安全评估系统建设、运行管理系统建设，推进精细化管理。

1. 监视系统建设

建设工程视频监视系统，监视工程的日常情况，诸如河流流势，大坝、闸门运行情况以及破损情况等，节省人力物力，及时地发现和解决问题，提高管理水平，为防洪调度及全流域水资源的统一调度提供准确的实时依据。监视系统建设的总体要求是监视点布局合理、数量足够，信号传输系统快捷、清晰，已确保监视的全面性、实时性。

2. 监控系统建设

结合先进的计算机网络技术、云计算技术、多媒体技术、通信技术，根据工程管理的需求，建立工程监控系统，通过对各监控点的图像、语音、数据进行处理，实施监控，并结合远程视频技术的应用及时了解水利工程的运行状况，远程控制工程的操作（诸如闸门起闭等），实现统一操作、统一调度，体现工程管理现代化。

3. 监测系统建设

完善工程监测设施，建立仪器先进、定点监测与移动监测相结合、监测点全面、传输及时的监测系统，对工程发生的裂缝、渗水、沉陷变形等情况及时监测，并准确地传至管理中心，从而作出及时迅速的处理，在改变现有工程设施远不能适应现代管理需要局面的同时，也为地方人民群众生命财产安全提供了有效保障。

4. 维修养护巡检系统建设

工程维修养护是日常管理重点工作之一，加强维修养护工作，实现维修养护的规范化、系统化、科学化是我们追求的目标，建设大坝、堤防维修养护巡检系统非常必要。结合网络技术、地理编码、地理信息技术、GPS、GPRS、信息安全技术以及移动通讯技术，建立维修养护巡检系统，实现信息实时传输，具备考勤、位置查询、巡查问题上报、信息查询及问题协调处理等功能，从而推动维修养护管理工作程序化、精细化。

5. 安全评估系统建设

安全评估系统是工程管理现代化的核心要件。工程管理的数据和信息量是大量的，各种数据都需要按一定结构有效地组织起来形成数据库，通过数据库存储及处理系统建设，构建工程管理数字化集成平台。在数据库的基础上建立数学模型，运用数学模型对自然系统进行仿真模拟，对工程实体、水流运动等各种自然现象进行各种尺度的实时模拟，形成一个面向具体应用的虚拟仿真系统，对工程信息进行安全评估与综合处理，为准确揭示和把握工程在运行中遇见的问题提供技术支持。

6. 运行管理系统建设

建立内容全面的决策支持库，涵盖诸如国家法律、法规及有关政策，历史上处理同类问题的经验和教训，专家评审意见，流域规划、区域规划、工程规划的布局及其具体要求，各种工程管理的模式、运行管理情况，工程管理考核情况，工程管理技术及相关管理人员技术要求等，形成方案决策的大背景，将数学模拟的各种方案结果置身于此大背景下进行优化分析，从中选择一个可行方案；同时，对数学模拟的结果进行后台处理，使之以较强的可视化形式表现出来，为决策者研究、讨论、决策提供支持。

二、水利工程治理的投入保障

要推进水利工程治理的跨越式发展，实现现代水利工程治理，投入是关键，必须加大公共财政投入，拓宽市场融资渠道，加强工程自身再生能力，构建现代水利工程治理的投入机制。

（一）完善公共财政投入机制

水利具有很强的公益性、基础性、战略性，加强水利工程管理，提供公共服务，是各级政府的重要职责。目前水利公共服务的能力和水平还不高，水利公共服务的覆盖面还很低，这就决定了未来一段时间内，必须加大公共财政对水利工程管理的投资力度，把水利工程管理作为公共财政投入的重要领域，发挥政府在水利工程管理中的主导作用，多出真招实策，多拿真金白银，多办实事好事。

1.完善投资体制，优化投资结构

对公益性、准公益性水利工程，要完善以公共财政为主渠道的投资体制，足额落实水管单位基本支出和维修养护经费，建立起各级政府稳定的财政投入机制。

2.增加财政专项水利资金，提高水利工程管理资金所占比重

在大幅度增加中央和地方财政专项水利资金，并建立健全财政支农资金稳定增长机制的基础上，提高水利工程管理资金在专项资金中的比重，彻底改变"重建轻管"的局面。

3.加强政府投资管理，强化资金监管

健全政府投资决策机制和决策程序，规范投资管理，投资安排要以维修养护年度计划为依据，统筹安排、合理使用；落实政府水利资金管理分级负责制和岗位责任制，建立健全的绩效评价制度。

（二）拓宽市场融资渠道

加强对水利工程管理的金融支持，广泛吸引社会资金投资，拓宽市场融资渠道是构建现代水利工程管理投入机制的重要保障。

1.加强对水利工程管理的金融支持

构建现代水利工程管理体系需要大量的资金投入，迫切需要在进一步拓展和完善公共财政主渠道的同时，充分地发挥金融机构的重要支撑作用。在经济总量持续扩大的背景下，我国金融机构资产稳步增长，金融资产供给环境不断改善，给水利工程管理提供良好的金融环境。要大幅增加水利工程管理的信贷资金，对符合中央财政贴息规定的水利贷款给予财政贴息。通过长期限、低利息、高额度等优惠政策，发挥中长期政策性贷款对水利工程管理的扶持作用。积极探索公益性水利项目收益权质押贷款和大型水利设备设施融资租赁。

2.广泛吸引社会资金

充分利用资本市场，鼓励有实力的水利企业发行股票、债券和组建基金，同时鼓励

非公有制经济通过特许经营、投资补助等方式进入城市供水、农村水电等水利工程的运营。推进小水库、小塘坝等小型水利设施以承包、租赁、拍卖等形式进行产权流转，运用PPP、BOT、BT等多种融资方式，引导社会资本投入水利工程管理，努力构建多渠道、多层次、多元化的水利工程管理投入保障机制。

（三）加强工程自身再生能力

中华人民共和国成立以来，我国建设了大批水利工程，在保障和促进国民经济和社会发展方面发挥了巨大的作用，经济、社会、生态效益都十分显著。从整个国民经济的角度来看，水利行业是一个经济效益很好、投资回报率很高的行业。但由于水利是国民经济的基础设施和基础产业，它的效益主要渗透在国民经济各部门和人民生活的诸多方面，即社会效益。水利自身得到的财务收益小，加之水价、电价没有达到应有的合理标准，以及政策性亏损的补偿措施不落实，造成了当前水利经济的困难，不利于水利工程管理工作的开展。因此，必须加大政策扶持力度，深化水价、电价改革，完善水利行政事业性收费机制，并在实行"收支两条线"管理的基础上，确保维修养护经费、更新改造经费的足额到位，以水养水，加强工程自身再生能力。

第六节　现代水利工程治理目标

一、实现水利工程安全的良性循环

水利工程是国民经济发展的重要基础设施，其安全运行不但可以使人们免于洪涝的伤害，还能够产生一定的经济效益，是一项利国利民的基础工程。加强水利工程管理，确保水利工程安全运行，充分地发挥水利工程的经济效益，是水利工程管理的重要内容。

（一）水利工程的防洪安全

水利工程对洪水的防治能力是众所周知的，为了提高水利工程对洪涝的防治效果，我们有必要从水利工程防洪防涝的根本要素出发，通过科学严谨的标准和方案，保证水利工程防洪效果，同时促进水利工程经济效益的进一步提高。一是具备符合实际水利工程防洪标准。水利工程的防洪标准符合现实需要，针对不同地理条件和不同的经济发展能力，划分相应的防洪区域，根据可能发生的洪涝级别及影响程度，综合分析考虑制定具体的防洪措施。此标准应在满足国家标准规范的前提下，切合地方实际，满足应用于地方防洪决策的执行和开展；二是具备完善的防洪体系。各流域自然条件及防洪防涝体系各有差异，因此统筹考虑不同部门的防洪要求，综合分析整个防洪体系中各因素的影响程度，分析确定最优的防洪规划；三是实现防洪工程的效益评价。防洪工程能够有效地降低灾害损失，保护人民群众生命财产安全，提高人类生活质量，应是一项造福千秋的环境工程。但防洪工程在发挥防洪除涝功能的同时，也会对与之对应的防洪区域内的生产生活造成影响，应对其防洪效益进行综合评估。结合历史数据中的典型洪水数据进行综合分析，充分反映了洪灾损失同地方经济增长之间存在的影响关系，并将计算得出的经济效益作为防洪防涝效益的一部分。

（二）水利工程的供水安全

一是形成安全稳定可靠的供水机制，实现合理用水、高效用水。用水管理是指应用长期供求水的计划、水量分配、取水许可制度、征收水费和水资源费、计划用水和节约用水等手段，对地区、部门、单位及个人使用水资源的活动进行管理，以期达到合理用水、高效用水的目的。从水利工程供水方面而言，依据工程自身实际状况，制订科学合理的供水计划，充分考虑流域范围内的水资源供需矛盾和用水矛盾，将供水总量限制在合理范围之内。依据取水许可制度，规范取水申请、审批、发证程序，落实到位的用水监督管理措施，对社会取水、用水进行有效控制，以促进水资源合理开发和使用。通过征收水费和水资源费，强化水资源的社会价值和经济价值，促进形成良好的用水理念和节水意识。通过贴合实际的计划用水需求分析，在水量分配宏观控制下，结合水利工程当年的预测来水量、供水量、需水量，制订年度供水计划，合理满足相关供水需求；二是形成完善的水质安全保障体系。灵活把握水质保护的宣传方式方法教育，提高群众对水源地水体的保护意识，提高群众保护水源的自觉性，有效制止和减少群众污染水源的行为。制定完善水体污染防治标准和制度，从严控制在水源地保护区内新上建设项目。落实水源地保护队伍，强化水源地治安管理。建立健全规章制度，规范水源地保护措施。依据有关要求，实施好水质监测工作，对需要监测的水质进行定期监测和分析，发现水质异常时及时采取有效措施，确保水质达标；三是完善供水应急处理机制，保障供水安全。按区域划定应急水源地，并将水源地类别进行划分，根据缺水程度相继启动应急处理措施。若供水水源严重短缺时，严格实行控制性供水，根据地方发展需要及用水需求划定缺水期的供水优先级别，如优先保障城市居民生活用水。城市枯水期供水的优先级为：首先应满足生活用水、生态用水，其次是副食品生产用水，再是重点工业用水，最后是农业用水。主要耗水工业实行限量分时段供水或周期性临时停产。同时，制定水资源保护、城市饮用水水源地保护等规划，对如何保护水资源、防治水污染和涵养水土进行全面界定，有效减少枯水期水污染出现的频度，改善水生态环境，增加河流基量。建立水资源流域统一管理机制，实行水利工程统一调度和水资源的统一配置，提高资源配置的自动化水平和科技含量，提高水资源的使用效率。提高枯水年份水文中长期预报能力、时效和可信度，合理调度蓄水工程供水，缓解供水需求。

（三）水利工程治理的应急机制

一是水利工程安全管理的预警机制。大中型水利工程逐一建立预警机制，对小型水利工程以乡镇为单位建立预警机制。水利工程安全预警机制的内容主要包括预警组织、预警职责、风险分析与评估、预警信息管理等。水利工程管理单位内部设立安全预警工作部门，并按照相关职责分别负责警况判断、险情预警、危急处置等相关工作。水利工程管理单位安全预警工作部门，每月进行一次安全管理风险分析、预警测算、风险防范，警况处置和预警信息发布，并依据分析研判结果上报当地政府或水利主管部门。水利工程安全管理预警指标体系可从水利工程安全现状、视频监控、应急管理等方面预警，二级指标包括水利从业队伍安全意识与行为、水利工程设备设施运行状况、水利工程重点部位运行状态、水利工程安全环境、水利工程安全管理措施、人员队伍安全培训、视频监控力量、视频监控效果、应急处置力量、险情风险分析、安全事故防范、应急预案等多个方面。

二是水利工程安全管理的预报机制。各级水行政主管部门结合水利工程安全管理实际，设立水利系统内安全管理预报部门，其主要负责水利工程安全预警工作的监督管理、水利工程安全管理预警信息等级测算、水利工程安全管理预报信息管理与发布、水利工程风险管理与事故防范工作的督促指导等工作。各级水行政主管部门定期进行水利工程安全管理综合指数测算和预报信息发布。具体水利工程安全管理预报指标体系可从水利工程重点部位、重大安全事故、应急管理等方面预报。二级指标包括水利工程重点部位安全指数、预计危害程度、实际监控状况、历史运行状态、事故发生概率测算、水利技术等级、实施设备新旧程度、实际操控信息化水平、危机应急预案、日常应急演练开展等多个方面。

三是水利工程安全管理预警预报的管理机制。建立健全完善的预警管理制度，各级水行政主管部门负责对水利工程管理单位从业人员组织安全管理培训，协助具体部门、单位进行安全预警预报及安全生产政策咨询；同时，为水利工程安全管理预警预报机制的管理提供法律法规支撑。在相关法律规章中，明确规定各有关单位在水利工程安全管理预报机制及安全管理预警机制中的责任和义务，明确界定相关部门的职能和权利。各级水行政主管部门有义务和责任对本区域内的重点水利工程的安全状况进行调查、登记、分析和评估，并对重点工程进行检查、监控。水利工程管理单位自身应具备健全完善的安全管理制度，定期进行安全隐患排查和防范措施的检查落实，并接受相关部门的监督检查。

二、实现水利工程运行的良性循环

水利工程是用于控制和调配自然界地表水和地下水的重要工程设施，是应对水资源管理、实现兴利除害目的的重要保障。水利工程的运行管理是一个由水资源、社会、经济、管理等多个不同子系统和不同层面问题构成的复杂系统。水利工程的正常运行主要是指水利工程设施完好及其工程正常发挥，水利工程建成后不仅能够按照规划设计要求发挥其应有的作用和效益，而且能得到良好的建后治理维护，直至工程寿命终结。因此，实现水利工程良好作用的发挥，必须以标准的工程维护、规范的工程运行、到位的水行政执法为保障和基础。

（一）水利工程维护的标准化

对水利工程进行科学管理，正确运用，确保工程安全、完整，充分发挥工程和水资源的综合效益，逐步实现工程管理现代化，是促进工农业生产和国民经济发展的重要前提。为确保水利工程发挥应有功能，工程维护应具有一系列标准化的维护体系。对水库、河道、闸坝等水利工程的土，石，混凝土建筑物，金属、木结构，闸门启闭设备，机电动力设备、通信、照明、集控装置及其他附属设备等，必须进行经常性的养护工作，并定期检修，以保持工程完整、设备完好。

2002 年 9 月 17 日，国务院办公厅转发了国务院《水利工程管理体制改革实施意见》（国办发 [2002]45 号），这是新水法公布后，我国水利史上的又一件大事，是强化水利工程管理的一个重要里程碑，改革的核心是 "管养分离"。之后，水利部、财政部共同制定了《水利工程管理单位定岗标准（试点）》和《水利工程维修养护定额标准（试点）》，并于 2004 年 7 月 29 日以《关于印发（水利工程管理单位定岗标准（试点）》和《水利工程维修养护定额标准（试点）的通知》（水办 [2004]307 号）文件予以下发。该标准的颁发执行，有力地推动了全国水利工程管理体制改革，同时也是国家财政预算体制的重大突破，将水利工程维修养护经费正常纳入各级财政预算，对水管单位的正常运行和水利工程的维修养护、安全运行和工程效益的发挥产生了重大影响。

水库、河道、闸坝等各类水利工程应以上述标准为基础，细化完善制定实施细则，开展好水利工程维修养护，实现标准化治理管护。养护修理应本着 "经常养护，随时维修，养重于修，修重于抢" 的原则进行。一般可分为经常性的养护维修、岁修、大修和抢修。经常性的养护维修是根据经常检查发现的问题而进行日常的保养维护和局部修补，保持工程完整。根据汛后全面检查所发现的工程问题，编制岁修计划，报批后进行岁修。当工程发生较大损坏、修复工作量大、技术性较复杂时，水利工程管理单位亦可报请上级主管部门邀请设计、科研及施工等单位共同研究制订专门的修复计划，报批后进行大修。当工程发生事故，危及工程安全时，工程管理单位应立即组织力量进行抢修（或抢险），并同时上报主管部门采取进一步的营救措施。无论是经常性的养护维修，还是岁修、大修或抢修，均以恢复或局部改善原有结构为原则；如需扩建、改建时，应列入基本建设计划，按基建程序报批后进行。

（二）水利工程运行的规范化

1.进一步深化水利工程管养分离

工程管理是一项维护工程完整、充分发挥工程效益，确保防洪安全的重要工作，管理体制和管理制度的完善，则是做好工程管理工作的重要保障。我省在大力推行并基本完成大中型水利工程管理单位体制改革后，结束了计划经济时期形成的 "专管与群管相结合" 的管理体制，逐步构筑了统一高效、运转灵活、行为规范的工程管理体系。建立符合社会主义市场经济要求的水利工程管理体制，有利于解决水管单位存在的管理体制不顺、运行机制不活、经费严重短缺等问题，是实现工程管理的良性运行、提高工程管理现代化水平的迫切需要。

管养分离就是适应市场经济要求，建立精简高效的管理机构，把水利工程的维修养护推向市场，对工程实行物业化管理。管养分离作为一种新体制，能够初步形成符合市场经济原则的工程管理运行机制，通过落实岗位责任制，实行目标管理，定岗、定编、定职、定责，形成精简高效、运转灵活的管理机构，把维修养护职能和人员从管理机构中剥离出来，实现工程管理与维修养护机构和人员分离。通过签订工程管理维修养护合同，提高养护质量，降低养护成本，依法管理，实现工程管理工作的专业化、规范化。管养分离新体制的逐步完善，既能稳定管理队伍，增加职工收入，同时又能引入竞争机制，提高维修养护人员的责任心、积极性和主动性，发挥事前管理的作用，减少工程损坏，以最少的投入，取得最大的管理效益，促进水利事业的健康发展，促进工程管理现代化水平的不断提高，形成一种较为稳定的、能够良性循环的管理模式。

实行管养分离后，将工程管理和维修养护的职能和人员从原管理机构中分离出来，实行管养分离专业化管理，企业化维修养护，成为平等的合同关系。管理层的职能从原来的具体控制运用、维修养护、综合经营转变成对水利工程的资产管理、安全管理、调度方案制定、养护维修招投标及对维修养护作业水平的监督检查等高层次的管理。维修养护队伍主要负责工程的日常维修养护管理，及时发现工程重大问题；当工程出现因管理原因或自然因素造成较大损坏时的维修和工程量较大项目的其他工程管理活动可列入基建程序进行管理。

2. 水利工程运行管理规程

一是明确管理单位工作任务。水利工程运行管理目标任务是确保工程安全，充分地发挥工程效益，不断提高管理水平。水利工程管理单位主要工作内容主要包括：贯彻执行有关方针政策和上级主管部门的指示，掌握并熟悉本工程的规划、设计、施工和管理运用等资料，以及上、下游和灌区生产与工程运用有关的情况。进行检查观测、养护修理，随时掌握工程动态，消除工程缺陷。做好水文（特别是洪水）预报，掌握雨情、水情，了解气象情报，做好工程的调度运用和工程防汛工作。应建立水质监测制度，掌握水质污染动态，调查污染来源，了解水质污染所造成的危害，并及时向上级有关部门提出情况和防治要求的报告。因地制宜地利用水土资源，提升资源利用率。配合当地有关部门制订库区的绿化、水土保持和发展生产的规划。经常向群众进行爱护工程、保护水源和防汛保安的宣传教育，结合群众利益发动群众共同管好水库工程。做好工程保卫工作。建立健全各项档案，编写大事记。通过管理运用，积累资料，分析整编，总结经验，不断改进工作。制订、修订本工程的管理办法及有关规定并贯彻执行；二是具备完善的制度体系。水利工程管理单位应建立健全岗位责任制，明确规定各类人员的职责，并建立以下管理工作制度：计划管理制度、技术管理制度、经营管理制度、水质监测制度、财务器材管理制度、安全保卫制度、请示报告和工作总结制度、事故处理报告制度、考核、评比和奖惩制度等，三是明确划定水利工程应管理范围。在工程施工时，由管理筹备机构根据工程安全需要，报请上级主管部门同意，并通过地方政府批准，明确划定工程管理范围，设立标志。凡尚未划定管理范围的，管理单位要积极协调政府及相关部门，按照相关法律规章，尽快办理水利工程管理范围划定有关手续；四是充分体现水利工程管理队伍培训效果。认真组织全体职工了解工程结构、特征，熟悉管理业务和本工程的管理办法。所有管理人员都要熟练掌握本岗位的业务。对管理人员，特别是技术人员，要保持相对稳定，不要轻易变动；五是及时总结工作经验。工程管理单位应经常与设计、施工、设备制造、安装和科研部门保持联系，必要时可建立协作关系。根据管理运用情况，及时总结本工程在设计、施工、管理等方面的经验教训，积极补救缺陷，改进管理工作，同时为水利事业提供资料，积累经验。

（三）水利工程保护的法规化

1. 完备的水行政执法队伍

水行政执法是依法行政、依法治水的重要内容，同时也是水利事业科学发展、跨越发展的根本保障，事关民生水利、资源水利、生态水利效益的正常发挥。推进水行政执法工作，有利于整合执法力量，严格执法行为，减少执法矛盾，降低执法成本，提高执法能力和效率。水行政执法队伍作为执法的关键和基础，始终在维护正常水事秩序方面发挥重要的保障作用。一是建立健全水行政执法机构。整合内部执法资源，相对集中执法职能，建立专职水行政执法队伍，调整充实专职水行政执法人员，逐步实现执法队伍的专职化和专业化；二是规范队伍建设。执行水行政执法人员审查录用和培训考核上岗制度，禁止临时聘用社会人员承担水行政执法任务，建立健全层级培训任务和培训体系，采取岗前培训、执法培训、学历教育等形式，不断提升水行政执法队伍的法律素质和业务水平；三是提高执法能力。按照岗位责任制、执法巡查制、考核评议制、过错追究制等有关方面的执法制度，严格内部管理，开展层级考核，并通过研讨交流，逐步改进和规范执法行为，提高执法工作效能。

2. 完善的水利工程执法制度体系

一是对水利工程完成确权划界。国家通过多项法规条例对水利工程的管理保护范围进行了界定，所有水利工程都应当依法划定水利工程管理和保护范围。《河道管理条例》《大坝安全管理条例》《山东省小型水库管理办法》《山东省灌区管理办法》等对河道、水库、灌区工程的管理和保护范围划定标准有明确规定；二是对水利工程管理与保护范围内有关活动进行限制。在河道、水库大坝、灌区工程管理范围内建设桥梁、码头和其他拦水、跨水、临水工程建筑物、构筑物，铺设跨水工程管道、电缆等，其工程建设方案，应当符合国家规定的防洪标准和其他有关的技术要求，并经过有管理权限的水行政主管部门审查同意。因建设上述规定工程设施，占压、损坏原有水利工程设施的，建设单位在限期内恢复原状，无法恢复的，依法予以补偿。在河道、湖泊、水库等管理范围内从事采砂、取土、淘金等活动，依据有管辖权的水行政主管部门发放的采砂许可证，按照河道采砂许可证规定的范围和作业方式进行开采，并缴纳河道采砂管理费；三是对水利工程保护范围内有关活动予以禁止。依据《水法》规定，在水利工程保护范围内禁止从事影响水利工程运行和危害水利工程安全的爆破，打井、采石、取土等活动；四是对有关限制或禁止的行为依法追责。对违反水利工程保护和管理法律法规的行为，根据有关规定予以不同程度的行政处罚。

3. 完整的水利综合执法机制体制

结合我省水行政执法工作实际，逐步建立健全综合执法、区域协调、部门联动、监督制约等机制体制，形成职能统一、职责明确、部门协作、民主监督的良好局面，不断推进综合执法工作的规范运行。建立综合执法机制，将水资源开发保护、河道采砂管理、水事纠纷调处、涉水工程审查等职能相对集中，明确到具有执法主体的相关部门和水行政执法机构，集中、协调、统一开展水利综合执法。稳步建立区域协调机制。按照条块结合、属地管理的原则，充分地发挥区域和流域作用，强化属地水资源、防洪安全、河道采砂等方面管理，对可能发生的边界水事纠纷，通过经常巡查、定期协商和召开座谈会等方式，妥善处理和预防水事案件的发生。积极建立部门联动机制，在推进综合执法过程中，各级水利部门在协调好内部关系的同时，积极争取党委政府支持，协调公安、国土、工商、财政等部门，在水行政审批、行政处罚、行政征收和监督检查等方面，给予大力支持和配合，形成部门联动机制，为水利综合执法工作提供有力的保障和支持。建立有效的监督制约机制，结合不同岗位的具体职权，制定执法工作流程，分解执法责任，每个执法人员都能明确自己的执法依据、执法内容、执法范围、执法权限。不断健全内部约束和社会监督制约机制，所有执法行为均接受社会各界及新闻媒体监督，形成内外结合、运行有力、监督有效的执法管理制度。

结　语

随着市场经济的发展，各行各业都掀起了改革热潮。水利施工工程作为基础产业，也面临着巨大的压力和挑战，水利工程如何才能顺应时代潮流，适应日益强大的市场竞争，是当今社会水利工程建设所面临的一个重要的课题，如何缩短水利工程建设周期，降低工程投资，提高施工效率，除了采取先进合理切实有效的技术组织措施以外，还必须提高水利施工管理水平，实现水利工程项目管理的系统化、合理化、科学化。

现代水利工程项目管理的中心任务是研究和解决施工过程中，如何将工地的各项工作，组织得有条不紊、互相协调，以期用最少的人力、物力和财力，在保证工程质量和施工安全的前提下，按预定的工期投入运转，发挥效益。

要实现水利工程项目的管理目标，坚持原则，讲究方法是非常必要的，如果管理方法得当，就会取得事半功倍的效果。推行水利工程项目管理，主要是以通过规范化管理取得的效果为根本，要时常总结推行此工程项目所带来的成果。

水利工程项目管理是一项比较复杂的系统工程，如何对施工过程进行科学、有效地管理和控制，需要在实践中不断地探索和学习。在施工过程中抓住主要矛盾，并细化各项管理制度，科学地、系统地、规范地进行管理和控制，不断地提高管理水平和施工水平，就会为整个水利工程项目管理打下坚实的基础。

参考文献

[1] 刘鹤鹏 . 水利工程施工现场管理存在的问题及措施 [J]. 绿色环保建材 ,2021(02):175-176.

[2] 孙隽骁 . 探讨提高水利工程现场施工安全的管理策略 [J]. 智能城市 ,2021,7(01):83-84.

[3] 彭美玲 . 水利工程管理中存在的问题及对策 [J]. 居舍 ,2021(01):142-143+165.

[4] 俞和鹏 . 水利工程施工管理问题及对策研究 [J]. 居舍 ,2021(01):152-153.

[5] 赵玉丽 . 强化水利水电工程管理提升项目施工质量 [J]. 中华建设 ,2021(01):59-60.

[6] 郑蕴锦 . 水利工程施工全过程造价管理措施 [J]. 科技风 ,2020(34):197-198.

[7] 王春艳 . 水利工程施工技术与管理分析 [J]. 江西建材 ,2020(11):137-138.

[8] 张志杰 . 加强水利工程安全施工管理的有效途径探讨 [J]. 农业科技与信息 ,2020(22):111-112.

[9] 王建明 . 水利工程项目安全文明施工管理模式探讨 [J]. 农业科技与信息 ,2020(22):113-114.

[10] 马小千 . 水利工程施工安全管理的相关问题及应用策略 [J]. 智能城市 ,2020,6(22):99-100.

[11] 王朝宇 . 水利工程施工管理控制的影响因素与解决措施分析 [J]. 地下水 ,2020,42(06):262-263.

[12] 李仲茂 . 水利工程建设施工监理合同的管理刍议 [J]. 珠江水运 ,2020(21):50-51.

[13] 米敏 . 水利水电工程施工质量控制的要点分析 [J]. 中小企业管理与科技 (中旬刊),2020(11):136-137.

[14] 杨旭红 . 水利水电工程施工创新性管理策略 [J]. 居舍 ,2020(32):155-156+90.

[15] 舒韩友 . 浅谈水利工程施工现场安全管理现状与对策 [J]. 水利技术监督 ,2020(06):16-17+98.

[16] 董凌伯 . 浅议水利水电工程施工管理中突出问题及对策 [J]. 绿色环保建材 ,2020(11):161-162.

[17] 曾晓兰 . 浅谈水利工程施工管理的重要性和对策措施 [J]. 科技风 ,2020(31):193-194.

[18] 张文龙 . 分析水利工程施工项目的经济管理与控制方向 [J]. 中国集体经济 ,2020(31):60-61.

[19] 何乐 . 水利工程施工质量安全管理与控制研究 [J]. 科技经济导刊 ,2020,28(31):64-65.

[20] 李辉光.水利工程施工技术管理工作中的问题和解决措施[J].工程建设与设计,2020(20):178-179.

[21] 孙童.水利工程施工项目动态管理分析[J].住宅与房地产,2020(30):142+150.

[22] 赵伏阳.加强水利工程施工项目管理的策略探究[J].低碳世界,2020,10(10):123-124.

[23] 陈洁.水利水电工程施工危险源管理研究[J].广西水利水电,2020(05):105-109.

[24] 李涛.现代水利工程机电设备的安装与施工管理探讨[J].山东工业技术,2018(19):105.

[25] 尧向群.现代数字技术在水利工程施工管理中的运用[J].黑龙江水利科技,2017,45(10):138-139.

[26] 李翠云.现代数字技术在水利工程施工管理中的运用[J].建材与装饰,2017(21):282-283.

[27] 田海宾,吕建国,刘瑞凤.现代数字技术在水利施工管理中的应用研究[J].绿色环保建材,2017(04):254.

[28] 艾尼瓦尔·艾合买提.浅议现代水利工程的施工安全管理[J].农业与技术,2016,36(06):66.

[29] 李子健,马荣杰.探析现代水利工程施工技术应用管理[J].科技经济导刊,2016(06):61-62.

[30] 刘小鹏.现代水利工程机电设备的安装与施工管理探讨[J].珠江水运,2016(03):82-83.

[31] 舒丹.现代数字技术在水利施工管理中的运用[J].水利规划与设计,2015(08):80-81.

[32] 刘孝治,刘晓英.水利工程施工中存在的问题及解决办法[J].河南科技,2014(08):248.

[33] 谢小刚.水利工程土石施工的现代技术及科学管理初探[J].科技创新与应用,2013(18):176.

[34] 吴优,王祖印,刑德龙.浅谈水利水电工程施工管理[J].中国高新技术企业,2009(06):156-157.

[35] 郑炳寅,郑克红,林凡龙.论现代水利工程项目施工管理[J].水利科技与经济,2004(06):326-327.